5G网络规划设计技术丛书　　　　　　华信咨询设计研究院专家团队

U0176826

5G网络深度覆盖技术
实战进阶

李益锋　王晓军　于江涛　罗安宁　韩　雷　李　俊◎编著

人民邮电出版社

北　京

图书在版编目（ＣＩＰ）数据

5G网络深度覆盖技术实战进阶 / 李益锋等编著. --
北京：人民邮电出版社，2023.7
（5G网络规划设计技术丛书）
ISBN 978-7-115-61799-6

Ⅰ．①5⋯ Ⅱ．①李⋯ Ⅲ．①第五代移动通信系统一
研究 Ⅳ．①TN929.538

中国国家版本馆CIP数据核字(2023)第088768号

内 容 提 要

本书首先分析了 5G 网络不同分类的场景，同时对室内分布场景进行了分类和解析，并阐述了 5G 场景的业务建模；然后，对面向 5G 室内分布系统建设进行分析，重点讲述了 5G 室内覆盖面对的挑战、5G 室内分布系统建设的目标、5G 室内分布的设备选型、建设策略以及对 5G 室内分布系统网络性能的影响因素和 5G 室内分布系统典型场景的应用解决方案；最后，选择具有代表性的 5G 室内分布系统实施案例进行了说明及验证。

本书适合从事 5G 室内分布系统的规划设计、工程建设、室内分布优化和室内分布管理的技术人员阅读，同时本书也可以作为通信及电子类专业的大学生或者其他相关工程技术人员的参考书。

◆ 编　　著　李益锋　王晓军　于江涛　罗安宁
　　　　　　　韩　雷　李　俊
　　责任编辑　刘亚珍
　　责任印制　马振武
◆ 人民邮电出版社出版发行　　北京市丰台区成寿寺路 11 号
　　邮编　100164　电子邮件　315@ptpress.com.cn
　　网址　https://www.ptpress.com.cn
　　固安县铭成印刷有限公司印刷
◆ 开本：787×1092　1/16
　　印张：23　　　　　　　　　2023 年 7 月第 1 版
　　字数：474 千字　　　　　　2023 年 7 月河北第 1 次印刷

定价：159.80 元
读者服务热线：(010)81055493　印装质量热线：(010)81055316
反盗版热线：(010)81055315
广告经营许可证：京东市监广登字 20170147 号

编委会

序 PREFACE

    当前，第五代移动通信技术（5th Generation Mobile Communication Technology，5G）已日臻成熟，国内外各大主流电信运营商积极准备 5G 网络的演进升级。促进 5G 产业发展已经成为国家战略，我国政府连续出台相关文件，加快推进 5G 商用，加速 5G 网络建设进程。5G 和人工智能、大数据、物联网及云计算等的协同融合成为信息化新时代的引擎，为消费互联网向纵深发展注入后劲，为工业互联网的兴起提供新动能。

    作为信息社会通用基础设施，当前国内 5G 产业建设和发展如火如荼。在网络建设方面，5G 带来的新变化、新问题需要不断地探索和实践，尽快找出解决办法。在此背景下，在工程技术应用领域，亟须加强针对 5G 网络技术、网络规划和设计等方面的研究，为 5G 大规模建设做好技术支持。"九层之台，起于累土"，规划建设是网络发展之本。为抓住机遇，迎接挑战，做好 5G 建设工作，华信咨询设计研究院有限公司组织编写了系列丛书，为 5G 网络规划建设提供参考和借鉴。

    本书作者工作于华信咨询设计研究院有限公司，长期跟踪移动通信技术的发展和演进，一直从事移动通信网络规划设计工作。作者已出版有关 3G、4G 网络规划、设计和优化的图书，也见证了 5G 移动通信标准诞生、萌芽、发展、应用的历程，参与了 5G 试验网的规划设计，积累了 5G 技术和工程建设方面的丰富经验。本书有助于工程设计人员更深入地了解 5G 网络，更好地进行 5G 网络规划和工程建设。

中国工程院院士

郭贺铨

前言 FOREWORD

随着移动通信技术的不断发展，近年来，移动网络制式不断演进，智能手机高度普及，基于无线通信的应用程序大量涌现，人们不仅对室外无线通信有较高的用户体验要求，而且对室内环境中的无线通信质量也有了更高的要求。这是由于现代生活中的信息化程度越来越高，而与生产、交流及日常生活相关的活动大部分是在室内环境中发生的。因此，室内无线覆盖信号质量的优劣日益受到重视，特别是进入"万物互联"的5G时代。相关研究表明，70%以上的话务量和80%以上的数据业务量是在室内场景发生的。因此，为了满足室内通信日益增长的需求和不断提升用户感知，搭建优质的室内覆盖环境、增强室内场景无线覆盖的质量具有非常重要的意义。

国内几大电信运营商的5G网络通过4期工程的建设，室外网络基本完成了重点乡镇及行政村以上的连续覆盖。为了进一步提升5G网络的覆盖，深度覆盖成为重中之重，而深度覆盖主要集中于室内分布系统的建设。本书是"5G网络规划设计技术丛书"中关于5G深度覆盖技术系列书之一，另一本为《5G网络深度覆盖技术基础解析》。

本书共有7章。第1章描述了5G网络的场景分类，包括第三代合作伙伴计划（3rd Generation Partnership Project，3GPP）的场景划分和国际移动通信2020（International Mobile Telecommunications 2020，IMT-2020）推进组的场景划分；根据场景用途和场景内的隔断数量进行室内分布系统场景划分，并对场景进行对比分析，解析5G业务，同时，创建和分析了5G场景的业务模型。

第 2 章聚焦于面向 5G 的室内分布系统建设，对当前 5G 室内分布覆盖所面临的挑战、5G 室内分布的建设目标和设计原则，5G 各类室内分布系统的设备选型、建设策略，5G 室内分布系统的终端峰值速率计算，以及 5G 室内分布网络性能的影响因素进行了详细的分析和说明。

第 3 章描述了 5G 室内分布系统典型场景的应用解决方案，主要分析的场景包括宾馆与酒店、商务写字楼、交通枢纽、商场与超市、文体中心、学校、综合医院、政府机关、大型园区、居民住宅、电梯和地下室等场景。

第 4 章重点分析了多制式多系统共存的室内分布系统设计，阐述了室内分布多系统的干扰原理，并计算了多系统共享时的隔离度，最后探讨了多系统合路的设计关注点和多系统共存的未来演进趋势。

第 5 章综合分析了室内分布系统的网络优化，例如，室内分布优化原则、流程、评测标准、优化整改、优化改造、多系统协同优化以及室内外协同优化等。

第 6 章通过 4 类隔断场景建设各类 5G 室内分布系统，分析其工程造价、单位造价等，得出各种场景高性价比的覆盖方式，最后对各类室内分布系统进行了能效分析。

第 7 章对微型射频拉远单元（Pico Remote Radio Unit，PRRU）分布系统（放装型）、PRRU 分布系统（室内分布型）、传统无源分布系统、移频多输入多输出（Multiple-Input Multiple-Output，MIMO）分布系统、漏泄电缆分布系统、皮基站分布系统、光纤分布系统等室内分布系统，选择典型的实例进行对比分析，并对地铁 5G 网络建设实例进行了说明。

本书由华信咨询设计研究院有限公司的李益锋、王晓军、于江涛、罗安宁、韩雷、李俊共同编著。其中，李益锋编写了第 2 章、第 3 章、第 4 章，并对全书进行了统稿和资料收集整理；王晓军编写了第 5 章、第 6 章；于江涛编写了第 1 章；李益锋、韩雷、罗安宁、李俊共同编写了第 7 章。

本书在编写过程中，得到华信咨询设计研究院有限公司多位领导和同事的大力支持，特别是李虓江博士的全力相助，在此一并表示衷心感谢！同时，也向张建国、金超、贾帆、陶昕、徐曦晟等同人表示感谢！另外，本书还得到中国电信浙江分公司的支持和帮助，参考了许多学者的专著和研究论文，在此一并感谢！

本书中的相关内容和素材除了小部分引自参考文献，大部分紧密结合实际工程问题和实地调研数据，使读者能在较短的时间内快速有效地了解和把握 5G 室内分布系统的规划设计、工程建设、室内分布优化和室内分布管理工作，以及充分了解新技术、接触新理念。

由于编者水平有限，编写时间仓促，加之技术发展日新月异，书中难免有疏漏不妥之处，敬请广大读者批评指正。

编著者

2023 年 3 月于杭州

目录 CONTENTS

第3章　5G室内分布系统多场景覆盖方案

第4章 5G室内分布系统多系统设计

第5章 5G室内分布系统优化

缩略语

参考文献

5G 网络的场景分类

Chapter 1

第1章

第五代移动通信系统（5th Generation Mobile Communication System，5G）网络覆盖技术的多样性，必然引起 5G 网络覆盖场景的进一步细分，国际电信联盟无线电通信组（International Telecommunications Union-Radio Communications Sector，ITU-R）的 IMT-2020 工作组和中国 IMT-2020 推进组分别对 5G 网络覆盖的场景做了分类。对于 5G 深度覆盖场景，应根据场景的用途和场景隔断的数量进行细分。本章将详细分析和探讨这些细分的 5G 深度覆盖场景。

●●1.1 5G 网络的场景分类

5G 网络的场景在 3GPP TR 38.913 中有具体的定义，包括使用场景（Usage Scenarios）和部署场景（Deployment Scenarios）；中国 IMT-2020 推进组发布的《5G 愿景与需求白皮书》和《5G 概念白皮书》中提出了应用场景和技术场景；在室内分布系统设计过程中，根据场景的特点和用途，也会将这些场景进行细分；为了充分体现室内分布系统设计的便捷性，可以根据场景内隔断的数量进行细分。这些场景的定义有一定的关联，也有一定的区别，具体说明如下。

1.1.1 3GPP 场景划分

针对使用场景，ITU-R 的 IMT for 2020 and beyond 工作组明确定义了使用场景，具体包含增强型移动宽带（enhanced Mobile Broad Band，eMBB）、海量机器类通信（massive Machine-Type Communication，mMTC）、低时延高可靠通信（ultra-Reliable & Low-Latency Communication，uRLLC）三大类使用场景。ITU-R 定义的 5G 三大类使用场景如图 1-1 所示。eMBB 场景主要提升以"人"为中心的娱乐、社交等个人消费业务的通信体验，适用于高速率、大带宽的移动宽带业务。mMTC 和 uRLLC 则主要面向物物连接的应用场景。其中，mMTC 主要满足海量物联的通信需求，面向以传感和数据采集为目标的应用场景；uRLLC 基于其低时延和高可靠的特点，主要面向垂直行业的特殊应用需求。

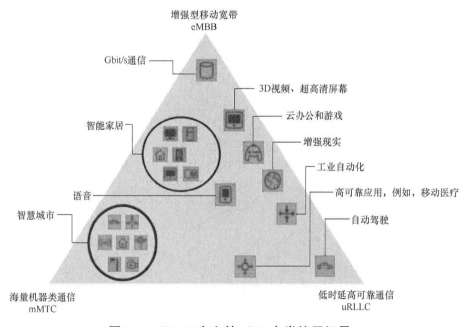

图1-1 ITU-R定义的5G三大类使用场景

针对部署场景，3GPP TR 38.913 中定义了 12 类部署场景，同时也给出了这 12 类部署场景的特性、用户业务模型、覆盖要求等技术指标参数建议。3GPP TR 38.913 中 12 类部署场景的简要说明如下。

1. 室内热点

室内热点（Indoor Hotspot）属于热点高容量技术场景，具有超高用户密度、超高流量密度、所有用户在楼宇内低速移动的特性。3GPP 建议采用 4GHz、30GHz 或 70GHz 频段，采用建设室内分布系统的方式进行覆盖，并建议平均间距 20m 部署一个传输接收点（Transmission Reception Point，TRxP），每个 TRxP 建议覆盖容量为 10 个用户。

2. 密集城区

密集城区（Dense Urban）属于热点高容量技术场景，具有高用户密度、超高流量密度、80% 的用户在室内低速移动、20% 的用户在室外中速移动的特性。3GPP 建议采用 4GHz 频段宏基站构建蜂窝网络，30GHz 频段室外微基站按需要进行部署，并建议宏基站平均站间距为 200m，每个宏基站 TRxP 内可建设 3 个微基站 TRxP，每个 TRxP 建议覆盖容量为 10 个用户。

3. 农村

农村（Rural）属于连续广域覆盖技术场景，具有 50% 的用户在室内低速移动、50% 的用户在室外高速移动的特性。3GPP 建议采用 700MHz 或 4GHz 频段宏基站构建蜂窝网络，建议 700MHz 宏基站平均站间距为 5000m，4GHz 宏基站平均站间距为 1732m，每个宏基站 TRxP 建议覆盖容量为 10 个用户。

4. 城区宏基站

城区宏基站（Urban Macro）属于连续广域覆盖技术场景，具有 20% 的用户在室内低速移动、80% 的用户在室外高速移动的特性。3GPP 建议采用 2GHz、4GHz 或 30GHz 频段宏基站构建蜂窝网络，建议宏基站平均站间距为 500m，每个宏基站 TRxP 建议覆盖容量为 10 个用户。

5. 高铁

高铁（High Speed）属于连续广域覆盖技术场景，具有 100% 的用户在高铁车厢内、每列高铁上 1000 个用户及 10% 的业务激活率、最大速度可达到 500km/h 的特性，3GPP 建议每个覆盖高铁的宏基站支持 300 个用户。对于高铁场景，3GPP 给出了两个建议：一是采用 4GHz 宏基站构建蜂窝专网的方案；二是采用 40GHz 宏基站射频拉远头（Remote Radio Head，RRH）（其核心思路就是把射频单元从传统的宏基站中独立出来）构建蜂窝专网的方案。

6. 地广人稀区域广覆盖

地广人稀区域广覆盖（Extreme Long Distance Coverage in Low Density Areas）属于连续广域覆盖技术场景，具有超远距离覆盖的特性，3GPP 建议采用 700MHz 宏基站进行覆盖，覆盖半径要求达到 100km。

7. 城区海量连接

城区海量连接（Urban Coverage for Massive Connection）属于低功耗大连接技术场景，具有超高连接数及 80% 的室内、20% 的室外特性。3GPP 建议采用 700MHz 或 2.1GHz 频段宏基站构建蜂窝网络，建议 700MHz 宏基站平均站间距为 1732m，2.1GHz 宏基站平均站间距为 500m。

8. 高速公路车联网

高速公路车联网（Highway Vehicle Network）属于低时延高可靠技术场景，需要极低的时延，以及极高的可靠性和可用性，具有高速移动的特性，3GPP 给了两个建议：一是采用 6GHz 以下频段宏基站构建蜂窝网络；二是采用"宏基站 + 路侧单元（Road Side Unit，RSU）"的方式构建蜂窝网络。RSU 是 3GPP 针对车对外界的信息交换（Vehicle to X，V2X）定义的一个逻辑实体。宏基站站间距建议为 1732m 或 500m，RSU 间的距离建议为 50m 或 100m。

9. 城区网格车联网

城区网格车联网（Urban Grid Vehicle Network）属于低时延高可靠技术场景，需要极低的时延，以及极高的可靠性和可用性，具有超高连接的特性。3GPP 给了两个建议（同高速公路车联网场景）：一是采用 6GHz 以下频段宏基站构建蜂窝网络；二是采用"宏基站 +RSU"的方式构建蜂窝网络。宏基站站间距建议为 500m，RSU 间的距离建议为 50m 或 100m。

10. 商业航班空地通信

商业航班空地通信（Commercial Air to Ground Communication）属于连续广域覆盖技术场景，具有 15km 飞行高度及 1000km/h 超高速移动的特性。3GPP 建议采用 4GHz 以下频段宏基站构建蜂窝网络，覆盖半径要求达到 100km。

11. 小型飞机

小型飞机（Light Aircraft）属于连续广域覆盖技术场景，每架小型飞机按 6 个用户估算，具有 3km 飞行高度及 370km/h 超高速移动的特性。3GPP 建议采用 4GHz 以下频段宏基站构建蜂窝网络，覆盖半径要求达到 100km。

12. 卫星补充覆盖

卫星补充覆盖属于连续广域覆盖技术场景，是通过卫星对地面网络无覆盖区域进行补充覆盖的部署方式，具有超远距离覆盖的特性。3GPP 给了 3 种部署方案：一是采用 1.5GHz 或 2GHz 的接入网方案；二是采用下行 20GHz/ 上行 30GHz 的回传网方案；三是采用 40GHz 或 50GHz 的回传网方案。

3GPP TR 38.913 中定义的 12 类部署场景涉及室内分布系统建设的只有"室内热点"和"高铁"，其他基本属于室外覆盖场景。

1.1.2 中国 IMT-2020 推进组场景划分

中国 IMT-2020 推进组发布的《5G 愿景与需求白皮书》中认为，5G 典型应用场景中涉及人们居住、工作、休闲、交通等区域，特别是办公室、密集住宅区、体育场、露天集会、地铁、快速路、高铁、广域覆盖场景。《5G 愿景与需求白皮书》定义的应用场景如图 1-2 所示。

IMT-2020 推进组认为以上 8 类场景具有超高流量密度、超高连接密度、超高移动性等特征，可能会对 5G 系统的建设带来一定的挑战。

1. 办公室

办公室内的典型业务包括视频会话（双方或多方）、云桌面、数据下载、云存储、过顶传球（社交网络消息）（Over The Top，OTT）等。办公区域内 5G 用户密度超高，典型业务体验速率极高，在此应用场景下将产生每平方千米数十 Tbit/s 的超高流量密度。

2. 密集住宅区

密集住宅区的人口密度极大，典型业务包括视频会话、互联网电视（Internet Protocol Television，IPTV）、虚拟现实、在线游戏、数据下载、云存储、OTT、智能家居等。密集住宅区内的 5G 用户密度超高，要求达到 Gbit/s 典型业务体验速率，因此，此应用场景下将产生超高流量密度。

办公室
每平方千米数十Tbit/s的流量密度

密集住宅区
Gbit/s的用户体验速率

体育馆
$10^6/km^2$的连接数

露天集会
$10^6/km^2$的连接数

地铁
6人/平方米的超高用户密度

快速路
毫秒级端到端时延

高铁
300km/h以上的高速移动

广域覆盖
100Mbit/s用户体验速率

图1-2　《5G愿景与需求白皮书》定义的应用场景

3. 体育场

在体育场举办比赛时，很小的区域内汇集大量人群，人口密度极高。体育场内的典型业务包括视频播放、增强现实、视频直播、高清图片上传、OTT 等。体育场内 5G 用户密度超高，典型业务体验速率较高。此应用场景下将产生 $10^6/km^2$ 的连接数及超高流量密度。

4. 露天集会

露天集会类似于体育场，在很小的区域内汇集大量人群，人口密度极高，其典型业务包括视频播放、增强现实、视频直播、高清图片上传、OTT 等。露天集会时 5G 用户密度超高，典型业务体验速率较高。此应用场景下将产生 $10^6/km^2$ 的连接数及超高流量密度。

5. 地铁

地铁内汇集大量人群，人口密度极高，其典型业务包括视频播放、在线游戏、OTT 等。地铁内 5G 用户密度达到 6 人 / 平方米，此应用场景下将产生超高的连接密度。

6. 快速路

快速路上车辆的行驶速度约为 80km/h，车辆移动速度快，其典型业务包括视频会话、视频播放、增强现实、OTT、车联网等。此应用场景要求达到毫秒级的端到端时延。

7. 高铁

高铁的行驶速度达到 300km/h 以上，移动速度极快，其典型业务包括视频会话、视频播放、在线游戏、云桌面、OTT 等。此应用场景的主要挑战是高速移动。

8. 广域覆盖

广域覆盖区域内的典型业务包括视频播放、增强现实、视频直播、OTT、视频监控等。此应用场景的主要挑战是保障广域覆盖区内用户体验速率达到 100Mbit/s。

5G 需要解决多样化应用场景下差异化的各种挑战，不同的应用场景面临的挑战各有不同，用户体验速率、流量密度、时延、能效和连接数都有可能成为不同应用场景的挑战性指标。从移动互联网和移动物联网主要的应用场景、业务需求和性能挑战出发，IMT-2020 推进组发布的《5G 概念白皮书》将其归纳为连续广域覆盖、热点高容量、低功耗大连接和低时延高可靠四大技术场景。《5G 概念白皮书》定义的技术场景示例如图 1-3 所示。

图1-3 《5G概念白皮书》定义的技术场景示例

低功耗大连接

低时延高可靠

图1-3　《5G概念白皮书》定义的技术场景示例（续）

连续广域覆盖和热点高容量技术场景主要满足移动互联网的业务需求，也是传统的第四代移动通信系统（4G）业务技术场景。低功耗大连接和低时延高可靠场景主要面向物联网业务，是 5G 新拓展的技术场景，重点解决传统移动通信无法很好地支持物联网及垂直行业应用的问题。以上四大技术场景的具体描述如下。

（1）连续广域覆盖

连续广域覆盖技术场景是移动通信最基本的覆盖方式，以保证用户的移动性和业务连续性为目标，为用户提供无缝的高速业务体验。该技术场景的主要挑战在于随时随地（包括小区边缘、高速移动等恶劣环境）为用户提供 100Mbit/s 以上的用户体验速率。

（2）热点高容量

热点高容量技术场景主要面向局部热点区域，为用户提供极高的数据传输速率，满足网络极高的流量密度需求。1Gbit/s 用户体验速率、数十 Gbit/s 峰值速率和每平方千米数十 Tbit/s 的流量密度需求是该技术场景面临的主要挑战。

（3）低功耗大连接

低功耗大连接技术场景主要面向智慧城市、环境监测、智能农业、森林防火等以传感和数据采集为目标的应用场景，具有小数据包、低功耗、海量连接等特点。这类终端分布范围广、数量多，不仅要求网络具备超千亿连接的支持能力，满足 $10^6/\text{km}^2$ 连接数密度指标要求，而且还要保证终端的超低功耗和超低成本。

（4）低时延高可靠

低时延高可靠技术场景主要面向车联网、工业控制等垂直行业的特殊应用需求，这类应用对时延和可靠性具有极高的指标要求，需要为用户提供毫秒级的端到端时延和接近 100% 的业务可靠性保证。

IMT-2020 推进组认为的 8 类场景分析涉及室内分布系统建设的有办公室、体育场、地铁、高铁，其他属于室外覆盖场景中类似地下室和隧道的，也属于室内覆盖范畴。

1.1.3 5G 技术场景的对比

ITU-R 的使用场景和 IMT-2020 推进组的技术场景是一个层级，并有对应关系，技术场景将使用场景中的 eMBB 场景扩展为连续广域覆盖和热点高容量两个场景，这与国内连续深度覆盖的移动通信网建设思路相关。技术场景与使用场景对比见表 1-1。

表1-1 技术场景与使用场景对比

技术场景	使用场景
连续广域覆盖	增强型移动宽带（eMBB）
热点高容量	增强型移动宽带（eMBB）
低功耗大连接	海量机器类通信（mMTC）
低时延高可靠	低时延高可靠通信（uRLLC）

IMT-2020 推进组的应用场景如图 1-4 所示，ITU-R 的部署场景如图 1-5 所示，二者是一个层级，都是对技术场景与使用场景的细分场景。

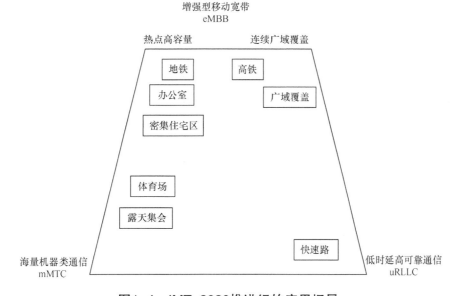

图1-4 IMT-2020推进组的应用场景

移动通信 1G 业务只有语音，承载在一个模拟调制的无线信道上，从 2G 开始使用数字调制的无线信道、数据业务，到 4G 取消了承载语音的信道，所有业务都承载在同一个信道上。由于 5G 业务的极大扩展，不同业务间的要求存在巨大差别，甚至无法兼容，于是技术场景或使用场景以带宽、时延、连接数为基础技术指标对业务进行分类，不同场景类型的业务将承载在不同技术制式的信道上，以适应不同业务的技术指标要求，进而实现 5G "信息随心至、万物触手及" 的总体愿景。

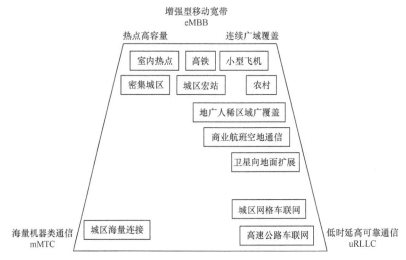

图1-5 ITU-R的部署场景

应用场景及部署场景继续将技术场景或使用场景以地理功能区进行细化分类，其目的是核算这些功能区域的性能指标需求，从而获得5G的建设需求。IMT-2020推进组的应用场景结合中国国内实际情况进行了分类，并给出了一个总的技术指标要求，ITU-R的使用场景除了进行分类并给出技术指标要求，还给出了5G部署建议。但这些还不足以进行无线网络规划，还需要结合当地的实际情况进一步完成网络规划级的技术指标核算。如果现有"场景"不符合现场情况而需要新建一种"场景"，并测算新场景下的技术指标，本书的1.4节5G场景业务模型中将会介绍如何完成这项工作。

●● 1.2 5G 网络的室内分布场景分类

3GPP TR 38.913定义的使用场景与部署方案场景和IMT-2020推进组发布的《5G愿景与需求白皮书》《SG概念白皮书》中定义的应用场景与技术场景，在一定程度上要求室内分布系统建设需要满足其技术要求，但是在如何建设室内分布系统的方面并未给出比较好的解决方案。因此，在室内分布系统设计过程中，要将这些场景重新细分，以便于室内分布系统的建设。

室内分布系统的场景细分领域主要有两种：一种是根据场景的特点和用途细分，另一种是根据场景内的隔断的数量细分。这些场景的定义有一定的关联，也有一定的区别。接下来，我们从这两个方面对室内分布场景进行说明。

1.2.1 根据场景的特点和用途细分

根据场景的特点和用途，需要建设5G室内分布的站点一般可分为宾馆与酒店、商务

写字楼、交通枢纽、商场与超市、文体中心、学校、综合医院、政府机关、电信运营商自
有楼宇、大型园区、居民住宅、电梯和地下室等。根据特点和用途细分的场景见表1-2。

表1-2　根据特点和用途细分的场景

场景		场景描述
宾馆与酒店		宾馆与酒店根据级别和重要性可以分为三星级及以上酒店、连锁酒店、其他宾馆与酒店三类
商务写字楼		一般是指商业办公用楼，根据写字楼的等级可以分为甲级及以上写字楼和普通写字楼
交通枢纽	机场	机场的航站楼包括机场内部的售票处、登机牌办理处、候机厅、到达厅等
	火车站	火车站包括高铁火车站和普通火车站，根据级别和客流量不同，可分为枢纽中心站和普通火车站
	地铁站	通常有地下站、地面站及高架站，地铁站包括站厅、站台和设备层
	汽车站	根据级别和客流量不同，可分为市级汽车站、区县级汽车站和县级以下汽车站
	轮渡码头	类似于车站，基本可以分为大型轮渡码头和其他轮渡码头
	隧道	包括高铁隧道、地铁隧道、高速隧道和快速路隧道、市区及景区隧道和其他隧道
	地下过道	可以分为带商业功能地下过道和无商业功能地下过道
商场与超市	大型商场购物中心	通常位于商业中心地带，知名度高，人流量极大，根据地理位置和商品类别不同，又可分为主城区核心商圈综合型购物中心、高新数码类商场、周边商圈大型商场
	商业综合体	通常位于商业中心地带，知名度高，人流量极大，集办公、购物、餐饮、娱乐等为一体的大型建筑群
	聚类市场	以商品批发为主，人流量极大，根据用户需求不同，可分为容量需求型市场和覆盖需求型市场
	大型连锁超市	例如，世纪华联、物美、沃尔玛、乐购等人气较高的超市
	一般商场与超市	除了大型连锁超市的其他一些商场与超市，具备一定便捷性
文体中心	体育场馆	体育运动、训练、比赛的场所，根据规模和级别分为大型体育馆和中小型体育馆
	会展中心	可以促进相关产业在科技、商贸以及文娱交流的场所，根据规模和级别分为大型会展中心和一般会展中心
学校	教学楼	一般为各种教室组成的楼宇
	行政办公楼	一般为学校管理层办公的楼宇

场景		场景描述
学校	图书馆	学校内收藏图书的建筑
	食堂	学生就餐的场所
	体育馆	学生运动及举行体育比赛的场所
	宿舍楼	学生就寝的楼宇
综合医院		根据行政级别分为省市级以上大型综合型医院和其他医院
政府机关		根据级别不同分为省市政府重要大楼和区级及以下政府机关
电信运营商自有楼宇	办公大楼	电信运营商自有楼宇的办公场所可以分为省市级办公大楼和其他大楼,有些大楼内有各种运营网络的大型核心机房
	营业厅	根据级别和营业模式分为区域中心体验厅、一般营业厅和合作营业厅
大型园区	科技创业园	以研究型为主体的大型园区,包括园区内的研究办公楼、研究实验室、食堂、图书资料楼等
	工业厂房类园区	以生产型为主体的大型园区,包括园区内的办公楼、实验室、食堂、图书资料楼、厂房、宿舍等
居民住宅	多层居民小区	建筑层数在 7 层以下,建筑密度相对较高,建筑规模较大,小区面积比较大的住宅小区
	别墅小区	楼宇一般低于 4 层,以 2～3 层为主,建筑物多为砖混结构,小区内部绿化率较高
	高层居民小区	多为混凝土框架结构的塔楼,建筑物高度一般在 8 层及以上,建筑规模较大,每层容纳的用户较多
	城中村	楼宇密集,道路狭窄,基础配套严重不足,一般为自建楼房
电梯与地下室	电梯	包括货梯、客梯以及观光电梯
	地下室	一般泛指仅作为停车场使用的地下室

1.2.2 根据场景内隔断的数量细分

根据场景及建筑物内部覆盖区域的隔断疏密,该种场景可划分为密集型、半密集型、半空旷型以及空旷型 4 类。

1. 密集型

密集型也可以称为"宾馆密集型"。密集型场景示例如图 1-6 所示,内部覆盖的场景结构基本与宾馆结构类似，其特点是基本每间房都有隔断，类似的场景除了宾馆，还有高校宿舍、厂矿企业员工宿舍等。

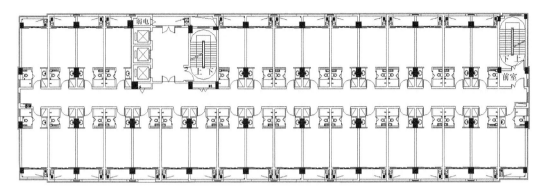

图1-6　密集型场景示例

2. 半密集型

半密集型也可以称为"写字楼密集型"。半密集型场景示例如图 1-7 所示，内部覆盖的场景结构基本与写字楼结构类似，其特点是隔断比宾馆类少，基本两间房以上有隔断，主要场景有政企办公楼、写字楼等。

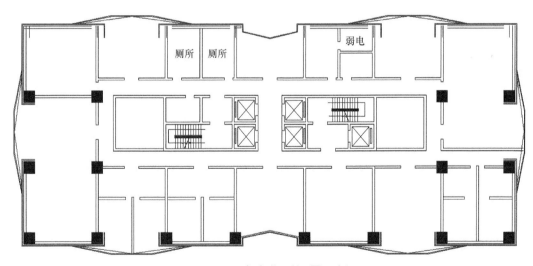

图1-7　半密集型场景示例

3. 半空旷型

半空旷型是隔断比较少的场景。半空旷型场景示例如图 1-8 所示，例如，开放型办公楼、写字楼，有一定隔断的商场与超市。

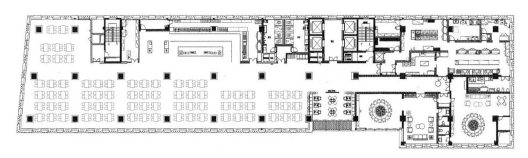

图1-8 半空旷型场景示例

4. 空旷型

空旷型是几乎没有隔断的场景。空旷型场景示例如图 1-9 所示，例如，机场、地铁的站厅，高铁的候车厅、大型商场与超市等。

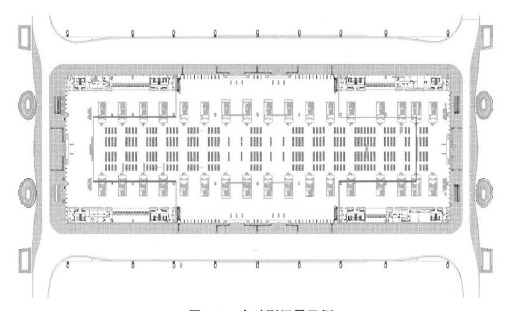

图1-9 空旷型场景示例

1.2.3 小结

上述两种方法对 5G 的场景进行分类，分类依据的侧重点不同，根据场景的特点和用途划分场景，主要侧重点在于场景的功能及场景的重要程度；根据场景及建筑物内部覆盖区域的隔断疏密划分场景，主要侧重点在于场景的网络覆盖建设方面。

从另外的角度来说，二者是相互穿插的，根据场景的特点和用途划分场景，很大程度上包含根据场景覆盖区域的隔断疏密划分的所有场景。例如，高校中，体育馆可以归类为空旷型场景；图书馆、有卡座的食堂可以归类为半空旷型场景；教室可以归类为半密集型场景，学生宿舍则归类为密集型场景。场景的重要性及场景的密集度的关系如图 1-10 所示。

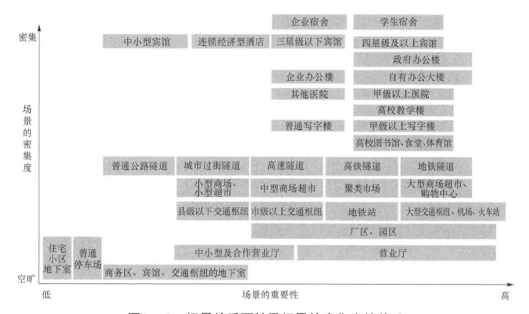

图1-10 场景的重要性及场景的密集度的关系

各类场景的重要性和场景的密集度二者始终在对方领域中存在，因此，给 5G 室内分布系统的建设带来一定挑战。综上所述，做室内分布系统覆盖的时候，应根据具体场景的特点、用途及建筑结构等方面因素，选择合适的室内分布系统建设方案。

●● 1.3 5G 业务解析

5G 业务解析的相关内容详见"《5G 网络深度覆盖技术基础解析》1.5 5G 业务解析"节，在此不再赘述。

●● 1.4 5G 场景业务模型

1.4.1 业务模型关键指标

IMT-2020 推进组将技术场景的技术指标需求整理成一张关键性能挑战表，该表描述了5G 需要解决的各类关键性能挑战指标，IMT-2020 推进组发布的 5G 技术场景与关键性能挑战见表 1-3。这实际上是一个技术场景业务模型，这个模型中包括流量密度、时延、用户体验速率、连接数密度、可靠性等几项关键技术参数。这些技术指标参数的确定过程就是场景业务模型的建立方法，不仅适用于技术场景业务模型，也同样适用于应用场景业务模型。

表1-3　IMT-2020推进组发布的5G技术场景与关键性能挑战

技术场景	关键性能挑战
连续广域覆盖	100Mbit/s 用户体验速率
热点高容量	用户体验速率：1Gbit/s 峰值速率：数十 Gbit/s 流量密度：每平方千米数十 Tbit/s
低功耗大连接	连接数密度：每平方千米百万个 超低功耗，超低成本
低时延高可靠	空口时延：1ms 端到端时延：毫秒量级 可靠性：接近 100%

我们首先以场景 A 为例来分析流量密度、时延、用户体验速率这 3 个技术指标参数。需要说明的是，可靠性参数属于精准控制类业务，一般要求接近 100%，可靠性与连接数密度属于移动物联网业务性能指标，这里不做分析。

1. 流量密度

场景 A 中存在发生多个业务的可能性，场景 A 流量密度是指场景 A 区域内所有可能发生业务的总的数据流量。为了计算简便，下面的计算都假设所有用户的所有业务都能达到业务的体验速率，因此，将用户的业务数据流量设为等于业务体验速率，但我们应该清楚，一般网络很难达到这个要求。基于以上假设，场景 A 流量密度的计算公式如下。

场景 A 流量密度 $=\sum$ 激活终端密度 × 业务 i 发生概率 × 业务 i 体验速率　　式（1-1）

显然在不同场景下，5G 终端被使用的概率是不同的，例如，地铁上的终端激活率一般都是大于其他场景的，激活终端密度是指场景 A 下有多少 5G 终端是处于激活使用的状态。其计算公式如下。

5G 激活终端密度 = 人口密度 ×5G 终端渗透率 ×5G 终端激活率　　　　式（1-2）

业务 i 发生概率是指在场景 A 中激活的 5G 终端使用业务 i 的概率，其值可以通过深度包检测（Deep Packet Inspection，DPI）技术解析各类业务的占比情况，得到一个统计值，也可以根据经验或预测设定一个经验值。例如，可以假定在地铁上，如果有 30% 的用户使用高清视频播放业务，那么地铁场景中高清视频播放业务的发生概率就是 30%。

2. 时延

在场景 A 中有可能发生的每个业务都有其时延指标要求，对于场景 A 来说，其业务时延要求显然是要满足时延要求最高的业务的需求，场景 A 的时延计算公式如下。

$$场景 A 的时延 =Min\{ 业务时延 \} \qquad 式（1-3）$$

3. 用户体验速率

在场景 A 中有可能发生的每个业务都有其用户体验速率指标要求，对于场景 A 来说，其用户体验速率要求显然是要满足那个用户体验速率要求最高的速率的需求，场景 A 用户体验速率计算公式如下。

$$场景 A 用户体验速率 =Max\{ 用户体验速率 \} \qquad 式（1-4）$$

1.4.2 场景业务模型建模

根据 5G 典型业务的时延及体验速率，本小节将直接使用《5G 网络深度覆盖技术基础解析》中的"表 1-2 5G 典型业务模型"中的技术参数。5G 场景业务模型需要做的就是预测不同场景中可能发生的业务与这些业务发生的概率，选用相关业务的技术参数要求，再根据场景的流量密度、时延以及用户体验速率计算公式，就能推导出 5G 场景的业务模型。

1. 密集住宅区

密集住宅区 5G 典型业务包括视频会话、IPTV、虚拟现实（Virtual Reality，VR）、在线游戏、数据下载、云存储、OTT、智能家居等，根据密集住宅区的特点设定了这些业务的发生概率。密集住宅区的场景业务见表 1-4。

表 1-4 密集住宅区的场景业务

典型业务	业务发生概率	时延要求 /ms	上行体验速率 /（Mbit/s）	下行体验速率 /（Mbit/s）
视频会话（两方）	5%	50 ～ 100	15	15
4K 高清视频播放	5%	50 ～ 100	无具体要求	60
8K 高清视频播放	5%	50 ～ 100	无具体要求	240
在线游戏	10%	50 ～ 100	无具体要求	无具体要求
VR	5%	50 ～ 100	无具体要求	240
云存储	15%	无具体要求	500	1000
OTT	50%	无具体要求	无具体要求	无具体要求

按现行城市规划法规体系下编制的各类居住用地的控制性详细规划，密集住宅区的容积率不大于 5，假定人均面积为 50m²，密集住宅区人口密度的计算公式如下。

人口密度＝区域人口总数÷区域面积

＝（建筑面积÷人均面积）÷区域面积　　　　　式（1-5）

＝（区域面积×区域容积率）÷人均面积÷区域面积

密集住宅区的区域面积为 1 平方千米，其人口密度的计算如下。

密集住宅区人口密度＝1（平方千米）×5÷50（平方米 / 人）÷1（平方千米）

＝ 10（万人 / 平方千米）

假定密集住宅 5G 终端渗透率为 80%，5G 终端激活率为 30%，则密集住宅区 5G 激活终端密度的计算如下。

密集住宅区 5G 激活终端密度＝ 10（万人 / 平方千米）×80%（个 / 人）×30%

＝ 2.4（万个 / 平方千米）

按照场景业务模型技术参数的计算公式，得到密集住宅区场景业务模型。密集住宅区的场景业务模型见表 1-5。

表1-5　密集住宅区的场景业务模型

5G 激活终端密度	2.4 万个 / 平方千米
上行流量密度	每平方千米 1.73Tbit/s
下行流量密度	每平方千米 5.17Tbit/s
上行体验速率	500Mbit/s
下行体验速率	1000Mbit/s
时延	50 ～ 100ms

2. 办公室

办公区域内的 5G 典型业务包括视频会话（双方或多方）、云桌面、数据下载、云存储、OTT 等。根据办公室的特点设定了这些业务的发生概率。办公室的场景业务见表 1-6。

表1-6　办公室的场景业务

典型业务	业务发生概率	时延要求 /ms	上行体验速率 /（Mbit/s）	下行体验速率 /（Mbit/s）
视频会话（双方）	10%	50 ～ 100	15	15
视频会话（三方）	5%	50 ～ 100	15	30
视频会话（四方）	5%	50 ～ 100	15	45
视频会话（五方）	5%	50 ～ 100	15	60
云桌面	30%	10	20	20
云存储（上传）	5%	无具体要求	512	—
云存储（下载）	20%	无具体要求	—	1024
OTT	20%	无具体要求	无具体要求	无具体要求

按照现行城市规划法规体系下编制的各类居住用地的控制性详细规划，中央商务区（Central Business District，CBD）容积率一般为 4，假定办公室人均面积为 20m^2，则 CBD 人口密度的计算公式如下。

人口密度＝ CBD 区域人口总数 ÷CBD 区域面积

＝（CBD 建筑面积 ÷ 人均面积）÷CBD 区域面积

＝（CBD 区域面积 × CBD 容积率）÷ 人均面积 ÷CBD 区域面积　　式（1-6）

办公室的区域面积为 1 平方千米，其人口密度的计算如下。

办公室人口密度＝ 1（平方千米）×4÷20（平方米 / 人）÷1（平方千米）

＝ 20（万人 / 平方千米）

假定办公室 5G 终端渗透率为 1.2，5G 终端激活率为 30%，则办公室 5G 激活终端密度的计算如下。

办公室 5G 激活终端密度＝ 20（万人 / 平方千米）×1.2（个 / 人）×0.3

＝ 7.2（万个 / 平方千米）

按照场景业务模型技术参数的计算公式，得到办公室场景业务模型。办公室的场景业务模型见表 1-7。

表1-7　办公室的场景业务模型

5G 激活终端密度	7.2 万个 / 平方千米
上行流量密度	每平方千米 2.43Tbit/s
下行流量密度	每平方千米 15.04Tbit/s
上行体验速率	500Mbit/s
下行体验速率	1000Mbit/s
时延	10ms

3. 体育场

体育场的 5G 典型业务包括视频播放、增强现实、实时视频分享、高清图片上传、OTT 等。根据体育场的特点设定了这些业务的发生概率。体育场的场景业务见表 1-8。

表1-8　体育场的场景业务

典型业务	业务发生概率	时延要求 /ms	上行体验速率 /（Mbit/s）	下行体验速率 /（Mbit/s）
视频播放（4K）	5%	50 ～ 100	无具体要求	60
增强现实（1080P）	10%	5 ～ 10	15	15
增强现实（4K）	10%	5 ～ 10	60	60
实时视频共享（1080P）	15%	50 ～ 100	15	无具体要求
实时视频共享（4K 高清）	10%	50 ～ 100	60	无具体要求
高清图片上传（4000 万像素）	30%	无具体要求	无具体要求	无具体要求
OTT	20%	无具体要求	无具体要求	无具体要求

假定体育场面积为 5 万平方米，比赛时体育场内人数为 5 万人，5G 终端渗透率为 1.2，5G 终端激活率为 30%，体育场的人口密度的计算方法如下。

$$人口密度 = 5（万人）÷5（万平方米）= 100（万人 / 平方千米）$$

$$5G 激活终端密度 = 100（万人）×1.2（个 / 人）×0.3 \qquad 式（1-7）$$
$$= 36（万个 / 平方千米）$$

按照场景业务模型技术参数的计算公式，得到体育场的场景业务模型。体育场的场景业务模型见表 1-9。

表1-9　体育场的场景业务模型

5G 激活终端密度	36 万个 / 平方千米
上行流量密度	每平方千米 5.41Tbit/s
下行流量密度	每平方千米 3.60Tbit/s
上行体验速率	60Mbit/s
下行体验速率	60Mbit/s
时延	5 ~ 10ms

4. 露天集会

与体育场类似，露天集会在很小的区域内汇集大量人群，人口密度极高，其典型业务包括视频播放、增强现实、实时视频分享、高清图片上传、OTT 等，根据露天集会的特点设定了这些业务的发生概率。露天集会的场景业务见表 1-10。

表1-10　露天集会的场景业务

典型业务	业务发生概率	时延要求 /ms	上行体验速率 /（Mbit/s）	下行体验速率 /（Mbit/s）
视频播放（4K）	5%	50 ~ 100	无具体要求	60
增强现实（1080P）	10%	5 ~ 10	15	15
增强现实（4K）	10%	5 ~ 10	60	60
实时视频共享（1080P）	10%	50 ~ 100	15	无具体要求
实时视频共享（4K 高清）	10%	50 ~ 100	60	无具体要求
高清图片上传（4000 万像素）	20%	无具体要求	无具体要求	无具体要求
OTT	20%	无具体要求	无具体要求	无具体要求

假定露天集会场所的面积为 1 万平方米，参与人数为 1 万人，5G 终端渗透率为 1.2，5G 终端激活率为 30%，则露天集会的人口密度的计算方法如下。

$$人口密度 = 1（万人）÷1（万平方米）= 100（万人 / 平方千米）$$

$$5G \text{ 激活终端密度} = 100（万人）\times 1.2（个 / 人）\times 0.3$$
$$= 36（万个 / 平方千米）\qquad \text{式（1-8）}$$

按照场景业务模型技术参数的计算公式，得到露天集会的场景业务模型。露天集会的场景业务模型见表 1-11。

表1-11　露天集会的场景业务模型

5G 激活终端密度	36 万个 / 平方千米
上行流量密度	每平方千米 5.92Tbit/s
下行流量密度	每平方千米 3.60Tbit/s
上行体验速率	60Mbit/s
下行体验速率	60Mbit/s
时延	5 ～ 10ms

5. 地铁

地铁内汇集大量人群，人口密度极高，其典型业务包括视频播放、在线游戏、OTT 等，根据地铁的特点设定了这些业务的发生概率。地铁的场景业务见表 1-12。

表1-12　地铁的场景业务

典型业务	业务发生概率	时延要求 /ms	上行体验速率 /（Mbit/s）	下行体验速率 /（Mbit/s）
视频播放（1080P）	40%	50 ～ 100	无具体要求	15
视频播放（4K）	20%	50 ～ 100	无具体要求	60
实时视频共享（1080P）	5%	50 ～ 100	15	无具体要求
在线游戏	5%	50 ～ 100	无具体要求	无具体要求
OTT	30%	无具体要求	无具体要求	无具体要求

地铁站之间的距离一般为 1 ～ 2km，地铁列车跑完一站需要 1 ～ 3 分钟，采用移动闭塞分区地铁列车间隔可以控制在 60 ～ 90s，因此，在两个地铁站之间，双向线路上最多可能有 4 辆地铁列车在同时运行。

按照国家对地铁核载的标准，每平方米 6 人算是满员，到达每平方米 9 人算是超员，假定高峰期每平方米为 8 人，地铁车厢每节面积约为 $45m^2$，按常规 6 节车厢编组计算，总面积约为 $270m^2$，因此，交通高峰期每列地铁车厢人数约为 2200（270×8 ≈ 2200）人。

依据《地铁设计规范》（GB 50157—2013），大站台容纳乘客数为 2150 人左右。

地铁每站人口密度的计算公式如下。

地铁人口密度＝车辆数 × 每辆车容纳乘客数 + 站台容纳乘客数
地铁人口密度＝（4×2200+2150）（人）÷1（站）≈1.1（万人 / 站）

假定地铁 5G 终端渗透率为 1.2，5G 终端激活率为 70%，则地铁 5G 激活终端密度的计算如下。

$$地铁 5G 激活终端密度 = 1.1（万人）\times 1.2（个 / 人）\times 0.7$$
$$= 9240（个 / 站）$$

式（1-9）

按照场景业务模型技术参数的计算公式，得到地铁的应用场景业务模型。地铁的应用场景业务模型见表 1-13。

表 1-13 地铁的应用场景业务模型

5G 激活终端密度	9240 个 / 站
上行流量密度	每站 6.77Gbit/s
下行流量密度	每站 162.42Gbit/s
上行体验速率	15Mbit/s
下行体验速率	60Mbit/s
时延	50～100ms

6. 快速路

快速路上的车辆行驶速度约为每小时 80 千米，移动速度快，其典型业务包括视频会话、视频播放、增强现实、OTT、车联网等。此应用场景的主要挑战是高速移动，根据快速路的特点设定了这些业务的发生概率。快速路的场景业务见表 1-14。

表 1-14 快速路的场景业务

典型业务	业务发生概率	时延要求 /ms	上行体验速率 /（Mbit/s）	下行体验速率 /（Mbit/s）
视频会话	10%	50～100	15	15
视频播放（1080P）	10%	50～100	无具体要求	15
视频播放（4K）	10%	50～100	无具体要求	60
增强现实（1080P）	10%	5～10	15	15
增强现实（4K）	10%	5～10	60	60
车联网	30%	5	无具体要求	无具体要求
OTT	40%	无具体要求	无具体要求	无具体要求

高峰期快速路车辆间距假定为 10m，平均每车有 2 人，双向 6 车道，快速路的人口密度的计算如下。

$$人口密度 = 1000（千米）\div 10（米）\times 2（人）\times 6 \div 1（千米）= 1200（人 / 千米）$$

假定 5G 终端渗透率为 1.2，快速路场景下 5G 终端激活率为 30%，则快速路的 5G 激活终端密度的计算如下。

$$5G 激活终端密度 = 1200（人 / 千米）\times 1.2（个 / 人）\times 0.3$$
$$= 432（个 / 千米）$$

式（1-10）

按照场景业务模型技术参数计算公式，得到快速路的场景业务模型。快速路的场景业务模型见表 1-15。

表1-15 快速路的场景业务模型

5G 激活终端密度	432 个 / 千米
上行流量密度	每千米 2.21Gbit/s
下行流量密度	每千米 5.38Gbit/s
上行体验速率	60Mbit/s
下行体验速率	60Mbit/s
时延	5ms

7. 高铁

高铁行驶速度大于每小时 250 千米，移动速度极快，其典型业务包括视频会话、视频播放、在线游戏、云桌面、OTT 等。此应用场景的主要挑战是高速移动，根据高铁的特点设定了这些业务的发生概率。高铁的场景业务见表 1-16。

表1-16 高铁的场景业务

典型业务	业务发生概率	时延要求 /ms	上行体验速率 /（Mbit/s）	下行体验速率 /（Mbit/s）
视频播放（1080P）	30%	50 ～ 100	无具体要求	15
视频播放（4K）	20%	50 ～ 100	无具体要求	60
实时视频共享（1080P）	5%	50 ～ 100	15	无具体要求
在线游戏	5%	50 ～ 100	无具体要求	无具体要求
云桌面	10%	10	20	20
OTT	30%	无具体要求	无具体要求	无具体要求

高铁列车 8 节编组载客数为 600 人左右，16 节编组载客数为 1200 人。高铁的人口密度的计算如下。

$$人口密度 = 1200（人 / 车）$$

假定高铁 5G 终端渗透率为 1.2，5G 终端激活率为 70%，高铁的 5G 激活终端密度的计算如下。

$$5G 激活终端密度 = 1200（人 / 车）\times 1.2（个 / 人）\times 0.7$$
$$\approx 1000（个 / 车）$$

式（1-11）

按照场景业务模型技术参数计算公式，得到高铁场景业务模型。高铁场景业务模型见表 1-17。

表1-17　高铁场景业务模型

5G 激活终端密度	1000 个 / 车
上行流量密度	每车 2.69Gbit/s
下行流量密度	每车 18.07Gbit/s
上行体验速率	20Mbit/s
下行体验速率	60Mbit/s
时延	10ms

8. 广域覆盖

广域覆盖区域内的典型业务包括视频播放、增强现实、视频直播、OTT、视频监控等。此应用场景的主要挑战是广域覆盖区内用户体验速率的保障，根据广域覆盖的特点设定了这些业务的发生概率。广域覆盖的场景业务见表 1-18。

表1-18　广域覆盖的场景业务

典型业务	业务发生概率	时延要求 /ms	上行体验速率 /（Mbit/s）	下行体验速率 /（Mbit/s）
视频会话	10%	50～100	15	15
视频播放（1080P）	10%	50～100	无具体要求	15
视频播放（4K）	10%	50～100	无具体要求	60
增强现实（1080P）	10%	5～10	15	15
增强现实（4K）	10%	5～10	60	60
实时视频共享（1080P）	5%	50～100	15	无具体要求
实时视频共享（4K）	5%	50～100	60	无具体要求
OTT	40%	无具体要求	无具体要求	无具体要求

假定广域覆盖场景人口密度为 1 万人 / 平方千米，5G 终端渗透率为 80%，5G 终端激活率为 30%，则广域覆盖 5G 激活终端密度的计算如下。

$$5G 激活终端密度 = 1（万人）\times 0.8（个 / 人）\times 0.3$$
$$= 2400（个 / 平方千米）\qquad 式（1-12）$$

按照场景业务模型技术参数计算公式，得到广域覆盖的场景业务模型。广域覆盖的场景业务模型见表 1-19。

表1-19　广域覆盖的场景业务模型

5G 激活终端密度	2400 个 / 平方千米
上行流量密度	每平方千米 29.88Gbit/s
下行流量密度	每平方千米 38.67Gbit/s

续表

上行体验速率	60Mbit/s
下行体验速率	60Mbit/s
时延	5 ～ 10ms

　　以上为各类应用场景业务模型的测算过程，已详细解释了各技术指标参数的计算方法，为了便于读者参考使用，我们将以上场景业务模型整理为一张场景业务模型的技术参数表。场景业务模型的技术参数见表 1-20。

表1-20　场景业务模型的技术参数

应用场景	上行流量密度	下行流量密度	时延要求	上行体验速率	下行体验速率
密集住宅区	每平方千米 1.73Tbit/s	每平方千米 5.17Tbit/s	50 ～ 100ms	500Mbit/s	1000Mbit/s
办公室	每平方千米 2.43Tbit/s	每平方千米 15.04Tbit/s	10ms	500Mbit/s	1000Mbit/s
体育场	每平方千米 5.41Tbit/s	每平方千米 3.60Tbit/s	5 ～ 10ms	60Mbit/s	60Mbit/s
露天集会	每平方千米 5.92Tbit/s	每平方千米 3.60Tbit/s	5 ～ 10ms	60Mbit/s	60Mbit/s
地铁	每站 6.77Gbit/s	每站 162.42Gbit/s	50 ～ 100ms	15Mbit/s	60Mbit/s
快速路	每千米 2.21Gbit/s	每千米 5.38Gbit/s	5ms	60Mbit/s	60Mbit/s
高铁	每车 2.69Gbit/s	每车 18.07Gbit/s	10ms	20Mbit/s	60Mbit/s
广域覆盖	每平方千米 29.88Gbit/s	每平方千米 38.67Gbit/s	5 ～ 10ms	60Mbit/s	60Mbit/s

　　需要说明的是，本节以介绍场景业务模型测算方法为主要目的，不少参数如业务发生概率和终端密度等均为假定值，各应用场景下可能发生的业务也都是预测，因此，最后的场景业务模型仅供参考。另外，由于各地的实际情况各有不同，应用场景的设定也可以扩展或者重新定义，所以不一定要按照 3GPP TR 38.913 或 IMT-2020 推进组建议的分类方法。

面向 5G 室内分布系统建设

Chapter 2

第2章

对移动通信服务来说,当前的室内信号覆盖质量已成为影响电信运营商市场竞争力的重要因素。当下的 5G 网络处于万物互联时代,数据业务更多地发生在室内场景。根据国际电联的统计预测,随着移动通信的进一步普及和推广,移动数据业务会有 80% 以上在室内发生,移动语音业务会有 70% 以上在室内进行。特别是对于人员较多的场景,例如,学校、商场、办公楼、会议中心、会展中心、交通枢纽等,这些业务高发区域是电信运营商的重要收入来源,如果不能为该类区域提供良好的网络覆盖,就会导致无法有效开展业务,不能满足市场发展需求,同时还会使其投资效益受到损害。

为了保证用户获得更好的优质体验,电信运营商必须提供高品质的室内连续覆盖。本章首先从 5G 室内覆盖遇到的挑战开始分析,描述了网络建设的目标和设计原则;然后根据网络需求设置不同的建设策略,分析了 5G 室内覆盖的设备选型和 5G 网络的速率计算;最后解读了 5G 室内分布系统的网络性能影响因素等。

●● 2.1 5G 室内覆盖挑战

随着城市化进程的逐步加快，城市环境不断发生变化，城区面积不断增大、高层建筑不断增加等对无线信号在室内环境中的传播都会形成较大的衰耗，不仅新出现的建筑物成为移动通信信号覆盖的弱区或盲区，甚至导致周边原本覆盖达标的区域变成信号的弱区，出现用户通话断续甚至掉话的情况，严重影响用户的体验感知。

伴随城市无线环境的日益复杂、人口密度越来越大，以及人口流动性的增加，用户对各类移动业务的需求也越来越高，导致移动通信网络建设的质量要求也越来越高，通信网络建设面临新的挑战。根据以往的规划设计经验，对于现代城市室内场景的移动通信网络部署，主要存在的深度覆盖问题与区域特征可以归纳为以下 3 类。

① 覆盖问题：新建的中高档建筑物、地下停车场、电梯、高层写字楼、CBD 区域、大型会展中心等各类覆盖需要解决的场景。

② 容量问题：用户对各类移动业务的需求越来越高，导致容量需求增加，特别是人口密度大的区域，例如，校园、地铁、机场、火车站等，需要配置多个小区以满足容量需求。

③ 质量问题：在建筑物高层或建设室内分布系统的窗户边缘由于可以接收到多个基站信号，所以出现接收信号频繁切换的问题。

与以往的室内网络规划设计相比，5G 时代的室内覆盖建设要求更为精细化，设计指标需综合关注场强、容量、覆盖质量、切换、频率、干扰等多维因素，在设计中，还需要考虑网络建设和维护成本等因素。各家电信运营商的多网并存及共建共享，导致在工程实施阶段，多系统融合工程的调测量通常要大于以往的室内分布系统建设，增加了 5G 室内覆盖建设的复杂度。在解决方案方面，5G 室内覆盖解决方案对场景划分的要求更细致，网络覆盖精度由面演化到点，用户体验感知质量成为检验深度覆盖效果的最佳衡量标准。如何做好室内深度覆盖是 5G 时代电信运营商在网络建设方面遇到的一项重大挑战。

就覆盖方式而言，使用室外基站直接覆盖室内是前期大部分移动网络覆盖采取的方式，但是在万物互联的 5G 时代，这种由外而内的方式早已不适合现实情况。一方面是由于 5G 使用的高频段信号穿透能力差，损耗严重，如果继续采用传统由外而内的覆盖方式，现实所需的宏基站数量将大大增加，会使网络建设成本剧增，同时，需求站址数量的增加会导致站址获得更困难。另一方面，5G 时代数据业务对信号强度和信噪比的要求更高，单纯依靠宏基站很难保障用户体验。因此，相对于以往的网络室内深度覆盖而言，5G 室内网络所要求的深度覆盖主要面临的挑战有两个方面：一是 5G 频段高导致覆盖能力差、穿透损耗增加、带宽不匹配、通道数不足、器件天线不支持、有源设备改造难等；二是 5G 室内分布设计复杂、5G 室内分布建设施工难度大、多系统干扰控制、网络协同以及节能减排等难以实施。

2.1.1　设计复杂

与前几代移动网络的业务不同，5G 业务的种类繁多，由于服务对象不同，5G 业务主要可分为移动互联网类业务和移动物联网类业务两类。根据业务特点与对时延的敏感程度的不同，移动互联网业务进一步划分为流类、会话类、交互类、传输类及消息类业务；移动物联网业务可进一步划分为控制类业务与采集类业务两类。

根据 5G 网络业务发生的区域，移动数据业务会有 80% 以上发生在室内，移动语音业务会有 70% 以上在室内进行，室内深度覆盖成为网络建设的最重要的组成部分。不同数据速率的解调门限不同，因此，在覆盖设计中，首先需要确定小区边缘用户的速率要求，只有合理确定小区边缘用户的数据速率，才能确定室内的有效覆盖范围。复杂的无线环境要求 5G 系统在确定室内边缘场强时格外精细，同时不仅要确定满足小区边缘目标速率的小区覆盖范围，还需确定不同速率业务的信噪比和无线资源块数量。

由此可见，5G 网络丰富多彩的业务、行业应用中的各类切片服务、5G 网络设备的多样化，导致了 5G 室内分布系统的设计难度增大。

2.1.2　建设施工难度大

住宅小区、密集写字楼、CBD、商业区和城中村是各大电信运营商关注的室内覆盖重点，近年来，居民的环保和维权观念越来越强，传统的建设方式难以开展，同时用户对 5G 网络容量的需求增加导致投诉事件急剧上升。因此，需要美化安装的通信设备，同时对安装通信设备的隐蔽性及美观度要求越来越高，这些要求给工程建设带来了极大的挑战。

原有传统无源分布系统 90% 以上的是单路分布系统，5G 网络的建设需要对其进行多通道改造，以提升网络速率。理论上，建设双通道比单通道速率约提升 1 倍，也就是说，在同样的条件下，频分双工（Frequency Division Duplex，FDD）新空口（New Radio，NR）20M 带宽的单用户在双通道网络中下行的峰值速率可达 231Mbit/s，而单通道速率只有 123Mbit/s 左右。从以上数据可知，多输入多输出（Multiple-Input Multiple-Output，MIMO）对速率的提升非常明显，而且 4 通道的理论速率提升更加明显。因此，只有对原单路分布系统进行改造，才能体现 5G 网络的优势。但是由于安装空间的条件限制，一般室内分布系统建设多路分布系统以双路为主。为了保证 MIMO 2×2 对 NR 容量的提升，采用双路分布系统方案时，对单极化天线的间距有严格要求，这给施工也带来了一定挑战。

为了确保双通道功率平衡，两个单极化天线间距应不低于 4λ（约为 0.5m），在有条件的场景尽量采用 10λ 左右的间距（约为 1.25m）。因此，NR MIMO 2×2 技术的成功落地也是一个挑战。

有源室内分布的改造需要拆装原有的设备，对网络割接等带来了一些问题。如果是增加另外一套 5G 有源室内分布设备，那么不仅需要增加新的安装空间，而且需要根据干扰控制要求，留有足够的空间，以满足隔离要求。

2.1.3 多系统干扰控制

目前，三大电信运营商各自拥有数套 2G、3G、4G、5G 移动通信系统网络制式，使现有室内分布系统建设中存在多系统的情况。因此，在部署 5G 网络时，不可避免地受到各种相关系统的干扰。从多网协同的角度考虑，5G 室内分布系统不能影响之前已经部署的系统，同时又必须满足自身设计目标要求，并与已存在的系统协同发展，因此，在规划部署中，多系统室内分布系统性能需要综合考虑。另外，特别值得关注的是，如何更好地利用现有分布系统。

5G 室内覆盖的部署在考虑与 2G、3G 及 4G 的融合覆盖时，需要考虑不同频段信号在天馈分布和空间传播损耗上有明显的差异，频率越高，损耗越大，在网络建设中应注意减少频率损耗的差异性。由于受站址空间的限制和其他因素的影响，所以每套系统增加设备的方式难以有效开展。

在 5G 时代，室内分布系统的建设方式越来越多，各种网络的设备类型越来越丰富，科学合理地选择基站、小基站、射频拉远单元（Remote Radio Unit，RRU）、微型射频拉远单元（Pico Remote Radio Unit，PRRU）、皮基站、光纤分布系统、移频 MIMO、直放站、干线放大器、微型直放站等设备以适应差异化场景的安装要求，在当前的 5G 室内分布系统建设中采用多样化技术已成为主流趋势，优质技术的应用使网络性能得到提升，较好地保障了用户业务的体验需求。

2.1.4 节能减排

考虑到 5G 室内分布系统较传统室内分布网络有更多的应用设备，会出现因设备较多导致功耗较大的问题，因此，需要更加注重节能减排的要求。针对 5G 网络能耗大的问题，需要采用设备级、站点级和网络级三级架构开展节能关键技术及相关评价体系研究。

设备级节能关键技术包括硬件节能和软件节能两个部分。例如，中国电信在 5G 硬件上，引导产业链采用新材料、新架构和提高集成度等方法，进一步降低基站基础功耗；在 5G 软件功能上，采用符号关断、载波关断、通道关断以及深度休眠等方法，不断提升软件节能的精细化、智能化水平，持续降低基站功耗。

站点级节能关键技术主要针对与主设备一起构成站点的空调、电源等配套设施的节能。目前，主要通过探索新型无线接入网网络架构，实现配套设施能耗降低的目标。例如，中国移动通过联合产业界合作伙伴研发基站高能效材料、新器件、新结构，实现 5G 单站功耗相比商用初期下降约 35%；开展节能动态调压、基带处理单元（Base Band Unit，BBU）休眠和池化的探索与验证，实现通道静默、浅层休眠、深度休眠等节能功能的规模部署和性能优化。基于业务负荷进行 5G 基站器件休眠，实现低负荷场景节电 10% ～ 30%，极低负荷场景节电超过 50%。

网络级节能关键技术则是通过结合人工智能算法开展多网协作。网络级节能技术与网络运营紧密相关，通过在网管端进行数据采集和大数据处理，自动识别多频多模网络状态下覆盖小区及容量小区，进行适时小区静默和唤醒，可以有效达到节能的目的。

降低能耗是一个全产业链的问题，需要电信运营商、系统设备厂商、元器件厂商，乃至电源、空调等配套厂商的共同努力，实现能耗降低的同时，还可以扩大新能源的应用范围，更多地采用太阳能、风能等可再生能源为网络设备供电，有助于降低碳排放。

●● 2.2 面向 5G 的室内分布系统

对于分布系统而言，常用的类型包括传统无源分布系统、漏泄电缆分布系统、PRRU分布系统、皮基站分布系统、光纤分布系统、移频 MIMO 分布系统等。

面向 5G 的无源室内分布系统与前期的无源室内分布系统有相同的系统架构，二者都是由信源和分布系统两个部分构成。其中，信源通常有宏基站、微蜂窝基站、分布式基站等。在规划设计中，实际覆盖区域的容量需要合理预测，并在此基础上进行信源的选择。面向5G 的有源室内分布系统与前期的有源室内分布系统也有相同的系统架构。在实际规划设计中，需要结合建筑物类型、覆盖面积等因素进行合理的选择。

然而，相比于传统的室内分布系统，5G 室内覆盖需要满足更多的业务类型和优质的用户体验感知。需要说明的是，面向 5G 的室内分布系统建设由于 5G 频段高、穿透损耗大、技术方案复杂、工程量大、成本高，以及施工和协调困难等，所以当前基于 5G 的室内分布系统建设需要采取特殊的方式以满足各类场景覆盖要求。接下来，本节就 5G 室内分布系统的建设目标和 5G 室内分布系统总体的设计原则进行阐述。

2.2.1 5G 室内分布系统的建设目标

随着当今社会移动互联网的飞速发展，用户对于移动网络业务的需求越来越高，数据业务发生在室内的比例也越来越大。4G 网络的建设已不能很好地满足用户对数据业务的体验要求，同时随着城市的快速发展和建设，建筑物也越来越密集，从而导致信号遮挡严重和基站选址的难度增大。这两大难点使基于 5G 的室内分布系统建设更加重要。首先，5G 制式不仅可以很好地满足用户对高速数据业务的体验需求，而且可以很好地满足用户对低时延业务的需求，同时能够保障优质的服务质量。其次，基于 5G 的室内分布系统建设，已成为移动通信室内深度覆盖主要的承载体，更能够有效分担建筑物、人流量较密集区域的话务量和网络压力，提升网络整体性能和电信运营商的竞争力，为用户提供更优质的服务。

为了保证 5G 室内分布系统更好地适应当前室内无线覆盖的要求，在实际建设中，还需要有效解决多系统间干扰、室内外协同、建设成本控制、共建共享以及多场景适用性等一系列的挑战和问题，从而保障 5G 室内分布系统建设顺利完成。

2.2.2 5G 室内分布系统总体的设计原则

5G 室内分布系统的设计和建设应综合考虑业务需求、网络性能、改造难度、投资成本等因素，充分体现 5G 网络的性能特点并保证网络质量，同时不影响现网系统的安全性和稳定性。

室内分布系统的多通道建设中，如果采用双路建设的方式，则需要充分考虑 MIMO 2×2 上下行容量增益；如果采用 4 路建设的方式，则需要充分考虑 MIMO 4×4 上下行容量增益。在 5G 工程建设中，应根据目标点位具体情况，综合考虑业务需求、改造难度等因素，选择比例适当的新建和改造场景部署多通道室内分布系统。

5G 室内分布系统建设应综合考虑全球移动通信系统（Global System for Mobile communications，GSM）、码分多路访问（Code Division Multiple Access，CDMA）、宽带码分多路访问（欧洲标准）（Wideband Code Division Multiple Access，WCDMA）、长期演进（Long Term Evolution，LTE）和 NR 的共用需求，并按照相关要求促进室内分布系统的共建共享。多系统共存时，系统间隔离度应满足要求，避免系统间相互干扰。

5G 室内分布系统建设应坚持室内外协同覆盖的原则，需要做好 5G 室内外切换区域设计，保证良好的移动性，同时严控室内信号外泄，降低小区间干扰。

5G 室内分布系统建设应保证扩容的便利性，尽量做到在不改变分布系统架构的情况下，通过增加载波、空分复用等方式快速扩容，以满足业务需求。

5G 室内分布系统应按照"多天线、小功率"的原则进行建设，电磁辐射需满足国家和通信行业相关标准。

对于多家电信运营商共建的多系统合路平台（Point Of Interface，POI），需要选择满足各系统间干扰隔离度的器件以保证各系统正常运行。

5G 室内分布应以满足数据业务容量需求为目标，对单小区无法满足该需求的情况下可以采取多小区覆盖，室内分区原则上采用垂直分区的方式保证小区间的干扰隔离，同时尽量避免同层出现多个分区的情况。

●●2.3　5G 网络的设备选型

经过室内分布系统站点的勘察，确定采用何种室内分布系统建设方式，并根据链路预算及最大链路损耗，确定天线安装点位后，需要对设备进行选型。每种室内分布系统的设备有多种类型，需要根据实际需求进行选择。

2.3.1　无源分布系统的设备选型

无源分布系统分为传统无源分布系统和漏泄电缆分布系统两大类。无源分布系统是室内分布系统中技术最成熟的建设方式。传统无源分布系统由于馈线性能稳定、造价便宜、安装方便，所以在实际工程中得到大量应用。传统无源分布系统主要由信源设备、馈线、合路器、功分器、耦合器、干线放大器以及天线等设备材料组成。漏泄电缆分布系统则由信源设备、馈线、合路器、功分器、耦合器、干线放大器以及漏泄电缆等设备材料组成。

无源分布系统信源设计的质量对无源分布系统有非常重要的作用，选取合适的信源是建设优质无源分布系统的一个必要条件。如果要采用无源分布系统实现对目标建筑的最佳覆盖，则在选择信号源时需要综合考虑目标场景的规模大小、结构功能、话务需求、无线资源情况以及周围建筑的高低和紧密度。

1. 信源的规划设计原则

信源的规划设计建议遵循一定原则，具体要求如下。

① 根据室内分布系统天线口输出功率要求，反向确定信源的输出功率。为了应对系统后期可能的合路或者扩容改造，在最初设计和确定信源功率时需要对功率进行一定预留。

② 根据室内分布系统覆盖目标区域的预测容量来确定信号源的配置或种类，以满足容量的需求。在考虑容量时，有必要将室外网络和分布系统统一进行分析，合理分配室内外的容量资源，减少室内外软切换的操作频率，控制室内外信号干扰，使整体网络容量获得最大化。

③ 信源的选取需考虑室内分布系统对整体网络环境的影响，严格控制室内分布系统信号向室外漏泄，使室内分布系统与整体网络环境相互协调，从而获得良好的网络质量。

④ 信源的选取需综合分析信源的配套设施、电源设备、传输线路等需求，从而优化资源配置，节省工程投资；同时还要考虑将室内分布系统的电磁辐射水平控制在标准范围内，以达到环境保护的要求。对于居民区内建设的站点，信源噪声需符合相关要求。

2. 信源选取分析

对于现阶段的室内分布系统信源而言，主要可以分为一次信源和二次信源两种。其中，一次信源是直接来自基站的信号源，二次信源主要是指直放站从基站端衍生出来的信号源。一次信源的信号来自核心网络，通常是指其中的宏蜂窝基站、微蜂窝基站，以及"BBU+RRU"拉远分布式基站所提供的信号源。相较而言，二次信源则是直放站中继放大后的信号，其来源可以是不同类型的直放站，例如，无线直放站、光纤直放站、模拟直放站、数字直放站、微型直放站、常规直放站等。其主要作用是增强射频信号功率，实现完整覆盖。信源的特点及应用场景对比见表 2-1。

表2-1 信源的特点及应用场景对比

信源	优点	缺点	场景应用	使用说明
宏蜂窝信源	施工便捷，性能稳定，扩容快捷	3G/4G/5G 需要增加全球导航卫星系统（Global Navigation Satellite System，GNSS）路由，对电气环境及机房要求较高，室外盲区无法完全克服	适用于人流量大、话务量相对较高的大型场景区域	宏蜂窝信源，由于 BBU 无法集中堆叠，5G 网络的边缘计算无法较好地实施，5G 网络目前基本没有宏蜂窝基站
微蜂窝信源	信号相对稳定，可适当增加室内场景容量，对于供电等环境要求不高	3G/4G/5G 需要增加 GNSS 路由，需要规划频率和传输系统，网络优化的工作量较大	适用于大部分人口密度和话务量都适中的室内区域	微蜂窝信源，由于 BBU 无法集中堆叠，5G 网络的边缘计算无法较好地实施，5G 网络目前没有微蜂窝基站
直放站	成本低，灵活布放，安装要求不高	可能引起传输时延和影响信号质量	适用于覆盖电梯、地下室等	由于 5G 网络的输出总功率需求较大，而且直放站无法提供容量，所以在低容量区域使用
"BBU+RRU"	安装灵活便捷，BBU 可以集中堆叠，支持系统容量的动态分配	需详细核算基带的承受处理能力，增加易损坏的光电单元和供电设备	可灵活适用于各种室内场景的覆盖需求	目前传统无源分布系统的主流信源

对于当前流行的"BBU+RRU"组合的射频拉远技术，其工作核心是通过传输损耗较小的光纤，将信源信号从近端单元传输到远端单元。近端单元作为射频控制部分，远端单元作为射频拉远部分。近端单元通常可以集中放置在电信运营商的机房，而远端单元通常安放在目标覆盖区内或者附近，以便安装分布系统的天馈线等。近年来，随着拉远型设备的广泛使用，这种方式因其组网灵活、覆盖面广、安装简便等特点，已在各种场景的建设中获得大规模应用。因此，相对于其他的信源方式，室内分布系统原则上首先考虑分布式的"BBU+RRU"组网方式。RRU 在应用灵活性及组网特性上具有以下优势。

① RRU 多通道：5G 网络的 RRU，配置通道数有多种类型，主要有双通道、4 通道和

8 通道 3 种。RRU 在室内覆盖应用中根据场景需求能够实现 MIMO 2×2、MIMO 4×4、MIMO 8×8 模式，同时具有功率大、安装灵活的特点。在室内覆盖建设中，多数场景建议采用双通道 RRU。

② RRU 分裂：在使用灵活性方面，利用 RRU 的多通道特性，RRU 不仅可以采用多个通道同时覆盖一个区域的方式，形成多通道覆盖，还可以采用多个通道分别覆盖不同区域的方式。对于峰值速率要求不高的场景，这种方式可以最大限度地提升 RRU 的容量，节约投资，同时可以在室内不同环境下灵活组网。

③ 小区合并：小区合并是将多个（通常为相邻的）逻辑小区合并为一个逻辑小区。RRU 使用小区合并技术，在有效扩大单小区覆盖范围的同时，可以减少切换和重选次数，减少频繁切换引起的掉话概率。理论上，小区合并能够根据实际应用场景及其对应的业务密度进行更为灵活的小区覆盖分布，适合于大型场馆、高速交通等场景。

④ 星形组网：在组网方式上，因为星形组网的可靠性高，维护方便，后期也便于扩容为多载频小区，所以星形组网是室内覆盖最常用的组网方式。需要注意的是，可连接的 RRU 数量需要根据各设备厂家的 BBU 性能及板块数量而定。

⑤ 链状组网：对于容量允许和覆盖范围有限的情况，可采用链状组网的方式使 RRU 级联，扩大小区覆盖范围和覆盖距离，减少基站选址的频次。RRU 级联数量同样需根据各设备厂商的 BBU 性能而定，级联的 RRU 可以同属一个小区，也可以设置不同小区。链状组网和星形组网都支持 RRU 的合并，合并前的上行、下行吞吐量接近各自小区上行、下行吞吐量的理论值，而合并后的上行、下行吞吐量则接近单小区上行、下行吞吐量。因此，无论对于链状组网条件下 RRU 的合并，还是星形组网条件下 RRU 的合并，建议在容量要求不高的场所使用，后期则可根据系统容量需求进行小区的具体设置。

3. BBU 选型的硬件要求

（1）安装方式

BBU 设备须支持 19″（19 英寸，1 英寸 =2.54 厘米）机柜安装。

BBU 设备须支持安装到室内站点传输设备的现有 19″ 支架或室外现有机柜的空闲槽位。

BBU 设备须支持挂墙安装。

BBU 设备高度小于或等于 3U（1U 大约为 4.45 厘米）。

（2）硬件架构

BBU 设备支持 4G/5G、3G/5G、3G/4G/5G、2G/4G/5G 等多模共框配置，并且支持 4G/5G 共主控。同一 BBU 支持 2G、3G、4G、5G 不同型号的基带板、主控板同时共框工作。

BBU 设备的硬件能力应满足 NR 带内及带间载波聚合工作要求，后期可以通过软件升级支持载波聚合组合。

BBU 设备模块须支持单板可在线插拔，满足产品扩容和故障更换的不同需求。

BBU 支持与同厂商的任一型号 NR 射频单元对接，且支持不同型号的 NR 射频单元同时工作。

BBU 支持软件升级，同时可独立作为分布式单元（Distributed Unit，DU）工作。

（3）组网

BBU 设备须支持星形组网和链状组网。

BBU 至少支持与 24 个 RRU 星形拓扑连接。

BBU 至少支持与 96 个 PRRU 星形拓扑连接。

BBU 设备支持在有源天线单元（Active Antenna Unit，AAU）/RRU 光纤直连情况下，单级最大拉远距离不小于 10km。

BBU 设备支持 2T2R（两发两收）的 RRU 级联功能。

BBU 设备支持小区合并功能。

（4）BBU 接口要求

回传接口要求：BBU 设备须支持至少 2 个 10 吉比特以太网（Gigabit Ethernet，GE）或者 2 个 25GE 回传光接口，向下兼容 10GE 速率。

前传接口要求：基带板须同时支持通用公共无线电接口（Common Public Radio Interface，CPRI）和增强型通用公共无线电接口（enhanced Common Public Radio Interface，eCPRI），即可以同时连接 CPRI 的 RRU 和 eCPRI 的 AAU。

BBU 须支持 25GE eCPRI/CPRI。

BBU 须支持 10GE CPRI，且须支持 25GE 光模块的能力。

（5）供电

BBU 设备须支持 -48V DC（直流）或 220V AC（交流）供电方式，对于特殊地方和用于室内覆盖的基站须支持 220V 市电供应，对于交流供电方式，设备须内置 AC/DC 转换器。

BBU 须支持不低于 100m 的 -48V 直流供电。

BBU 应能承受可能较频繁的供电中断，并在供电、传输故障恢复后能保证在 5 分钟内自动重启。

BBU 设备电源须支持输入防反接保护功能，输入过流保护功能。

BBU 的每个供电单元应具有过压、过流保护装置。

（6）环境要求

室内型 BBU 应能在环境温度为 -5℃ ～ 40℃、相对湿度为 15% ～ 85% 的环境条件下长期稳定可靠地工作。

室内型 BBU 应能在环境温度为 -35℃ ～ 60℃、相对湿度为 5% ～ 95% 的环境条件下短期稳定可靠地工作。

BBU 设备在上述环境下噪声应小于 55dB。

BBU 设备须满足进入保护（Ingress Protection，IP）要求，即 IP20 防护等级要求。

4. RRU 选型的硬件要求

（1）通用要求

RRU 设备须满足重量不超过 25kg、体积不超过 25L 的要求。

RRU 支持铁塔、抱杆、挂墙安装方式。

RRU 设备的硬件能力应满足 NR 跨频段载波聚合工作要求，后期可以通过软件升级支持载波聚合。

（2）接口要求

每个 3.5GHz RRU 设备须支持至少 1 个 25GE CPRI 光接口。每个 2.1GHz RRU 设备须支持至少 1 个 10GE CPRI 光接口。设备光接口须同时具备支持 25GHz 光模块的能力。

（3）供电

RRU 设备必须支持 –48V DC 供电方式。

RRU 设备必须支持 220V AC 内置或外置交流模块的供电方式。

RRU 须支持掉电告警功能，RRU 设备必须具有电量缓存机制，在 RRU 掉电后的瞬间将掉电告警上报 BBU。

RRU 设备应能承受可能较频繁的供电中断，并在供电、传输故障恢复后能保证在 5 分钟内自动重启。

设备电源须支持输入防反接保护功能，输入过流保护功能。RRU 设备的每个供电单元应带有过压、过流保护装置。

（4）环境要求

RRU 应能在环境温度为 –40℃～ 55℃、相对湿度为 5% ～ 100% 的环境条件下长期稳定可靠地工作。

RRU 应能在环境温度为 –40℃～ 60℃、相对湿度为 5% ～ 100% 的环境条件下短期稳定可靠地工作。

RRU 设备在上述环境下噪声应小于 55dB。

RRU 设备及安装材料应能够容忍恶劣环境，应当具有良好的防水、防尘、防潮、防盐雾、防霉菌的能力。

5. 设备选型软件要求

（1）载波性能要求

对于 5G 网络的基站而言，其软件需满足以下要求。中国电信 / 中国联通 TDD NR 100MHz

载波性能要求见表2-2，中国移动 / 中国广电 TDD NR 100MHz 载波性能要求见表2-3，FDD NR 50MHz 载波性能要求见表2-4。

表2-2 中国电信/中国联通TDD NR 100MHz载波性能要求

指标	8T8R 载波	4T4R 载波	2T2R 载波	备注
下行最大流数（通道数）/ 个	≥ 4	≥ 4	≥ 2	100MHz 带宽、2.5ms 双周期帧结构、特殊时隙配比 10：2：2、下行 256QAM[5]、上行 256QAM
上行最大流数（通道数）/ 个	≥ 2	≥ 2	≥ 2	
下行峰值速率	≥ 1.5Gbit/s	≥ 1.5Gbit/s	≥ 0.75Gbit/s	
上行峰值速率	≥ 0.375Gbit/s	≥ 0.375Gbit/s	≥ 0.375Gbit/s	
RRC[1] 连接用户数 / 个	≥ 2400	≥ 2400	≥ 2400	采样时间为 100ms
RRC 激活用户数 / 个	≥ 800	≥ 800	≥ 800	
支持 VoNR[2] 用户数 / 个	≥ 400	≥ 400	≥ 400	
单位 TTI[3] 时间内同时调度用户数 / 个	≥ 28（上行）和 ≥ 16（下行）	≥ 28（上行）和 ≥ 16（下行）	≥ 28（上行）和 ≥ 16（下行）	
呼叫接入处理能力 BHCA[4]/ 个	≥ 43.2 万	≥ 43.2 万	≥ 43.2 万	每秒支持成功接入用户数不小于 120 个，接入成功率不低于 99%

注：1. RRC（Radio Resource Control，无线资源控制）。

2. VoNR（Voice over New Radio，新空口承载语音）。

3. TTI（Transmission Time Interval，传输时间间隔）。

4. BHCA（Busy Hour Call Attempts，忙时试呼）。

5. QAM（Quadrature Amplitude Modulation，正交振幅调制）。

表2-3 中国移动/中国广电TDD NR 100MHz载波性能要求

指标	8T8R 载波	4T4R 载波	2T2R 载波	备注
下行最大流数（通道数）/ 个	≥ 4	≥ 4	≥ 2	100MHz 带宽、5ms 单周期帧结构、特殊时隙配比 10：2：2、下行 256QAM、上行 256QAM
上行最大流数（通道数）/ 个	≥ 2	≥ 2	≥ 2	
下行峰值速率	≥ 1.7Gbit/s	≥ 1.7Gbit/s	≥ 0.85Gbit/s	
上行峰值速率	≥ 0.275Gbit/s	≥ 0.275Gbit/s	≥ 0.275Gbit/s	

指标	8T8R 载波	4T4R 载波	2T2R 载波	备注
RRC 连接用户数 / 个	≥ 2400	≥ 2400	≥ 2400	采样时间为 100ms
RRC 激活用户数 / 个	≥ 800	≥ 800	≥ 800	
支持 VoNR 用户数 / 个	≥ 400	≥ 400	≥ 400	
单位 TTI 时间内同时调度用户数 / 个	≥ 28（上行）和 ≥ 16（下行）	≥ 28（上行）和 ≥ 16（下行）	≥ 28（上行）和 ≥ 16（下行）	
呼叫接入处理能力 BHCA	≥ 43.2 万	≥ 43.2 万	≥ 43.2 万	每秒支持成功接入用户数不小于 120 个，接入成功率不低于 99%

表 2-3 中的各项指标以 TDD NR 2.6GHz 的 5G 网络为例，对于 TDD NR 4.9GHz 的 5G 网络，其各项指标和帧结构的配置有非常大的关系，TDD NR 4.9GHz 的 5G 网络建设根据覆盖场景的需求进行灵活配置，因此，它的各项指标需要根据实际的帧结构配置进行计算。

表2-4　FDD NR 50MHz载波性能要求

指标	4T4R 载波	2T2R 载波	2T2R 载波	备注
下行最大流数（通道数）/ 个	≥ 4	≥ 2	≥ 2	50MHz 带宽、下行 256QAM、上行 256QAM
上行最大流数（通道数）/ 个	≥ 2	≥ 2	≥ 1	
下行峰值速率	≥ 1.12Gbit/s	≥ 0.56Gbit/s	≥ 0.56Gbit/s	
上行峰值速率	≥ 0.56Gbit/s	≥ 0.56Gbit/s	≥ 0.28Gbit/s	
RRC 连接用户数 / 个	≥ 2400	≥ 2400	≥ 2400	采样时间为 100ms
RRC 激活用户数 / 个	≥ 800	≥ 800	≥ 800	
支持 VoNR 用户数 / 个	≥ 400	≥ 400	≥ 400	
单位 TTI 时间内同时调度用户数 / 个	≥ 16	≥ 16	≥ 16	
呼叫接入处理能力 BHCA/ 个	≥ 43.2 万	≥ 43.2 万	≥ 43.2 万	每秒支持成功接入用户数不小于 120 个，接入成功率不低于 99%

（2）基带板载波能力要求

单个基带板需要同时支持不低于 6 个 100MHz 8T8R TDD 载波（每个小区下行峰值为 4 流，即 4 个通道）。

单个基带板需要同时支持不低于 6 个 100MHz 4T4R TDD 载波（每个小区下行峰值为 4 流，即 4 个通道）。

单个基带板需要同时支持不低于 6 个 100MHz 2T2R TDD 载波（每个小区下行峰值为 2 流，即 2 个通道）。

单个基带板需要同时支持不低于 6 个 50MHz 4T4R FDD 载波（每个小区下行峰值为 4 流，即 4 个通道）。

单个基带板需要同时支持不低于 6 个 50MHz 2T2R FDD 载波（每个小区下行峰值为 2 流，即 2 个通道）。

（3）基带板及 BBU 容量

每个基带板的容量根据其载波的性能要求及同时支持的载波数确定，一般情况下，可以根据"载波性能要求"和"基带板载波能力要求"进行简易换算。针对每 BBU 支持的容量处理能力，可根据该 BBU 可挂接的对应板卡数量来计算。因厂商 BBU 主设备及板卡性能差异，具体容量处理能力可能有所不同。

（4）多天线技术要求

设备须支持下行单用户最大 4 流（即 4 个通道）传输，能够通过最多 4 天线端口进行发送，并能够发送相应的配置和控制信息，保证用户体验（User Experience，UE）的正确接收；须支持下行单通道多通道的自适应传输。

设备须支持上行单用户最大 2 流（即 2 个通道）传输，能够配置终端进行单天线发送，并正确接收上行信号；须支持上行单通道多通道的自适应传输。

（5）软件其他要求

基站设备须支持 20MHz、40MHz、50MHz、60MHz、80MHz、100MHz 载波带宽。

基站设备须支持电信运营商要求的帧结构配置及其他网络数据配置要求。

基站设备应支持载波聚合。

基站设备应支持智能化操作，例如，符号关断、载波关断等节能功能。

RRU 设备须支持基于业务量变化，关闭部分射频通道等器件，达到设备节能效果的目的。

6. 部分信源参数示例

目前，市面上主流的 5G 通信设备厂商为华为、中兴、爱立信和诺基亚。在我国，几家电信运营商采用的 5G 通信设备主要为华为和中兴，无源分布系统的信源主要为 RRU，BBU 则根据 RRU 的组网情况进行对应的配置。对无源分布系统而言，信源 RRU 需要重点关注的是其通道数、5G 网络带宽以及每通道发射功率。部分 RRU 的主要指标示例见表 2-5。

表2-5　部分RRU的主要指标示例

序号	制式	频段 /GHz	带宽 /MHz	通道数 / 个	单通道功率 /W	子载频功率 /dBm
1	FDD NR	2.1	40	4	60	14
2	TDD NR	2.6	160	2	100	14.8
3	TDD NR	2.6	160	2	160	16.8
4		3.5	100	2	80	14
5		3.5	100	2	120	15.6
6		3.5	100	2	160	17

2.3.2　PRRU 分布系统的设备选型

PRRU 分布系统是主设备厂商生产的分布式室内分布系统，是一种新型室内分布系统的建设方式。PRRU 分布系统由于设备性能稳定、网络容量大、安装方便，所以在人们对数据流量需求增大的同时应运而生，从 4G 网络到 5G 网络的大量使用，主要由基带处理单元、汇聚单元（华为的汇聚单元称为 RHUB，中兴的汇聚单元称为 PBridge）、光纤、光电复合缆等设备材料组成。

PRRU 分布系统设计的质量对 PRRU 分布系统有非常重要的作用。合理选择 PRRU 的类型和通道输出功率是建设优质 PRRU 分布系统的一个必要条件。如果采用 PRRU 分布系统实现对目标建筑的最佳覆盖，则在选择 PRRU 设备时需要综合考虑目标场景的规模大小、结构功能、话务需求、无线资源情况以及周围建筑的高低和紧密度。

1. PRRU 分布系统设计原则

PRRU 分布系统设计建议遵循以下原则。

① 根据 PRRU 的覆盖能力，结合覆盖目标的场景特点，选择覆盖目标的 PRRU 远端安装点位与 PRRU 远端输出的功率，以确保目标能够得到良好的覆盖。根据场景的需求，选择双通道或者 4 通道覆盖，采用放装型远端或者室内分布型远端。

② 根据室内分布系统覆盖目标区域的预测容量来确定 PRRU 分布系统配置的容量。在考虑容量时，有必要将室外网络和分布系统进行统一分析，合理分配室内外的容量资源，减少室内外软切换，控制室内外信号干扰，使整体网络容量获得最大化。

③ PRRU 分布系统设备的选取需考虑室内分布系统对整体网络环境的影响，严格控制室内分布系统信号向室外漏泄，使室内分布系统与整体网络环境相互协调，从而获得良好的网络质量。

④ PRRU 分布系统的选取需综合分析 PRRU 分布系统的配套设施、电源设备、传输线

路等需求，从而优化资源配置，节省工程投资；同时还要考虑将室内分布系统的电磁辐射水平控制在标准范围内，以达到环境保护的要求。

2. PRRU 分布系统设备选取分析

对于 PRRU 分布系统而言，其工作核心是通过传输损耗较小的光纤，将信源信号从基带处理单元传输到汇聚单元，再由汇聚单元将信号分配到远端单元。近端单元通常可以集中放置在运营商机房等地，而汇聚单元通常安放在目标覆盖区内或者附近，以便安装远端单元。从 4G 网络开始，随着网络深度覆盖的不断加强，这种方式因其组网灵活、系统容量大、安装简便等特点，已在许多场景的建设中获得应用，并取得不错的效果。PRRU 分布系统在应用灵活性及组网特性上具有以下优势。

① PRRU 多通道：5G 网络的 PRRU 配置通道数主要有双通道、4 通道两种。PRRU 在室内覆盖应用中根据场景需求能够实现 MIMO 2×2、MIMO 4×4 模式，同时具有输出功率恒定、安装灵活的特点。在室内覆盖建设中，空旷场景建议采用 4 通道 PRRU 远端，非空旷区域采用 2T2R 的 PRRU 远端。

② PRRU 外接天线：5G 网络的 PRRU 具备放装型和室内分布型两种类型。其中，放装型主要是天线内置，而室内分布型是需要外接室内分布系统天线覆盖的，还有一种特殊的情况，即 PRRU 内部不仅内置了天线，还具备外接天线的馈线端口。

③ 小区合并：小区合并是将多个（通常为相邻的）逻辑小区合并为一个逻辑小区。PRRU 使用小区合并技术，在有效扩大单小区覆盖范围的同时，可以减少切换和重选次数，减少频繁切换引起掉话的频次。理论上，小区合并能够根据实际应用场景及其对应的业务密度进行更为灵活的小区覆盖分布，适合于大型场馆、高速交通等覆盖场景。

④ 星形组网：在组网方式上，星形组网是室内覆盖最常用的组网方式。因为其可靠性高，维护方便，后期扩容多载频也方便，BBU 可连接的汇聚单元数量需根据各设备厂商 BBU 的性能及板块数量而定，汇聚单元可连接的 PRRU 远端数量需根据各设备厂商汇聚单元的性能而定。

⑤ 链状组网：对于容量允许和覆盖范围有限的情况，可采用链状组网使汇聚单元级联来扩大小区覆盖范围和覆盖距离，减少基站选址。PRRU 不支持级联，汇聚单元级联数量同样需根据各设备厂商汇聚单元的性能而定，一般情况下支持 3 级级联，考虑到设备稳定性，建议最多级联 2 级，级联的汇聚单元可以同属一个小区，也可以设置不同小区。链状组网和星形组网都支持小区的合并，合并前的上行、下行吞吐量接近各自小区上行、下行吞吐量的理论值，而合并后的上行、下行吞吐量则接近单小区上行、下行吞吐量。因此，无论是对于链状组网还是星形组网条件下的小区合并，建议使用在容量要求不高的场所，后期则可根据系统容量需求进行小区的具体设置。

3. 基带处理单元的硬件要求

远端单元可与宏基站 AAU/RRU 共用 BBU 机框，二者同时工作。

基带处理单元至少星形连接 6 个汇聚单元，支持 2 级汇聚单元设备链形级联和 12 个汇聚单元设备星形和链形混合级联。

基带处理单元应通过汇聚单元设备级联 96 个远端单元设备。

同一基带处理单元连接的任意两个远端单元设备均应支持配置为小区合并，基带处理单元应支持同一载波的 96 个远端单元设备合并为一个小区；另外，要求合并的远端单元个数不低于 8 个，基带处理单元合并的汇聚单元个数不低于 12 个，合并后小区底噪恶化不超过 9dB。

"基带处理单元—汇聚单元"设备光纤在直连情况下，"基带处理单元—汇聚单元"设备间在单级和级联情况下的最大拉远距离不小于 10km。

4. 汇聚单元的硬件要求

（1）通用要求

汇聚单元设备须支持 19″ 机柜安装、挂墙安装。

汇聚单元设备高度小于或等于 2U。

汇聚单元设备须支持与基带处理单元之间星形连接。汇聚单元设备之间须支持链形级联。汇聚单元设备须支持与远端单元之间星形连接。

汇聚单元设备须至少支持星形连接 8 个 5G 远端单元。

支持汇聚设备之间 2 级链形级联配置。

支持单个汇聚单元设备下连接的所有支持同一载波的远端单元合并为一个 NR 小区。

支持链形级联的汇聚单元设备下连接的所有支持同一载波的远端单元合并为一个 NR 小区。

（2）接口要求

汇聚单元设备至少具有 2 个 CPRI 光纤接口，一个连接基带处理单元，另一个用于汇聚单元之间的链形级联。

汇聚单元设备须至少提供 8 个不低于 1GE 的以太网接口，或者 8 个不低于 10GE 的光口。

汇聚单元设备接口须支持 CAT6A（超大类网线，是一种万兆网线）及以上类型网线或光电复合缆，网线接口支持不低于 100m 传输距离，光电复合缆不低于 200m 传输距离。

（3）供电

汇聚单元设备须支持 220V 市电供应或 −48V 直流供电方式。

汇聚单元设备须支持对远端单元进行有源以太网（Power Over Ethernet，POE）远程供电或光电复合缆远程供电，POE 供电距离不低于 100m，光电复合缆供电距离不低于 200m。

汇聚单元设备应能承受可能较频繁的供电中断，并在供电、传输故障恢复后能保证在 5 分钟内自动重启。

汇聚单元设备电源须支持输入防反接保护功能，输入过流保护功能。汇聚单元设备的每个供电单元应具有过压、过流保护装置。

（4）环境要求

汇聚单元设备须能在环境温度为 −5℃～ 40℃、相对湿度为 15%～ 85% 的环境条件下长期稳定可靠地工作。

汇聚单元设备须能在环境温度为 −25℃～ 50℃、相对湿度为 5%～ 95% 的环境条件下短期稳定可靠地工作，汇聚单元设备及安装材料须能够容忍恶劣环境，应当具有良好的防水、防尘、防潮、防盐雾、防霉菌的能力。

5. 远端单元的硬件要求

（1）通用要求

支持 2T2R 或者 4T4R，远端单元内置全向天线或提供外置天线接口。

（2）节能要求

远端单元节能技术要求远端单元应支持深度休眠功能，支持数字器件大部分功能关闭，远端单元深度休眠后的功耗须不高于 5W。

（3）供电

远端单元设备必须支持 POE 或光电复合缆供电方式，输入电压范围为 −57 ～ −36V DC，POE 供电距离不低于 100m，光电复合缆供电距离不低于 200m。

远端单元设备须能承受可能较频繁的供电中断，并在供电、传输故障恢复后能保证在 5 分钟内自动重启。

远端单元设备电源须支持输入防反接保护功能，输入过流保护功能。远端单元设备须支持掉电告警。

（4）环境要求

远端单元须能在环境温度为 −5℃～ 40℃、相对湿度为 15%～ 85% 的环境条件下长期稳定可靠地工作。远端单元须能在环境温度为 −25℃～ 50℃、相对湿度为 5%～ 95% 的环境条件下短期稳定可靠地工作。

远端单元设备须满足 IP31 的防护等级。

远端单元设备须能在 70 ～ 106kPa 大气压条件下的环境中正常工作。

6. PRRU 分布系统的软件要求

PRRU 分布系统的相关软件要求参见"2.3.1 无源分布系统的设备选型中的 5. 设备选型

软件要求"节的相关内容。

7. PRRU 分布系统参数示例

PRRU 分布系统主要考虑的是网元 PRRU 远端，汇聚单元根据 PRRU 远端的数量及布局进行配置，BBU 则根据汇聚单元和 PRRU 远端数量及布局进行相应的配置。对于 PRRU 远端而言，需要重点关注的是其通道数、5G 网络带宽、每通道发射功率以及选择内置天线还是外置天线。部分 PRRU 远端的主要指标示例见表 2-6。

表2-6　部分PRRU远端的主要指标示例

序号	制式	频段 /GHz	带宽 / MHz	通道数 / 个	单通道功率 /mW	子载频功率 /dBm	天线情况
1	FDD NR	2.1	40	2	250	−10.16	外置
2	FDD NR	2.1	40	4	250	−10.16	内置
3	TDD NR	2.6	160	2	500	−10.18	外置
4	TDD NR	2.6	160	4	500	−10.18	内置
5	TDD NR	3.5	100	2	250	−11.17	"内置+外置"
6	TDD NR	3.5	100	4	250	−11.17	内置
7	TDD NR	3.5	100	4	250	−11.17	外置
8	TDD NR	4.9	100	4	250	−11.17	内置

天线内置说明天线集成在远端，直接进行覆盖，也称为放装型；天线外置则需要外接室内分布系统天线进行覆盖，也称为室内分布型；天线"内置 + 外置"则是远端本身集成天线，同时具备外接天线的接口，也称为 2T2R 三点位。

2.3.3　皮基站分布系统的设备选型

皮基站的产品形态有三类：一是扩展型皮基站；二是一体化小功率皮基站；三是一体化大功率皮基站。其中，扩展型皮基站是指扩展型皮基站分布系统，它是一种采用数字化技术，基于光纤承载无线信号传输和分布的微功率的室内覆盖系统，也称为"白盒化基站分布系统""Femeto（掌上基站）分布系统"，其结构和 PRRU 分布系统类似，组成架构是由接入单元设备、中继单元设备和远端单元设备 3 个部分构成。一体化小功率皮基站分为家庭级和企业级两种，一般以功率和容量区分。家庭级的发射功率为每通道 50mW，企业级的发射功率为每通道 250mW，企业级的网络容量比家庭级得大。一体化大功率皮基站的发射功率一般在每通道 20W 以上。一体化小功率皮基站和一体化大功率皮基站类似于主设备的微蜂窝，一个设备集基带处理单元和射频单元于一体，而一体化小功率皮基站还把天线也集成在内。

皮基站类似于主设备，但与主设备有一定的区别，具体如下。

接入单元的芯片架构和主设备厂商的不同，主设备厂商采用的是自有架构，而皮基站基本采用的是 Inter x86 架构。

在相同配置的情况，皮基站分布系统的网络容量要低于 PRRU 分布系统。

皮基站的回传方式比较灵活，可通过无线接入网互联网协议化（Internet Protocol Radio Access Network，IP RAN）直连 5G 核心网，或无源光纤网络（Passive Optical Network，PON）等非专用 IP 网络回传。

由于皮基站的回传方式多样，所以网络有一定的风险，需要增加网关、网管，保证其安全性后接入 5G 核心网，而 PRRU 分布系统则可以直接接入 5G 核心网。

采用皮基站覆盖目标区域，需要综合考虑目标场景的规模大小、结构功能、话务需求、无线资源情况以及周围建筑的高低和紧密度，结合各类覆盖目标的场景特点选择皮基站覆盖方式。

1. 皮基站设计原则

皮基站类似于主设备，本身具备一定容量，其规划设计建议遵循以下原则。

① 采用扩展性皮基站分布系统覆盖时，其特点和 PRRU 分布系统基本一样，需要结合覆盖目标的场景特点，选择覆盖目标的远端安装点位与远端输出的功率，以确保覆盖目标能够得到良好覆盖。根据场景的需求，选择双通道或者 4 通道覆盖，采用放装型远端或者室内分布型远端。

② 如果采用一体化大功率皮基站作为信源，则使用传统无源分布系统覆盖的点位，其设计原则参考 2.3.1 "无源分布系统的设备选型" 小节的相关内容。

③ 如果局部区域的 5G 网络欠覆盖，则可以选择一体化小功率皮基站，根据需要覆盖面积的大小，选择家庭级或企业级。

④ 根据室内分布系统覆盖目标区域的预测容量来确定皮基站配置的容量。考虑到在主设备厂商区域内建设另外一个厂商的设备属于 "插花" 现象，建议皮基站覆盖区域为数据需求相对较小及外接切换频次较少的区域。

⑤ 考虑到皮基站建设对整体网络环境的影响，严格控制皮基站信号向室外漏泄，使皮基站覆盖环境与整体网络环境相互协调，从而获得良好的网络质量。

⑥ 皮基站的选取需要综合考虑配套设施、电源设备、传输线路等需求，从而优化资源配置，节省工程投资；同时还要考虑将皮基站覆盖的电磁辐射水平控制在标准范围内，以达到环境保护的要求。

2. 皮基站设备选取分析

皮基站具有一定的优势，具体描述如下。

（1）皮基站支持多通道

5G 网络皮基站的配置通道数主要有双通道和 4 通道两种。扩展型皮基站分布系统在室内覆盖应用中根据场景需求能够实现 MIMO 2×2、MIMO 4×4 模式，同时具有输出功率恒定、安装灵活的特点。皮基站分布系统建设中，数据流量需求大的场景采用 4 通道 PRRU 远端，数据流量需求一般的区域采用 2T2R 的 PRRU 远端。一体化小功率皮基站一般支持 4T4R；一体化大功率皮基站一般支持 2T2R。

（2）皮基站外接天线

扩展型皮基站分布系统的远端可以分为放装型和室内分布型两种。一体化小功率皮基站只有放装型设备，一体化大功率皮基站属于信源类设备，电信运营商可以根据场景需求选择对应的皮基站设备。

（3）皮基站成本低

皮基站的设备价格相对较低。

3. 接入单元的硬件要求

（1）通用要求

接入单元设备须支持 19″ 机柜安装、挂墙安装。

接入单元至少星形连接 4 个中继单元，支持 2 级中继单元设备链形级联和 8 个中继单元设备星形和链形混合级联。

接入单元应通过中继单元设备能够连接 64 个远端单元设备。

同一接入单元连接的任意两个中继单元设备均应支持配置为小区合并，接入单元应支持将同一载波的 64 个射频远端单元合并为一个小区。需要注意的是，射频合并的远端单元个数不低于 8 个，基带处理单元合并的中继单元个数不低于 4 个的情况下，合并后小区底噪恶化不超过 9dB。

（2）接口要求

接入单元须支持至少 2 个 10GE 或者 2 个 25GE 回传光接口，向下兼容 10GE 速率。

"接入单元—中继单元"设备光纤直连情况下，"基带处理单元—中继单元"设备之间在单级和级联情况下的最大拉远距离不小于 10km。

（3）电源要求

接入单元须支持 −48V DC 或 220V AC 供电方式，对于特殊地方和用于室内覆盖的基站须支持 220V 市电供应，对于交流供电方式，设备须内置 AC/DC 转换器。

接入单元须支持不低于 100m 的 −48V 直流拉远。

接入单元应能够承受可能较频繁的供电中断，并在供电、传输故障恢复后能保证在 5 分钟内自动重启。

接入单元电源须支持输入防反接保护功能，输入过流保护功能。

接入单元的每个供电单元应具有过压、过流保护装置。

（4）环境要求

接入单元应能在环境温度为 -5℃～ 40℃、相对湿度为 15%～ 85% 的环境条件下长期稳定可靠地工作。

接入单元应能在环境温度为 -35℃～ 60℃、相对湿度为 5%～ 95% 的环境条件下短期稳定可靠地工作。

接入单元须满足 IP20 防护等级要求。

4. 中继单元的硬件要求

（1）通用要求

中继单元设备须支持 19″ 机柜安装、挂墙安装。

中继单元设备高度小于或等于 2U。

中继单元设备须支持与基带处理单元之间星形连接；中继单元设备之间须支持链形级联；中继单元设备须支持与远端单元之间星形连接。

中继单元设备至少支持星形连接 8 个 5G 远端单元。

支持中继单元设备之间 2 级链形级联配置。

支持单个中继单元设备下连接的所有远端单元合并为一个 NR 小区。

支持链形级联的中继单元设备下连接的所有远端单元合并为一个 NR 小区。

（2）接口要求

中继单元设备至少具有 2 个 CPRI 光纤接口，一个连接基带处理单元，另一个用于中继单元间的链形级联。

中继单元设备须至少提供 8 个不低于 1GE 的以太网接口，或者 8 个不低于 10GE 的光口。

中继单元设备接口须支持 CAT6A 及以上类型网线或光电复合缆，网线接口支持不低于 100m 的传输距离，光电复合缆不低于 200m 的传输距离。

（3）供电

中继单元设备须支持 220V 市电供应或 -48V 直流供电方式。

中继单元设备须支持对远端单元进行 POE 远程供电或光电复合缆远程供电，POE 供电距离不低于 100m，光电复合缆供电距离不低于 200m。

中继单元设备应能承受可能较频繁的供电中断，并在供电、传输故障恢复后能保证在 5 分钟内自动重启。

中继单元设备电源须支持输入防反接保护功能，输入过流保护功能。中继单元设备的每个供电单元应具有过压、过流保护装置。

（4）环境要求

中继单元设备须能在环境温度为 −5℃～ 40℃、相对湿度为 15%～ 85% 的环境条件下长期稳定可靠地工作。

中继单元设备须能在环境温度为 −25℃～ 50℃、相对湿度为 5%～ 95% 的环境条件下短期稳定可靠地工作，中继单元设备及安装材料须能够容忍恶劣环境，应当具有良好的防水、防尘、防潮、防盐雾、防霉菌的能力。

中继单元设备须满足 IP31 的防护等级。

5. 远端单元硬件要求

（1）通用要求

支持 2T2R 或者 4T4R，远端单元内置全向天线或提供外置天线接口。

（2）供电

远端单元设备必须支持 POE 或光电复合缆供电方式，输入电压范围为 −57 ～ −36V DC，POE 供电距离不低于 100m，光电复合缆供电距离不低于 200m。

远端单元设备须能承受可能较频繁的供电中断，并在供电、传输故障恢复后能保证在 5 分钟内自动重启。

远端单元设备电源须支持输入防反接保护功能，输入过流保护功能。远端单元设备须支持掉电告警。

（3）环境要求

远端单元须能在环境温度为 −5℃～ 40℃、相对湿度为 15%～ 85% 的环境条件下长期稳定可靠地工作。

远端单元须能在环境温度为 −25℃～ 50℃、相对湿度为 5%～ 95% 的环境条件下短期稳定可靠地工作。

远端单元设备须满足 IP31 的防护等级。

远端单元设备须能在 70 ～ 106kPa 大气压条件下的环境中正常工作。

6. 皮基站分布系统的软件要求

（1）载波性能要求

对于 5G 网络的皮基站而言，其软件需满足以下要求。中国电信 / 中国联通 TDD NR 100MHz 载波性能要求见表 2-7，中国移动 / 中国广电 TDD NR 100MHz 载波性能要求见表 2-8。

表2-7　中国电信/中国联通TDD NR 100MHz载波性能要求

指标	4T4R 载波	2T2R 载波	备注
下行最大流数（通道数）/个	≥ 4	≥ 2	100MHz 带宽、2.5ms 双周期帧结构、特殊时隙配比 10∶2∶2、下行 256QAM、上行 256QAM
上行最大流数（通道数）/个	≥ 2	≥ 2	
下行峰值速率	≥ 1.5Gbit/s	≥ 0.75Gbit/s	
上行峰值速率	≥ 0.375Gbit/s	≥ 0.375Gbit/s	
RRC 连接用户数 / 个	≥ 1200	≥ 1200	采样时间为 100ms
RRC 激活用户数 / 个	≥ 400	≥ 400	
支持 VoNR 用户数 / 个	≥ 200	≥ 200	
单位 TTI 时间内同时调度用户数 / 个	≥ 14（上行）和≥ 8（下行）	≥ 14（上行）和≥ 8（下行）	
呼叫接入处理能力 BHCA/ 个	≥ 21.6 万	≥ 21.6 万	每秒支持成功接入用户数不小于 60 个，接入成功率不低于 99%

表2-8　中国移动/中国广电TDD NR 100MHz载波性能要求

指标	4T4R 载波	2T2R 载波	备注
下行最大流数（通道数）/个	≥ 4	≥ 2	100MHz 带宽、5ms 单周期帧结构、特殊时隙配比 10∶2∶2、下行 256QAM、上行 256QAM
上行最大流数（通道数）/个	≥ 2	≥ 2	
下行峰值速率	≥ 1.7Gbit/s	≥ 0.85Gbit/s	
上行峰值速率	≥ 0.275Gbit/s	≥ 0.275Gbit/s	
RRC 连接用户数 / 个	≥ 1200	≥ 1200	采样时间为 100ms
RRC 激活用户数 / 个	≥ 400	≥ 400	
支持 VoNR 用户数 / 个	≥ 200	≥ 200	
单位 TTI 时间内同时调度用户数 / 个	≥ 14（上行）和≥ 8（下行）	≥ 14（上行）和≥ 8（下行）	
呼叫接入处理能力 BHCA/ 个	≥ 21.6 万	≥ 21.6 万	每秒支持成功接入用户数不小于 60 个，接入成功率不低于 99%

表 2-7、表 2-8 中的各项指标以 TDD NR 2.6GHz 的 5G 网络为例，对于 TDD NR 4.9GHz 的 5G 网络，其各项指标和帧结构的配置有非常大的关系。TDD NR 4.9GHz 的 5G 网络建设根据覆盖场景的需求进行灵活配置，因此，它的各项指标需要根据实际的帧结构配置进行计算。FDD NR 50MHz 载波性能要求见表 2-9。

表2-9　FDD NR 50MHz载波性能要求

指标	4T4R 载波	2T2R 载波	2T2R 载波	备注
下行最大流数（通道数）/ 个	≥ 4	≥ 2	≥ 2	50MHz 带宽、下行 256QAM、上行 256QAM
上行最大流数（通道数）/ 个	≥ 2	≥ 2	≥ 1	
下行峰值速率	1.12 Gbit/s	0.56Gbit/s	0.56Gbit/s	
上行峰值速率	0.56 Gbit/s	0.56Gbit/s	0.28Gbit/s	
RRC 连接用户数 / 个	≥ 1200	≥ 1200	≥ 1200	采样时间为 100ms
RRC 激活用户数 / 个	≥ 400	≥ 400	≥ 400	
支持 VoNR 用户数 / 个	≥ 200	≥ 200	≥ 200	
单位 TTI 时间内同时调度用户数 / 个	≥ 8	≥ 8	≥ 8	
呼叫接入处理能力 BHCA/ 个	≥ 21.6 万	≥ 21.6 万	≥ 21.6 万	每秒支持成功接入用户数不小于 60 个，接入成功率不低于 99%

（2）接入单元载波能力要求

单个接入单元需要同时支持不低于 2 个 100MHz 4T4R TDD 载波。

单个接入单元需要同时支持不低于 4 个 100MHz 2T2R TDD 载波。

单个接入单元需要同时支持不低于 2 个 50MHz 4T4R FDD 载波。

单个接入单元需要同时支持不低于 4 个 50MHz 2T2R FDD 载波。

由于厂商接入单元的性能存在一定差异，所以具体容量处理能力可能有所不同。

（3）多天线技术要求

设备须支持下行单用户最大 4 流（4 通道）传输，能够通过最多 4 天线端口进行发送，并能够发送相应的配置和控制信息保证 UE 的正确接收；须支持下行单通道多通道的自适应传输。

设备须支持上行单用户最大 2 流（2 通道）传输，能够配置 UE 进行单天线发送，并正确接收上行信号；须支持上行单通道多通道的自适应传输。

（4）软件其他要求

皮基站设备须支持 20MHz、40MHz、50MHz、60MHz、80MHz、100MHz 载波带宽。

皮基站设备须支持电信运营商要求的帧结构配置及其他网络数据配置要求。

皮基站设备应支持智能化操作，例如，符号关断、载波关断等节能功能。

7. 皮基站分布系统参数示例

皮基站分布系统主要考虑的是远端单元，中继单元根据远端单元的数量及布局进行配置，接入单元则根据中继单元和远端单元的数量及布局进行相应的配置。对于远端单元而言，需要重点关注的是其通道数、5G 网络带宽、每通道发射功率以及选择的是内置天线还是外置天线。部分远端单元的主要指标示例见表 2-10。

表 2-10　部分远端单元的主要指标示例

序号	制式	频段 /GHz	带宽 /MHz	通道数 / 个	单通道功率 /mW	子载频功率 /dBm	天线情况
1	FDD NR	2.1	40	2	250	−10.16	外置
2	FDD NR	2.1	40	4	250	−10.16	内置
3	TDD NR	2.6	160	2	500	−10.18	外置
4	TDD NR	2.6	160	4	500	−10.18	内置
5	TDD NR	3.5	100	2	250	−11.17	"内置+外置"
6	TDD NR	3.5	100	4	250	−11.17	内置
7	TDD NR	3.5	100	4	250	−11.17	外置
8	TDD NR	4.9	100	4	250	−11.17	内置

8. 一体化皮基站参数示例

一体化皮基站可以分为大功率皮基站和小功率皮基站两种，其形态和微蜂窝基本一样，内部集成了基带处理单元和射频单元，部分设备还将天线集成在内。大功率皮基站的一般发射功率以 W 为单位，天线外置为主；而小功率基站基本以 mW 为单位，天线一般集成在一体化皮基站内，可以分为家庭级和企业级两种。中国电信 / 中国联通 TDD NR 100MHz 载波性能要求见表 2-11，中国移动 / 中国广电 TDD NR 100MHz 载波性能要求见表 2-12。

表2-11　中国电信/中国联通TDD NR 100MHz载波性能要求

指标	大功率皮基站		小功率皮基站				备注
			企业级		家庭级		
	4T4R 载波	2T2R 载波	4T4R 载波	2T2R 载波	4T4R 载波	2T2R 载波	
下行最大流数（通道数）/ 个	≥ 4	≥ 2	≥ 4	≥ 2	≥ 4	≥ 2	100MHz 带宽、2.5ms 双周期帧结构、特殊时隙配比 10：2：2、下行 256QAM、上行 256QAM
上行最大流数（通道数）/ 个	≥ 2	≥ 2	≥ 2	≥ 2	≥ 2	≥ 2	
下行峰值速率 /（Gbit/s）	≥ 1.5	≥ 0.75	≥ 1.5	≥ 0.75	≥ 1.5	≥ 0.75	
上行峰值速率 /（Gbit/s）	≥ 0.375	≥ 0.375	≥ 0.375	≥ 0.375	≥ 0.375	≥ 0.375	
RRC 连接用户数 / 个	≥ 400	≥ 400	≥ 400	≥ 400	≥ 64	≥ 64	采样时间为 100ms
RRC 激活用户数 / 个	≥ 128	≥ 128	≥ 128	≥ 128	≥ 32	≥ 32	
支持 VoNR 用户数 / 个	≥ 64	≥ 64	≥ 64	≥ 64	≥ 16	≥ 16	
单位 TTI 时间内同时调度用户数 / 个	≥ 6（上行）和 ≥ 4（下行）	≥ 6（上行）和 ≥ 4（下行）	≥ 6（上行）和 ≥ 4（下行）	≥ 6（上行）和 ≥ 4（下行）	≥ 3（上行）和 ≥ 2（下行）	≥ 3（上行）和 ≥ 2（下行）	
呼叫接入处理能力 BHCA/ 个	≥ 7.2 万	≥ 7.2 万	≥ 7.2 万	≥ 7.2 万	≥ 1.152 万	≥ 1.152 万	每秒支持成功接入用户数不小于 60 个，接入成功率不低于 99%
工作带宽 /MHz	100	100	100	100	100	100	
工作频段 /GHz	3.5	3.5	3.5	3.5	3.5	3.5	
每通道功率 /W	≥ 10	≥ 20	≥ 0.5	≥ 0.5	≥ 0.25	≥ 0.25	
子载频功率 /dBm	≥ 4.85	≥ 7.86	≥ −8.16	≥ −8.16	≥ −11.17	≥ −11.17	
天线情况	外接	外接	内置	"内置 + 外接"	内置	内置	

表2-12　中国移动/中国广电TDD NR 100MHz载波性能要求

指标	大功率皮基站		小功率皮基站				备注
			企业级		家庭级		
	4T4R 载波	2T2R 载波	4T4R 载波	2T2R 载波	4T4R 载波	2T2R 载波	
下行最大流数（通道数）/个	≥ 4	≥ 2	≥ 4	≥ 2	≥ 4	≥ 2	100MHz 带宽、5ms 单周期帧结构、特殊时隙配比 10∶2∶2、下行 256QAM、上行 256QAM
上行最大流数（通道数）/个	≥ 2	≥ 2	≥ 2	≥ 2	≥ 2	≥ 2	
下行峰值速率 /（Gbit/s）	≥ 1.7	≥ 0.85	≥ 1.7	≥ 0.85	≥ 1.7	≥ 0.85	
上行峰值速率 /（Gbit/s）	≥ 0.275	≥ 0.275	≥ 0.275	≥ 0.275	≥ 0.275	≥ 0.275	
RRC 连接用户数 / 个	≥ 400	≥ 400	≥ 400	≥ 400	≥ 64	≥ 64	采样时间为 100ms
RRC 激活用户数 / 个	≥ 128	≥ 128	≥ 128	≥ 128	≥ 32	≥ 32	
支持 VoNR 用户数 / 个	≥ 64	≥ 64	≥ 64	≥ 64	≥ 16	≥ 16	
单位 TTI 时间内同时调度用户数 / 个	≥ 6（上行）和 ≥ 4（下行）	≥ 6（上行）和 ≥ 4（下行）	≥ 6（上行）和 ≥ 4（下行）	≥ 6（上行）和 ≥ 4（下行）	≥ 3（上行）和 ≥ 2（下行）	≥ 3（上行）和 ≥ 2（下行）	
呼叫接入处理能力 BHCA/个	≥ 7.2 万	≥ 7.2 万	≥ 7.2 万	≥ 7.2 万	≥ 1.152 万	≥ 1.152 万	每秒支持成功接入用户数不小于 60 个，接入成功率不低于 99%
工作带宽 /MHz	100	100	00	100	100	100	
工作频段 /GHz	2.6	2.6	2.6	2.6	2.6	2.6	
每通道功率 /W	≥ 10	≥ 20	≥ 0.5	≥ 0.5	≥ 0.25	≥ 0.25	
子载频功率 /dBm	≥ 4.85	≥ 7.86	≥ -8.16	≥ -8.16	≥ -11.17	≥ -11.17	
天线情况	外接	外接	内置	"内置 + 外接"	内置	内置	

表 2-11 和表 2-12 中的各项指标以 TDD NR 2.6GHz 的 5G 网络为例，对于 TDD NR 4.9GHz 的 5G 网络，其各项指标和帧结构的配置有非常大的关系。TDD NR 4.9GHz 的 5G 网络建设根据覆盖场景的需求进行灵活配置，因此，它的各项指标需要根据实际的帧结构配置进行计算。FDD NR 50MHz 载波性能要求见表 2-13。

表2-13　FDD NR 50MHz载波性能要求

指标	大功率皮基站			小功率皮基站						备注
				企业级			家庭级			
	4T4R载波	2T2R载波	2T2R载波	4T4R载波	2T2R载波	2T2R载波	4T4R载波	2T2R载波	2T2R载波	
工作带宽/MHz	40	40	30	40	40	30	40	40	30	
工作频段	2.1GHz	2.1GHz	700MHz	2.1GHz	2.1GHz	700MHz	2.1GHz	2.1GHz	700MHz	
下行最大流数（通道数）/个	≥ 4	≥ 2	≥ 2	≥ 4	≥ 2	≥ 2	≥ 4	≥ 2	≥ 2	50MHz 带宽、下行 256QAM、上行 256QAM
上行最大流数（通道数）/个	≥ 2	≥ 2	≥ 1	≥ 2	≥ 2	≥ 1	≥ 2	≥ 2	≥ 1	
下行峰值速率 /（Gbit/s）	≥ 1.12	≥ 0.56	≥ 0.56	≥ 1.12	≥ 0.56	≥ 0.56	≥ 1.12	≥ 0.56	≥ 0.56	
上行峰值速率 /（Gbit/s）	≥ 0.56	≥ 0.56	≥ 0.28	≥ 0.56	≥ 0.56	≥ 0.28	≥ 0.56	≥ 0.56	≥ 0.28	
RRC 连接用户数 / 个	≥ 400	≥ 400	≥ 400	≥ 400	≥ 400	≥ 400	≥ 64	≥ 64	≥ 64	采样时间为 100ms
RRC 激活用户数 / 个	≥ 128	≥ 128	≥ 128	≥ 128	≥ 128	≥ 128	≥ 32	≥ 32	≥ 32	
支持 VoNR 用户数 / 个	≥ 64	≥ 64	≥ 64	≥ 64	≥ 64	≥ 64	≥ 16	≥ 16	≥ 16	
单位 TTI 时间内同时调度用户数/个	≥ 4	≥ 4	≥ 4	≥ 4	≥ 4	≥ 4	≥ 2	≥ 2	≥ 2	
呼叫接入处理能力 BHCA/个	≥ 7.2 万	≥ 7.2 万	≥ 7.2 万	≥ 7.2 万	≥ 7.2 万	≥ 7.2 万	≥ 1.152 万	≥ 1.152 万	≥ 1.152 万	每秒支持成功接入用户数不小于 60 个，接入成功率不低于 99%
每通道功率/W	≥ 10	≥ 20	≥ 40	≥ 0.5	≥ 0.5	≥ 0.5	≥ 0.25	≥ 0.25	≥ 0.25	
子载频功率 / dBm	≥ 5.86	≥ 8.87	≥ 13.19	≥ -7.15	≥ -7.15	≥ -5.84	≥ -10.16	≥ -10.16	≥ -8.85	
天线情况	外接	外接	外接	内置	"内置 + 外接"	"内置 + 外接"	内置	内置	内置	

2.3.4 光纤分布系统的设备选型

光纤分布系统从本质上是一种特殊的直放站，即是一种分布式光纤直放站，由主单元、扩展单元和远端单元 3 个功能部件组成。其远端也不仅为毫瓦级，还有瓦级。作为一种直放站需要 5G 信源。光纤分布系统的工作特性为主单元把信源的射频信号先变为中频信号再转换为光信号，通过光纤传输到分布在建筑物各个区域的扩展单元，扩展单元把光信号转换为中频电信号，再发送给远端单元。

1. 光纤分布系统设计原则

光纤分布系统的设备本身不具备容量，需要接入 5G 信源方可实现覆盖，其规划设计建议遵循以下原则。

① 采用光纤分布系统毫瓦级远端覆盖时，其特点和 PRRU 分布系统基本一样，需要结合覆盖目标的场景特点，选择覆盖目标的远端安装点位与远端输出的功率，以确保覆盖目标能够得到良好覆盖。根据场景的需求，一般采用放装型远端或者室内分布型远端。

② 如果采用瓦级远端作为信源，一般情况下，瓦级的远端均为室内分布型，需要传统无源分布系统配合方能覆盖，其设计原则参考 "2.3.1 无源分布系统的设备选型" 节的相关内容。

③ 根据室内分布系统覆盖目标区域的预测容量来确定光纤分布系统覆盖的面积。

④ 考虑到是一类直放站，它的建设会对整体网络环境产生影响，应严格控制光纤分布系统信号向室外漏泄，使光纤分布系统覆盖环境与整体网络环境相互协调，从而获得良好的网络质量。

⑤ 光纤分布系统设备的选取需要综合考虑配套设施、电源设备、传输线路等需求，从而优化资源配置，节省工程投资；同时还要考虑将光纤分布系统覆盖的电磁辐射水平控制在标准范围内，以达到环境保护的要求。

2. 光纤分布系统设备选取分析

光纤分布系统具备一定的优势，具体描述如下。

① 光纤分布系统能够支持 5G 网络的 2T2R，实现 MIMO 2×2 的性能；也能够支持 5G 网络的 4T4R，实现 MIMO 4×4 的性能，但是考虑到光纤分布系统的使用场景，一般情况下，采用 2T2R 的光纤分布系统。

② 光纤分布系统的远端可以分为放装型和室内分布型两种。放装型的远端一般为毫瓦级的小功率设备，室内分布型的远端则同时具备毫瓦级的小功率设备和瓦级的设备，需要外接室内分布系统天线实现覆盖。

③ 光纤分布系统的设备价格较低。

④ 光纤分布系统安装方便，可以极大地提升覆盖面积。

3. 主单元的硬件要求

（1）通用要求

主单元设备须支持 19″ 机柜安装、挂墙安装。

主单元至少星形连接 8 个扩展单元，支持 2 级扩展单元设备链形级联和 8 个汇聚单元设备星形和链形混合级联。

主单元应通过扩展单元设备级联 64 个远端单元设备。

主单元下挂 64 个远端单元设备时，底噪恶化不超过 9dB。

（2）接口要求

主单元应具备网络需求通道数的射频输入端口。

主单元应具备 8 个不低于 10GE 的光纤接口，用于连接扩展单元。

"主单元—扩展单元"设备光纤直连情况下，"主单元—扩展单元"设备间的最大拉远距离不小于 10km。

（3）电源要求

主单元须支持 -48V DC 或 220V AC 供电方式，对于特殊地方和用于室内覆盖的基站须支持 220V 市电供应，对于交流供电方式，设备须内置 AC/DC 转换器。

主单元应能承受可能较频繁的供电中断，并在供电、传输故障恢复后能保证在 5 分钟内自动重启。

主单元电源须支持输入防反接保护功能，输入过流保护功能。

主单元的每个供电单元应具有过压、过流保护装置。

（4）环境要求

主单元应能在环境温度为 -5℃～ 40℃、相对湿度为 15%～ 85% 的环境条件下长期稳定可靠地工作。

主单元应能在环境温度为 -35℃～ 60℃、相对湿度为 5%～ 95% 的环境条件下短期稳定可靠地工作。

主单元须满足 IP20 防护等级要求。

4. 扩展单元硬件要求

（1）通用要求

扩展单元设备须支持 19″ 机柜安装、挂墙安装。

扩展单元设备高度小于或等于 2U。

扩展单元设备须支持与主单元之间星形连接，扩展单元设备之间须支持链形级联，扩展单元设备须支持与远端单元之间星形连接。

扩展单元设备须至少支持星形连接 8 个远端单元。

支持扩展单元设备之间 2 级链形级联配置。

（2）接口要求

扩展单元设备至少具有 2 个不低于 10GE 的光纤接口，一个连接主单元，另一个用于扩展单元之间的链形级联。

扩展单元设备须至少提供 8 个不低于 1GE 的以太网接口，或者 8 个不低于 10GE 的光口。

扩展单元设备接口须支持 CAT6A 及以上类型网线或光电复合缆，网线接口支持不低于 100m 的传输距离，光电复合缆不低于 200m 的传输距离。

（3）供电

扩展单元设备须支持 220V 市电供应或 –48V 直流供电方式。

扩展单元设备须支持对远端单元进行 POE 远程供电或光电复合缆远程供电，POE 供电距离不低于 100m，光电复合缆供电距离不低于 200m。

扩展单元设备应能承受可能较频繁的供电中断，并在供电、传输故障恢复后能保证在 5 分钟内自动重启。

扩展单元设备电源须支持输入防反接保护功能，输入过流保护功能。扩展单元设备的每个供电单元应具有过压、过流保护装置。

（4）环境要求

扩展单元设备须能在环境温度为 –5℃～ 40℃、相对湿度为 15%～ 85% 的环境条件下长期稳定可靠地工作。

扩展单元设备须能在环境温度为 –25℃～ 50℃、相对湿度为 5%～ 95% 的环境条件下短期稳定可靠地工作。扩展单元设备及安装材料须能够容忍恶劣环境，应当具有良好的防水、防尘、防潮、防盐雾、防霉菌的能力。

扩展单元设备须满足 IP31 的防护等级。

5. 远端单元硬件要求

（1）通用要求

支持 2T2R 或者 4T4R，远端单元内置全向天线或提供外置天线接口。

（2）供电

远端单元设备必须支持 POE 或光电复合缆供电方式，输入电压范围为 –57 ～ –36V DC，POE 供电距离不低于 100m，光电复合缆供电距离不低于 200m。

远端单元设备须能承受可能较频繁的供电中断，并在供电、传输故障恢复后能保证在 5 分钟内自动重启。

远端单元设备电源须支持输入防反接保护功能，输入过流保护功能。远端单元设备须支持掉电告警。

（3）环境要求

远端单元须能在环境温度为 −5℃～ 40℃、相对湿度为 15% ～ 85% 的环境条件下长期稳定可靠地工作。远端单元须能在环境温度为 −25℃～ 50℃、相对湿度为 5% ～ 95% 的环境条件下短期稳定可靠地工作。

远端单元设备须满足 IP31 的防护等级。

远端单元设备须能在 70 ～ 106kPa 大气压力条件下的环境中正常工作。

6. 光纤分布系统参数示例

光纤分布系统从本质上而言，是一个分布式的光纤直放站，其主要的无线技术指标参考 "2.3.6 直放站的设备选型" 节的相关内容。

光纤分布系统主要考虑的网元是远端单元，扩展单元根据远端单元的数量及布局进行配置，主单元则根据扩展单元和远端单元的数量及布局进行对应的配置。对于远端单元而言，需要重点关注的是其通道数、5G 网络带宽、每通道发射功率以及选择内置天线还是外置天线。部分光纤分布系统远端的主要指标示例见表 2-14。

表2-14 部分光纤分布系统远端的主要指标示例

序号	制式	频段 /GHz	带宽 /MHz	通道数 /个	单通道功率 /W	子载频功率 /dBm	天线情况
1	FDD NR	2.1	40	2	2	−1.13	外置
2	FDD NR	2.1	40	1	2	−1.13	外置
3	FDD NR	2.1	40	2	0.25	−10.16	内置 / 外置
4	FDD NR	2.1	40	1	0.25	−10.16	外置
5	TDD NR	2.6	100	2	2	−2.14	外置
6	TDD NR	2.6	100	1	2	−2.14	外置
7	TDD NR	2.6	100	4	0.5	−8.16	内置
8	TDD NR	2.6	100	2	0.5	−8.16	内置 / 外置
9	TDD NR	2.6	100	1	0.5	−8.16	外置
10	TDD NR	3.5	100	2	2	−2.14	外置
11	TDD NR	3.5	100	1	2	−2.14	外置
12	TDD NR	3.5	100	4	0.5	−8.16	内置
13	TDD NR	3.5	100	2	0.5	−8.16	内置 / 外置
14	TDD NR	3.5	100	1	0.5	−8.16	外置

2.3.5 移频 MIMO 室内分布系统的设备选型

移频 MIMO 室内分布系统是一种原有无源室内分布系统无法支持高频的无线信号传

输，将高频信号变频为无源室内分布系统支持的频段进行传输，在发射端将信号复原成原来频率发射的系统。该系统主要由移频管理单元（近端机）、移频覆盖单元（远端机）、供电单元和管理平台等部分组成。本质而言，移频 MIMO 室内分布系统也是一种直放站，可以称之为"移频 MIMO 分布式光纤直放站"，要实现 5G 网络的覆盖需要接入 5G 信源。

1. 移频 MIMO 室内分布系统设计原则

移频 MIMO 室内分布系统设备本身不具备容量，需要接入 5G 信源方可实现覆盖，其规划设计建议遵循以下原则。

① 采用移频 MIMO 室内分布系统覆盖时，需要结合覆盖目标的场景特点，选择覆盖目标的移频覆盖单元替换的数量，例如，密集场景需要每个室内分布天线进行替换，空旷场景及半空旷场景可以隔一个室内分布天线替换一个室内分布天线，这样做的前提是确保覆盖目标能够得到良好的信号覆盖。根据场景的需求，一般可以采用放装型远端或者室内分布型远端。

② 根据移频 MIMO 室内分布系统覆盖目标区域的预测容量来确定目标覆盖区域需求的信源数量。

③ 考虑到是一类直放站，它的建设会对整体网络环境产生影响，应严格控制移频 MIMO 室内分布系统向室外漏泄，使移频 MIMO 室内分布系统覆盖环境与整体网络环境相互协调，从而获得良好的网络质量。

④ 移频 MIMO 室内分布系统建设需要综合考虑配套设施、电源设备、传输线路等需求，从而优化资源配置，节省工程投资；同时还要考虑将移频 MIMO 室内分布系统覆盖的电磁辐射水平控制在标准范围内，以达到环境保护的要求。

2. 移频 MIMO 室内分布系统选取分析

移频 MIMO 室内分布系统具备一定的优势，具体描述如下。

① 移频 MIMO 室内分布系统能够利用原来不支持高频的传统无源室内分布系统实现高频覆盖，例如，中国电信、中国联通 3.5GHz 频段的 5G 信号，中国移动的 4.9GHz 频段的 5G 信号在不增加传统无源室内分布系统的情况下实现覆盖。

② 移频覆盖单元对于 5G 信号输出恒定，对原有分布系统信号影响较小。

③ 移频 MIMO 室内分布系统能够在原有单路分布系统中，实现 MIMO 2×2 的性能。

3. 移频管理单元的硬件要求

（1）通用要求

移频管理单元设备须支持挂墙安装。

移频管理单元至少支持 32 个移频覆盖单元设备。

移频管理单元下挂 32 个移频覆盖单元设备时，底噪恶化不超过 9dB。

移频管理单元合路 2G/3G/4G 信号时，其插损不超过 0.5dB。

（2）接口要求

移频管理单元设备应具备 5G 网络双通道射频接入端口，应具备 2G/3G/4G 信号合路后的射频接入端口。

移频管理单元设备应具备信号输出端口。

（3）电源要求

移频管理单元设备须支持 –48V 直流供电方式。

移频管理单元设备应能承受可能较频繁的供电中断，并在供电、传输故障恢复后能保证在 5 分钟内自动重启。

移频管理单元设备电源须支持输入防反接保护功能，输入过流保护功能。

移频管理单元设备的每个供电单元应具有过压、过流保护装置。

（4）环境要求

移频管理单元设备应能在环境温度为 –5℃～ 40℃、相对湿度为 15%～ 85% 的环境条件下长期稳定可靠地工作。

移频管理单元设备应能在环境温度为 –35℃～ 60℃、相对湿度为 5%～ 95% 的环境条件下短期稳定可靠地工作。

移频管理单元设备须满足 IP20 防护等级要求。

4. 移频覆盖单元硬件要求

（1）通用要求

支持 2T2R，移频覆盖单元内置全向天线。

（2）供电

移频覆盖单元设备必须支持 POE 或电源线供电方式，输入电压范围为 –57～ –36V DC，POE 供电距离不低于 100m，电源线供电距离不低于 300m。

移频覆盖单元设备须能承受可能较频繁的供电中断，并在供电、传输故障恢复后能保证在 5 分钟内自动重启。

移频覆盖单元设备电源须支持输入防反接保护功能，输入过流保护功能。远端单元设备须支持掉电告警。

（3）环境要求

移频覆盖单元设备须能在环境温度为 –5℃～ 40℃、相对湿度为 15%～ 85% 的环境条件下长期稳定可靠地工作。远端单元须能在环境温度为 –25℃～ 50℃、相对湿度为 5%～ 95%

的环境条件下短期稳定可靠地工作。

移频覆盖单元设备须满足 IP31 的防护等级。

移频覆盖单元设备须能在 70 ～ 106kPa 大气压条件下的环境中正常工作。

5. 供电单元硬件要求

（1）通用要求

供电单元设备须支持挂墙安装。

供电单元至少支持 32 个移频覆盖单元设备的供电需求。

（2）接口要求

供电单元至少提供 7 个供电端口，1 个对移频管理单元设备供电，6 个对移频覆盖单元设备供电。如果采用电源线供电，则距离不低于 300m。

（3）电源要求

供电单元设备须支持 220VAC 供电方式。

供电单元设备应能承受可能较频繁的供电中断，并在供电、传输故障恢复后能保证在 5 分钟内自动重启。

供电单元设备电源须支持输入防反接保护功能，输入过流保护功能。

供电单元设备的每个供电单元应具有过压、过流保护装置。

（4）环境要求

供电单元设备应能在环境温度为 -5℃～ 40℃、相对湿度为 15% ～ 85% 的环境条件下长期稳定可靠地工作。

供电单元设备应能在环境温度为 -35℃～ 60℃、相对湿度为 5% ～ 95% 的环境条件下短期稳定可靠地工作。

供电单元设备须满足 IP20 防护等级要求。

6. 移频覆盖单元输出功率

移频 MIMO 分布系统需要重点考虑的网元是移频覆盖单元，移频管理单元和供电单元根据移频覆盖单元的数量及布局进行配置。对于移频覆盖单元，5G 网络的输出功率一般情况下基本为每通道 250mW，而 2G/3G/4G 网络的信号整体不发生改变，其覆盖信号强度比改造前的网络低，具体信号减小的数值为移频管理单元的插损值。

2.3.6 直放站的设备选型

直放站作为室内分布系统信源的补充部分，可以分为光纤直放站和无线直放站。由于无线直放站存在"自激现象"，所以使用直放站时需要谨慎，以免影响网络性能，而光纤直放站不存在"自激现象"。

无线直放站采用无线的传输方式，施工方便，成本低，进度快，但传送距离有限。光纤直放站采用光纤作为传输介质，传输损耗小，传送距离远，但成本较高，施工较为复杂，工期略长。

无论是无线直放站还是光纤直放站，它的引入都可能使基站接收的底噪明显提高，从而导致上行覆盖半径减小，因此，在设置直放站时，应调整上行增益，并计算此噪声的有效路径损耗到达基站接收的噪声功率是否控制在可容忍的范围之内，以便控制上行噪声，减少基站的噪声干扰。

1. 光纤直放站的硬件要求

光纤直放站应满足电信运营商要求的系统频段及制式，并支持移动网络的业务要求。

光纤直放站根据应用场景不同，选择不同的通道数。"单通道"型的通道能力要求为1T1R，"双通道"型的通道能力要求为 2T2R，"4 通道"型的通道能力要求为 4T4R。

光纤直放站应满足如下组网方式。

① 光纤直放站应支持链形组网、星形组网、星形和链形组合组网。

② 射频接入单元与远端单元之间支持一点对多点的星形组网，一台射频接入单元可以星形连接至少 4 路远端单元。

③ 一台远端单元可以链形连接至少 6 路远端单元。

传输方式：射频接入单元和远端单元之间采用光纤传输，最大拉远距离应大于 10km。

网管要求：设备的接入单元、远端单元均纳入电信运营商的数字直放站网管平台进行监控。网管平台应具备基本的状态查询、告警上报和处理、资源信息录入、设备运行状态等功能，同时支持能够接入电信运营商的监控综合网管平台。

光纤直放站需同时具有通过以太网（Ethernet）监控和无线监控的远程监控功能。无线监控单元应支持 2G/3G/4G，通过接入单元实时监控远端单元的工作状态，并能通过操作维护中心（Operating Maintenance Centre，OMC）远程对每个远端单元进行查询和设置；同时支持本地查询，接入单元可利用便携计算机进行本地或对端参数设置与状态查询。

光纤直放站的近端机应具备要求通道数的射频接入端口数，应具备至少 4 个光口用于连接远端单元。

光纤直放站的远端机应具备要求通道数的射频输出端口数，应具备至少 2 个光口中的一个用于连接上级近端机或远端机，另一个用于连接下级远端机。

2. 光纤直放站的无线技术指标要求

① 标称最大线性输出功率：是指光纤直放站在线性工作区内所能达到的最大输出功率，

此最大输出功率应满足以下条件。

- 增益为最大增益。
- 满足本节中所有指标要求。
- 在网络应用中不应超过此功率。

光纤直放站的下行标称最大输出功率：常温时容差应在 −1.5 ～ 1.5dB 内，极限条件时容差应在 −2 ～ 2dB 内。

② 自动电平控制：自动电平控制（Automatic Load Control，ALC）是指当光纤直放站工作在最大增益下，输出为最大功率时，增加输入信号电平，光纤直放站对输出信号电平控制的能力。

当光纤直放站输入信号电平提高到最大输出功率电平时，ALC 启动，继续增加输入信号电平 10dB（含 10dB），输出功率应保持在最大输出功率的 −2 ～ 2dB 内；当输入信号电平提高超过 10dB 时，输出功率应保持在最大输出功率的 −2 ～ 2dB 内或关闭输出。

③ 最大增益及误差：最大增益误差应在 −3 ～ 3dB。

④ 增益调节范围及步长：增益调节范围是指当光纤直放站增益可调时，其最大增益和最小增益的差值；增益调节步长是指光纤直放站最小的增益调节量。增益调节步长误差是指实际增益步长与标称增益步长的差值。

增益调节范围及步长的指标要求如下。

- 软件可设置增益调节范围：光纤直放站 ≥ 20dB。
- 软件可设置增益调节步长为 1dB。
- 实际增益调节步长误差应在每步 −1 ～ 1dB。
- 在 0 ～ 10dB 和 10 ～ 20dB 内每步的累积误差在 −1 ～ 1dB。
- 20 ～ 30dB 内的每步的累积误差应在 −1.5 ～ 1.5dB。

⑤ 频率误差：是指光纤直放站在工作频带内实际输出频率对额定输出频率的偏差，要求系统误差应在 −0.01 ～ 0.01ppm。

⑥ 误差矢量幅度：误差矢量幅度（Error Vector Magnitude，EVM）表征的是调制精度，是发射信号与理想信号的矢量误差，一般用百分比表示，是平均误差矢量信号功率与平均参考信号功率之比的均方根值。

光纤直放站对信源信号的恶化指标要求如下。

- 最大功率发射时，下行 64QAM/ 上行 16QAM 的 $EVM \leqslant 5\%RMS$[1]。
- 最大功率发射时，下行 256QAM/ 上行 16QAM 的 $EVM \leqslant 4\%RMS$。

⑦ 最大允许输入电平：是指被测光纤直放站能承受而不致引起损伤的输入电平。

上行链路射频输入端口：最大允许输入电平 ≥ −10dBm，设备能正常工作无损伤。

---

1. RMS（Root Mean Square error，均方根误差）。

下行链路射频输入端口：光纤直放站的最大允许输入电平 ≥ 10dBm，设备能正常工作无损伤。

⑧ 带内波动：是指被测光纤直放站在厂商声明的工作频率范围内最大电平和最小电平的差值。

有效工作频带内波动 ≤ 3dB（峰峰值）。

每载波有效工作带内波动 ≤ 3dB（峰峰值）。

⑨ 电压驻波比：电压驻波比（Voltage Sanding Ware Ratio，VSWR）定义为波腹电压与波节电压的比。其计算公式为 $VSWR=(1+\Gamma)/(1-\Gamma)$。其中，$\Gamma$ 是反射系数，是指端口的反射电压与输入电压的比值。

下行输入 / 上行输出电压驻波比 ≤ 1.8。

上行输入 / 下行输出电压驻波比 ≤ 1.5。

⑩ 带外抑制：是指直放站对偏离工作频段范围外的输入信号的抑制能力。带外抑制的指标要求见表 2-15。

表2-15　带外抑制的指标要求

载波偏离 [1]	光纤直放站
3MHz ≤ f_offset < 5MHz	≥ 20dB
f_offset ≥ 5MHz	≥ 25dB

注：1. 载波偏离点以工作频带边缘点开始计算偏离。

⑪ 杂散发射：是指除去工作载频及与正常调制相关的边带以外的频率上的发射。一般频段杂散发射指标要求见表 2-16，带外特殊频段杂散发射指标要求见表 2-17，包括一般频段杂散和特殊频段杂散。

表2-16　一般频段杂散发射指标要求

		测试频段	指标要求	测试带宽
带外杂散	工作频带外 [1]（f_offset [2] 偏离工作频带边缘 10MHz 或 40MHz 之外）	9 ～ 150kHz	≤ -36dBm	1kHz
		150kHz ～ 30MHz	≤ -36dBm	10kHz
		30 ～ 80MHz	≤ -36dBm	100kHz
		80MHz ～ 1GHz	≤ -36dBm	100kHz
		1 ～ 12.75GHz	≤ -30dBm	1MHz
带内杂散	工作频带内		≤ -15dBm	光纤直放站：1MHz

注：1. 工作频带外杂散不考虑互调产物。
　　2. $f_{DL\_high}-f_{DL\_low}$<100MHz 时，f_offset=10MHz
　　　100MHz<$f_{DL\_high}-f_{DL\_low}$<900MHz 时，f_offset=40MHz。

表2-17　带外特殊频段杂散发射指标要求

工作频段 [1]	指标要求	测量带宽	备注说明
806 ~ 821MHz	-98dBm（有效值）	100kHz	
824 ~ 835MHz	-98dBm（有效值）	100kHz	
851 ~ 880MHz	-57dBm（有效值）	100kHz	
885 ~ 915MHz	-98dBm（有效值）	100kHz	
930 ~ 960MHz	-47dBm（有效值）	100kHz	
1710 ~ 1785MHz	-98dBm（有效值）	100kHz	
1805 ~ 1880MHz	-47dBm（有效值）	100kHz	
1885 ~ 1915MHz	-65dBm（有效值）	1MHz	
1920 ~ 1980MHz	-86dBm（有效值）	1MHz	
2010 ~ 2025MHz	-86dBm（有效值）	1MHz	
2110 ~ 2170MHz	-52dBm（有效值）	1MHz	不适用于工作频段在 Band n1 的设备
2320 ~ 2370MHz	-86dBm（有效值）	1MHz	
2400 ~ 2483.5MHz	-52dBm（有效值）	100kHz	
2483.5 ~ 2500MHz	-86dBm（有效值）	1MHz	不适用于工作频段在 Band n41 的设备
2500 ~ 2690MHz	-86dBm（有效值）	1MHz	不适用于工作频段在 Band n41 的设备
2700 ~ 2900MHz	-86dBm（有效值）	1MHz	
3300 ~ 3600MHz	-86dBm（有效值）	1MHz	不适用于工作频段在 Band n77 和 Band78 的设备
4800 ~ 5000MHz	-86dBm（有效值）	1MHz	不适用于工作频段在 Band n79 的设备

注：1. 对于下行有线耦合的相应上行链路不做特殊频段要求；被测光纤直放站工作频段所在的特殊频段杂散不做要求。对多制式产品，其工作频段所在的特殊频段不做特殊频段杂散要求。

⑫ 噪声系数：是指被测光纤直放站在工作频带范围内，正常工作时输入信噪比与输出信噪比二者之比，用 dB 表示，要求最小系统最大增益状态时上行噪声系数 $NF \leqslant 5dB$；光纤直放站最小系统包含 1 台射频接入单元和 1 台远端单元。

⑬ 系统时延：是指被测直放站输出信号对输入信号的时间延迟，要求最小系统时延 $\leqslant 10\mu s$；光纤直放站每链形增加一级设备，增加时延 $\leqslant 1.5\mu s$，光纤直放站最小系统包含 1 台射频接入单元和 1 台远端单元。

3. 部分直放站远端参数示例

一般情况下，直放站是在室内分布系统的延伸，实现小范围覆盖及数据需求小的覆盖，作为信源使用的一般功率相对较大，以瓦级为主。部分瓦级直放站远端的主要指标示例见表 2-18。

表2-18 部分瓦级直放站远端的主要指标示例

序号	制式	频段 /GHz	带宽 /MHz	通道数 / 个	单通道功率 /W	子载频功率 /dBm
1	FDD NR	0.7	30	2	20	10.18
2	FDD NR	0.7	30	1	20	10.18
3	FDD NR	2.1	40	4	10	5.86
4	FDD NR	2.1	40	2	20	8.87
5	FDD NR	2.1	40	1	40	11.88
6	TDD NR	2.6	100	4	20	7.86
7	TDD NR	2.6	100	2	40	10.87
8	TDD NR	2.6	100	1	80	13.88
9	TDD NR	3.5	100	4	20	7.86
10	TDD NR	3.5	100	2	40	10.87
11	TDD NR	3.5	100	1	80	13.88

对于部分小范围、人流量小的覆盖受限区域，可以采用微型直放站进行覆盖，例如，过街隧道、电梯等，微型直放站的功率输出基本以毫瓦级为单位。部分微型直放站远端的主要指标示例见表 2-19。

表2-19 部分微型直放站远端的主要指标示例

序号	制式	频段 /GHz	带宽 /MHz	通道数 / 个	单通道功率 /mW	子载频功率 /dBm
1	FDD NR	0.7	30	2	100	−12.83
2	FDD NR	0.7	30	1	100	−12.83
3	FDD NR	2.1	40	4	100	−14.14
4	FDD NR	2.1	40	2	100	−14.14
5	FDD NR	2.1	40	1	100	−14.14
6	TDD NR	2.6	100	4	100	−15.15
7	TDD NR	2.6	100	2	100	−15.15
8	TDD NR	2.6	100	1	100	−15.15
9	TDD NR	3.5	100	4	100	−15.15
10	TDD NR	3.5	100	2	100	−15.15
11	TDD NR	3.5	100	1	100	−15.15

●● 2.4   5G 室内分布系统建设策略

为了保证 5G 室内分布系统具有优质的建设质量和良好的网络性能，电信运营商有必要采用各种科学合理的建设策略。本节通过 5G 室内分布系统多通道建设、5G 室内分布系统改造、5G 室内分布系统新建、5G 室内分布系统多场景覆盖方案、5G 室内分布系统运营维护策略 5 个方面论述，对面向 5G 室内分布系统的建设策略进行了探讨。

2.4.1   5G 室内分布系统多通道建设

在 5G 网络同样带宽的条件下，双通道网络的速率要比单通道网络快一倍，4 通道网络的速率比双通道网络的速率理论上提升一倍。由于终端的天线数量受到一定限制，一般情况下，目前终端基本支持 4 路接收，通过计算，TDD NR 3.5GHz 的 5G 网络在 100M 带宽的情况下，单用户的理论下行速率高达 1.54Gbit/s，通过测试峰值速率可以达到 1.2Gbit/s 以上，因此，提升网络覆盖的通道数是提升用户体验的重要手段。

对于 5G 室内分布系统的建设模式而言，可分为单通道建设模式、双通道建设模式、4 通道、错层（错排）双通道及错层（错排）4 通道等方式。

对于六大类室内分布系统，考虑空间安装及设备支持情况，各类分布系统能够支持的通道数各不相同。六大类分布系统建设分布系统通道数参考见表 2-20。

表2-20   六大类分布系统建设分布系统通道数参考

分布系统类型	单通道	双通道	4 通道	错层（错排）双通道	错层（错排）4 通道
传统无源分布系统	支持	支持	—	支持	支持
漏泄电缆分布系统	支持	支持	—	支持	支持
PRRU 分布系统	—	支持	支持	—	—
皮基站分布系统	—	支持	支持	—	—
光纤分布系统	支持	支持	—	—	—
移频 MIMO 室内分布系统	—	支持	—	—	—

对于表 2-20 中的多通道建设情况，如果空间建设情况允许或者业主要求，则可以根据其他数量的通道数进行建设；对于表格中空白的选项，一般不推荐使用。

1. 单通道建设模式

单通道建设模式一般为传统无源分布系统、漏泄电缆分布系统、光纤分布系统 3 种室内分布系统选择的建设模式。单通道建设模式只有一路天线、射频系统和馈线的分布系统。单通道建设模式示意如图 2-1 所示。该模式需要部署的天线数量相对较少，与多通道建设模式相比，单通道建设模式的系统容量较小，因此，该模式通常优先考虑应用于数据业务需求不高的场景。

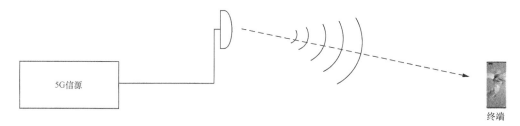

图2-1　单通道建设模式示意

2. 双通道建设模式

表 2-20 中的 6 种分布系统都可以选择双通道建设模式。它能充分体现 MIMO 2×2 容量增益，工程中应根据物业点的具体情况综合考虑业务需求、改造难度等因素，选择具体的分布系统建设方式。双通道建设模式示意如图 2-2 所示。它能实现 MIMO 双路对系统容量和速率的提升；同时在建设中应保证双路功率平衡，以确保 MIMO 2×2 性能。MIMO 双路在建设时，天线应遵循以下原则。

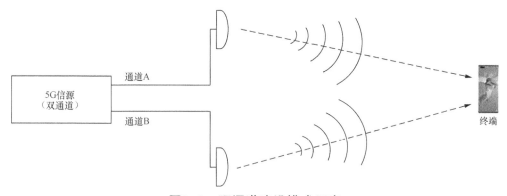

图2-2　双通道建设模式示意

① 原则上优选单极化天线，两个单极化天线的间距应保证不低于 4λ（约为 0.5m），在有条件的场景，尽量采用 10λ 以上间距（约为 1.5m）。

② 对于单极化隔离距离难以实施或者物业不愿意增加天线的情形，可使用双极化天线进行覆盖。

双通道建设模式是 5G 网络室内分布系统建设中应用最广的，适合所有场景，可以体现 5G 网络对以往无线通信网络的优越性。该模式能够满足大部分场景的网络容量需求。

3.4 通道建设模式

4 通道建设模式对于传统无源分布系统和漏泄电缆分布系统而言，需要建设 4 路馈缆，对空间有非常大的要求，因此，一般不推荐使用；对于光纤分布系统和移频 MIMO 分布系统，市面上的设备基本不支持 4 通道，因此，无法使用 4 通道建设模式。PRRU 分布系统和皮基站分布系统主要选择 4 通道建设模式，4 通道建设模式示意如图 2-3 所示。

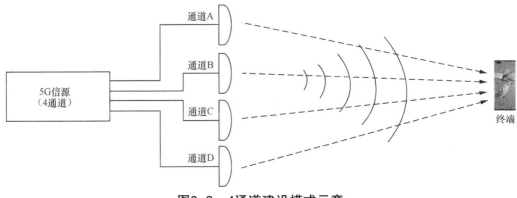

图 2-3　4 通道建设模式示意

分布系统建设主要采用设备厂商提供的天线内置的放装型远端设备进行覆盖，远端和中继的连接一般采用网线或光电复合缆，不需要建设 4 路线缆。它能充分体现 MIMO 4×4 容量增益，在容量需求较高或示范作用显著的目标覆盖场景，应尽量采用 4 通道建设模式，实现 MIMO 4×4 对系统容量和速率的提升，从而提高用户感知度。

对于新建的、重要性高的、品牌影响力大的重点场景，例如，大型交通枢纽（机场、火车站和码头等）、大型会展中心、业务演示营业厅、城市标志性建筑等，室内分布场景原则上优先考虑采用 4 通道建设模式。

4. 错层（错排）双通道建设模式

错层（错排）双通道建设模式从建设模式上看，属于单通道建设模式，只是采用双通道的信源，两个通道分布系统交叉排列，垂直向上交叉分布的称为错层双路，水平交叉分布的称为错排双路。我们推荐传统无源分布系统和漏泄电缆分布系统采用这种建设模式。

错层双通道建设适合所有的单通道建设的楼房，一般而言，超过 4 层就可以建设，错层双通道建设模式示意如图 2-4 所示。用户不仅可以在中间楼层接收到本层信号，还可以接收到上下两层的另外一个通道的信号，形成一个不平衡的 MIMO 2×2 效果，通过测试，其速率可以达到单通道速率的 1.4～1.6 倍，极大地提升了单通道分布系统的使用效率。另外，上下两层的信号属于同一通道的信号，存在一定增益，可以提升用户接收到另外一通道信号的强度。

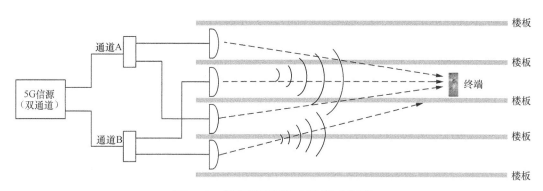

图2-4　错层双通道建设模式示意

错排双通道建设适合所有面积较大的单层覆盖，例如，大型的超市、商场等。错排双通道建设模式示意如图 2-5 所示。用户不仅可以在楼层中间接收到最近的一个通道信号，还可以接收到边上的另外一个通道的信号，理论上形成一个不平衡的 MIMO 2×2 效果。但实际上，由于空旷的大平层覆盖基本属于视距的自由空间损耗，损耗非常小，而且左右两排为同一通道的信号，存在一定增益，可以提升用户接收到另外一通道信号的强度，使其和最近通道的分布系统信号强度接近，所以这种建设模式基本接近双通道建设模式。通过测试，其速率可以达到单通道速率的 1.8 ～ 2 倍，极大地提升了单通道分布系统的使用效率。

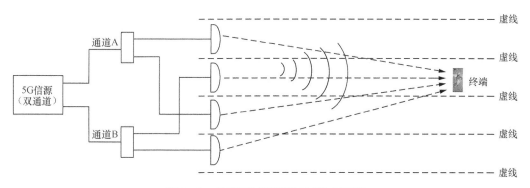

图2-5　错排双通道建设模式示意

5. 错层（错排）4 通道建设模式

错层（错排）4 通道建设模式从建设模式上看，属于双通道建设模式，只是采用 4 通道的信源，4 个通道分布系统交叉排列，垂直向上交叉分布的称为错层 4 路，水平交叉分布的称为错排 4 路。我们推荐传统无源分布系统和漏泄电缆分布系统采用这种建设模式。

错层 4 通道建设模式适合所有的双通道建设的楼房，一般而言，超过 4 层就可以建设。错层 4 通道建设模式示意如图 2-6 所示。用户不仅可以在中间楼层接收到本层两个通道的信号，还可以接收到上下两层另外两个通道的信号，形成一个不平衡的 MIMO 4×4 效果，通过测试，其速率可以达到双通道速率的 1.3 ～ 1.4 倍，极大地提升了双通道分布系统的使用效率。同时，上下两层的信号属于相同两个通道的信号，存在一定增益，可以提升用户接收到另外两个通道信号的强度。需要注意的是，4 通道的信源主设备是否支持错层交错覆盖。

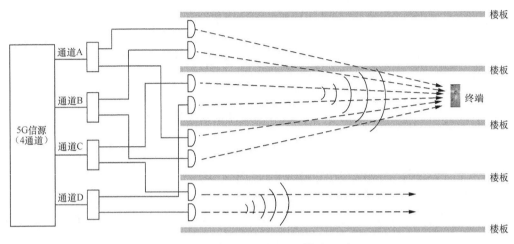

图2-6 错层4通道建设模式示意

错排 4 通道建设适合所有面积大的单层覆盖，例如，大型交通枢纽，会展中心等。错排 4 通道建设模式示意如图 2-7 所示。用户不仅可以在楼层中间接收到最近的两个通道信号，还可以接收到边上的另外两个通道的信号，理论上形成一个不平衡的 MIMO 4×4 效果。但实际上，由于空旷的大平层覆盖基本属于视距的自由空间损耗，损耗非常小，而且左右两排为相同两个通道的信号，有一定增益，可以提升用户接收到另外两个通道信号的强度，使其与最近的两个通道的分布系统信号强度接近，所以，这种建设模式基本接近 4 通道建设模式，通过测试，其速率可以达到单通道速率的 1.5 ～ 1.6 倍，极大地提升了双通道分布系统的使用效率。

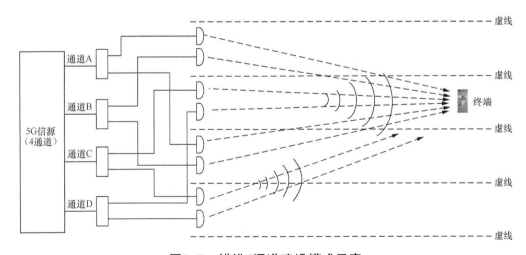

图2-7 错排4通道建设模式示意

2.4.2　5G室内分布系统改造

经过2G、3G、4G网络的建设，大部分建筑物基本有室内分布系统覆盖，室内分布系统主要有传统无源分布系统、漏泄电缆分布系统和PRRU分布系统。其中，PRRU分布系统整体是一套主设备基站，无法在原有的基础上直接改造为5G网络，因此，本节讨论的改造主要为传统无源分布系统和漏泄电缆分布系统。

原有室内分布系统网络的器件和天线基本支持800～2700MHz频段，需要利旧4G室内分布系统，各个频段的5G网络改造方式也不一样。

1. FDD NR 700MHz 网络

该网络频段的使用权属于中国广电，在开展共建共享之后，中国移动可以共享使用700MHz的网络。由于目前4G的室内分布系统的器件和天线不支持700MHz频段，另外，中国移动和中国广电有2.6GHz频段的5G网络，所以目前不建议采用700MHz频段建设室内分布系统。

由于700MHz的自由空间损耗及穿透损耗相对较小，所以700MHz对于5G网络的室内浅层覆盖有非常大的提升，结合其他频段的室内分布传统覆盖，可以提升网络建设的性价比。室外基站浅层覆盖示意如图2-8所示。

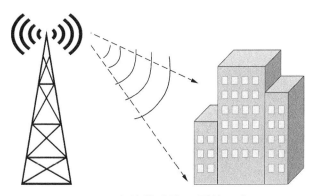

图2-8　室外基站浅层覆盖示意

2. FDD NR 2100MHz 网络

频段2100MHz（上行：1920～1940MHz，下行：2110～2130MHz）的2×20MHz带宽的使用权属于中国电信，频段2100MHz（上行：1940～1960MHz，下行：2130～2150MHz）的2×20MHz带宽的使用权属于中国联通，在开展共建共享之后，中国电信和中国联通可以使用对方的频段，形成2×40MHz的连续带宽NR网络。

对于原有室内分布系统2100MHz频段，中国电信建设的是FDD LTE网络，而中国联通建设的是 FDD LTE 网络或 WCDMA 网络。在该频段上建设 NR 网络，属于网络重耕的范畴，一般而言，可以直接替换原有信源即可，但是替换时需要注意以下几个问题。

（1）信源功率是否匹配

对于原有 FDD LTE 室内分布系统网络的信源替换，由于其网络的资源块的帧结构基本一致，所以所有信源子载频功率的计算方式基本一样。LTE 与 NR 信源功率输出及边缘场强要求对比见表 2-21。

表2-21　LTE与NR信源功率输出及边缘场强要求对比

网络	带宽 /MHz	通道功率 /W	信源输出参考信号功率			边缘场强要求		
			导频功率 /dBm	子载频功率 /dBm	参考功率差值 /dB	导频功率 /dBm	子载频功率 /dBm	边缘场强差值 /dB
LTE	20	40	—	15.2	—	—	−105	—
NR	40	80	—	15.2	0	—	−105	0

注：差值计算为 NR 的功率减去 LTE 的功率。

分析表 2-21 中的数据，由于重耕后需要考虑网络带宽为 40MHz，而原来的 LTE 网络带宽是 20MHz，所以 NR 信源的通道输出功率应该是原 LTE 信源输出功率的一倍。如果 NR 信源的通道输出功率达不到原 LTE 信源输出功率的一倍，则替换后，其边缘场强也会降低，覆盖范围会小于原 LTE 室内分布系统网络。

对于原有 WCDMA 室内分布系统网络的信源替换，参考信号的功率采用的是导频功率，其导频功率一般取单载频总功率的 10%。WCDMA 与 NR 信源功率输出及边缘场强要求对比见表 2-22。

表2-22　WCDMA与NR信源功率输出及边缘场强要求对比

网络	带宽 /MHz	通道功率 /W	信源输出参考信号功率			边缘场强要求		
			导频功率 /dBm	子载频功率 /dBm	参考功率差值 /dB	导频功率 /dBm	子载频功率 /dBm	边缘场强差值 /dB
WCDMA	20	40	30	—	—	−85	—	—
NR	40	80	—	15.2	−14.8	—	−105	−20

注：差值计算为 NR 的功率减去 WCDMA 的功率。

分析表 2-22 中的数据，在 WCDMA 信源通道输出功率为 40W 和 NR 信源通道输出功率为 80W 的情况，参考信号的功率差值为 −14.8dB，而边缘场强要求的差值为 −20dB，链路损耗余量为 5.2dB，能够满足覆盖要求。为了提升网络性价比，由表 2-22 分析可知，采用通道输出功率为 40W 的 NR 信源替换，也能满足要求。

（2）直放站和干线放大器带宽是否匹配

重耕后的 NR 网络带宽为 40MHz，原室内分布系统中下挂的直放站或者干线放大器，它们的带宽一般为 20MHz，无法满足重耕后的网络带宽需求，需要对其同步更换。

为了提升网络的性能，在重耕过程中，可以对现有室内分布系统进行适当改造，一般改造也只是在主干部分进行，具体改造包括以下几种情况。

建筑物内，中国电信、中国联通均建设了单路室内分布系统，改造后，成为双路分布系统。单路室内分布改造后成双路室内分布示意如图 2-9 所示。这种方式可以充分利用原有中国电信和中国联通的室内分布系统，极大地提升了网络的容量，而且不需要对原有的分布系统做调整，只需在信源侧进行简单的改造即可满足要求，但是改造时需要重点关注信源输出功率是否满足要求、覆盖面积和原来是否一致。

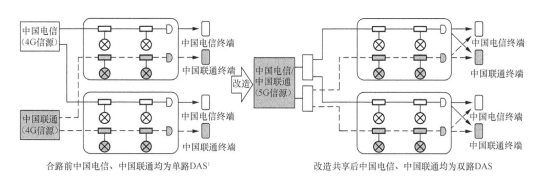

1. DAS（Distributed Antenna System，分布式天线系统）。

图2-9　单路室内分布改造后成双路室内分布示意

建筑物内，中国电信、中国联通均建设了错层（错排）双路室内分布系统，改造后，成为错层（错排）4 路分布系统。错层双路改造后成错层 4 路示意如图 2-10 所示。这种方式和单路改造成双路的一样，可以充分利用原有中国电信和中国联通的室内分布系统，极大地提升了网络的容量，而且不需要对原有的分布系统做调整，只需在信源侧进行简单的改造即可满足要求，但是改造时需要重点关注的是信源输出功率是否满足要求，覆盖面积和原来是否一致。

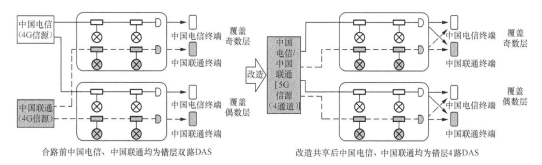

图2-10　错层双路改造后成错层4路示意

3. TDD NR 2600MHz 网络

对于需要增加 TDD NR 2600MHz 网络而言，由于器件天线基本支持该频段，可以直接合路，所以合路时需要注意干线放大器的位置，同时需要注意天线口输入功率是否能够满足要求，还应评估改造后新增的合路器等设备器件对原室内分布系统的性能产生的影响。

根据室内分布系统网络的情况，选择干线放大器后的位置作为 5G 信号合路点，同时选择多通道的信源，根据原室内分布系统的场强需求，单路直接功分信号，在对应的支路进行合路。5G 信源合路点位置示意如图 2-11 所示。

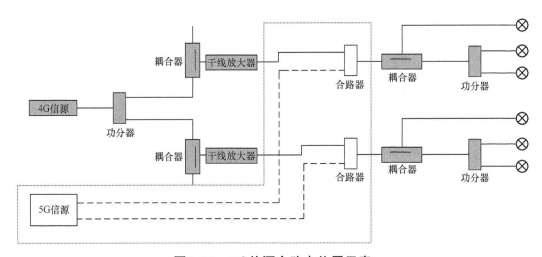

图2-11 5G信源合路点位置示意

直接合路的方式对现网室内分布系统进行了充分利旧，天线数量不会增加，节省了天馈投资的同时降低了施工复杂度和建设成本。需要说明的是，这种方式无法实现 MIMO 2×2 的特性，因此，性能上与双通道存在一定差距，通常适用于非热点区域。

4. TDD NR 3500MHz 网络

对于 TDD NR 3500MHz 网络而言，原有室内分布系统器件天线无法支持该频段，改造原有室内分布系统网络有两种方法。其中，一种方法是将所有不支持 3500MHz 频段的器件和天线全部替换为支持 3500MHz 频段的器件和天线。但是这种方法难以实行，其原因是有些室内分布系统使用的时间已经比较久远，室内环境又比较复杂，布放的器件不容易找到，而施工过程中，拆除器件天线时容易对馈线接头造成损伤，提高了网络的驻波比。另一种方法是使用移频 MIMO 室内分布系统对原有分布系统进行改造。移频 MIMO 室内分布系统示意如图 2-12 所示。

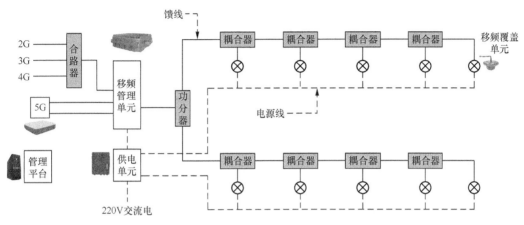

图2-12　移频MIMO室内分布系统示意

5. TDD NR 4900MHz 网络

对于 TDD NR 4900MHz 网络而言，和 3500MHz 网络一样，现网的室内分布系统器件天线无法支持该频段，而且目前市场上的器件和天线一般也只支持 800 ～ 3800MHz 频段，而无法支持 4900MHz 频段。因此，改造原有分布系统，使其能够支持 4900MHz 频段的方法只有一种，即使用移频 MIMO 室内分布系统对原有分布系统进行改造。

2.4.3　5G 室内分布系统新建

5G 室内分布系统可以分为六大类，每类分布系统具备各自的特点。新建的 5G 室内分布系统则需要根据场景的特点、业务的需求和建设的难易程度选择合适的室内分布系统建设方案。电信运营商在引入 5G 室内分布系统建设时通常会涉及以下几种新建方案。

1. 新建单通道方案

新建单通道方案是指不管覆盖目标内是否有 4G 室内分布系统网络，直接按照 5G 性能特点进行设计和部署，新建一路 5G 室内分布系统实现单通道覆盖（不支持 MIMO 2×2）。

（1）传统无源分布系统新建单通道方案

传统无源分布系统新建单通道方案示意如图 2-13 所示。

该方案的优点是采用完全新建的方式，有利于当前的建设施工与后期的维护管理，适合 FDD NR 2100MHz、TDD NR 2600MHz 和 TDD NR 3500MHz 这 3 个频段的 5G 网络。另外，由于只新建一路室内分布系统，所以工程量相对较少，投资成本相对较低。该方案的缺点是无法发挥 5G 的 MIMO 优势，导致用户峰值速率、系统容量等受限，适合在非热点区域部署，或由于物业、工程实施等原因无法新建两路室内分布系统的普通建筑，或部署在重点建筑的非重点区域等（例如，地下层、电梯等）。

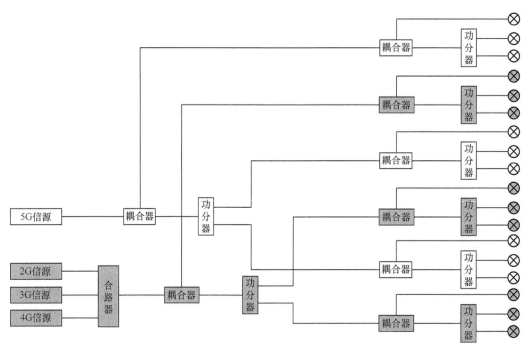

图2-13 传统无源分布系统新建单通道方案示意

（2）漏泄电缆分布系统新建单通道方案

漏泄电缆分布系统新建单路分布系统应考虑尽可能满足 5G 网络的频段。考虑到漏泄电缆的截止频率，建议采用 5/4 英寸的漏泄电缆。漏泄电缆分布系统新建单通道方案示意如图 2-14 所示。

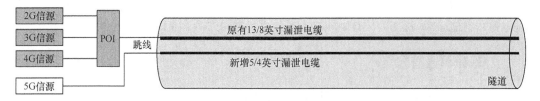

图2-14 漏泄电缆分布系统新建单通道方案示意

该方案的优点和缺点与传统无源分布系统新建单通道方案一样。

漏泄电缆分布系统新建单通道方案适合在非热点区域部署，或由于物业、工程实施等原因无法新建两路室内分布系统的室内受限的狭长场景（例如，地下层、电梯、过街隧道、高速隧道等）。

（3）光纤分布系统新建单通道方案

新建光纤分布系统，一般情况下，5G 网络建设皆为双路分布系统，只有在特殊要求的情况下，而且需要外接天线的时候，新建光纤分布系统才会建设单路分布系统。光纤分布系统新建单通道方案示意如图 2-15 所示。

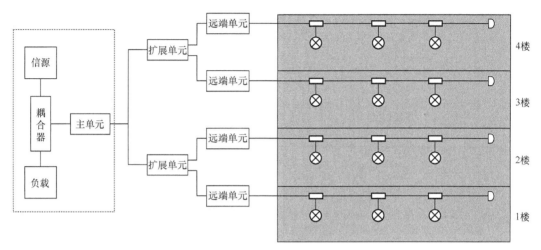

图2-15　光纤分布系统新建单通道方案示意

该方案的优点是采用完全新建的方式，有利于当前的建设施工与后期的维护管理，适合 FDD NR 2100MHz、TDD NR 2600MHz 和 TDD NR 3500MHz 这 3 个频段的 5G 网络。该方案最大的优势是可以极大地提升单个信源覆盖面积，一套光纤分布系统覆盖的面积可以达到 80000m^2。同样，该方案的缺点也非常明显，按单位面积计算系统容量非常小，因此，它适合极低数据需求但是需要覆盖的场景。

2."一路新建 + 一路改造"方案

为了进一步利用原有室内分布系统，并能够实现 5G 网络 MIMO 2×2 双通道性能，可以采用"一路新建 + 一路改造"方案进行建设。这种方式是将 5G 信号源的其中一路通过合路器与现有信号源合路后接入已有的室内分布系统，另一路接入新建的室内分布系统。该方案的优点是支持 MIMO 2×2，在充分利用已有资源的同时，相比单通道还可带来 1.5 ～ 1.8 倍的用户峰值速率和系统容量提升。该方案的缺点是需要新建的一路分布系统要尽量与已有分布系统保持一致，因此，在原室内分布系统设计资料不全的情况下，这种方案难以实施。考虑到原有室内分布系统器件天线的支持情况，适合该方案的 5G 网络有 FDD NR 2100MHz 和 TDD NR 2600MHz 两类。该方案适用于已有分布系统资料清晰、物业条件容许的可改造室内场景。接下来，我们对"利旧现网，采用单极化天线"和"利旧现网，采用双极化天线"的两种情形进行具体说明。

（1）利旧现网，采用单极化天线

该方案使用 2 路射频单元以双通道实现 MIMO 2×2 特性，采用单极化天线，其中一路利旧现网室内分布系统，另一路采用新建方式，5G 与 2G/3G/4G 双通道单极化天线建设示意如图 2-16 所示。

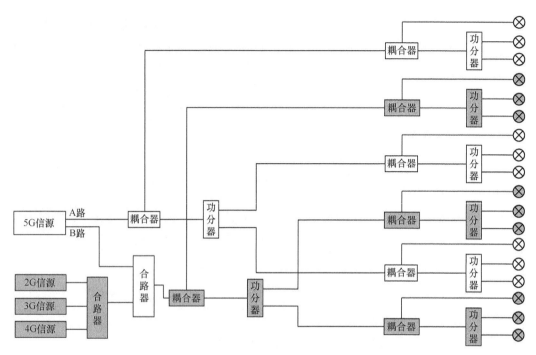

图2-16　5G与2G/3G/4G双通道单极化天线建设示意

该方案由于其中一路需要利旧现网室内分布系统，新增的合路器通常会对现网系统性能产生一定的影响。

对于漏泄电缆分布系统，建议在原有漏泄电缆的距离 0.5 米以上的位置安装一条新的漏泄电缆，根据原有漏泄电缆尺寸的大小，选择合适的 5G 网络及新增漏泄电缆的尺寸。如果原有漏泄电缆为 13/8 英寸，则无法支持 3500MHz 频段，需要建设 TDD NR 3500MHz 的 5G 网络只能新建 2 条 5/4 英寸以下尺寸的漏泄电缆，以满足 5G 网络 MIMO 2×2 性能。FDD NR 2100 MHz 和 TDD NR 2600MHz 两个 5G 网络对现网中的漏泄电缆尺寸基本可以得到满足，可以直接选择"一路新建 + 一路改造"方案建设。5G 与 2G/3G/4G 漏泄电缆分布系统双通道建设示意如图 2-17 所示。

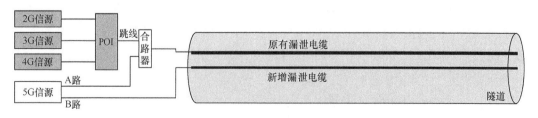

图2-17　5G与2G/3G/4G漏泄电缆分布系统双通道建设示意

如果原有漏泄电缆为 5/4 英寸及以下尺寸的漏泄电缆，则可以支持 3500MHz 频段，选择"一路新建 + 一路改造"方案建设，可以满足 FDD NR 2100 MHz、TDD NR 2600MHz、TDD NR 3500MHz 这 3 个频段 5G 网络，实现 5G 网络 MIMO 2×2 性能。

该方案可以节约一条漏泄电缆的投资费用，极大地提升了现网的利用率，同时实现 5G 网络 MIMO 2×2 性能。需要说明的是，由于其中一路需要利旧现网漏泄电缆，新增的合路器通常会对现网系统性能产生一定影响。

（2）利旧现网，采用双极化天线

该方案同样是使用 2 路射频单元通过双通道实现 MIMO 2×2 性能，采用双极化天线，其中一路利旧现网室内分布系统，另一路采用新建方式。5G 与 2G/3G/4G 双通道双极化天线建设示意如图 2-18 所示。

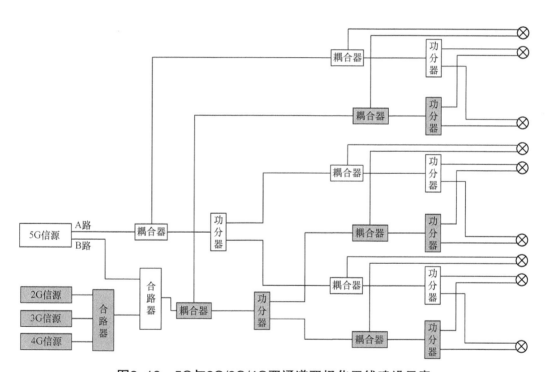

图2-18　5G与2G/3G/4G双通道双极化天线建设示意

该方案适合 FDD NR 2100MHz、TDD NR 2600MHz 两个频段的 5G 网络。与利旧现网双通道单极化天线方案相比，该方案需要将原有单极化天线替换为双极化天线，适合对天线安装有限制的场景，可以实现 5G 网络的 MIMO 2×2 性能。同单极化天线方案一样，其中一路仍然利旧现网室内分布系统，新增的合路器等器件设备会对现网系统性能产生一定影响。

对于漏泄电缆分布系统，目前的漏泄电缆无法支持双极化，因此，不能采用本方案。

3. 两路新建方案

两路新建方案是指 5G 室内分布系统采用 MIMO 2×2 进行双通道覆盖，6 种分布系统建设方式均支持使用，对有源分布系统而言，有两种模式：一种是采用 2T2R 放装型的远端单元建设分布系统，另一种是采用室内分布型的远端单元外接天线建设分布系统。对无源分布系统而言，需要新建双路室内分布系统，5G 信号源的两路信号都直接接入新建的双路室内分布系统。

两路新建方案的优点在于支持 5G MIMO 2×2，提升了用户峰值速率，总体建设效果优于"一路新建 + 一路改造"的双通道建设方式，同时对原有分布系统没有影响。该方案的缺点是无法体现 5G MIMO 4×4 的优势，而且造价相对较高。

接下来，我们对两路新建方式进行具体分析。

（1）传统无源室内分布双通道单极化天线独立建设

新建的 5G 双通道单极化天线方案不考虑覆盖目标是否具备 4G 室内分布系统，直接进行独立建设，采用 2 路射频单元的双通道建设模式，实现 MIMO 2×2 性能。射频使用单极化天线方式进行覆盖。5G 双通道单极化天线独立建设示意如图 2-19 所示。

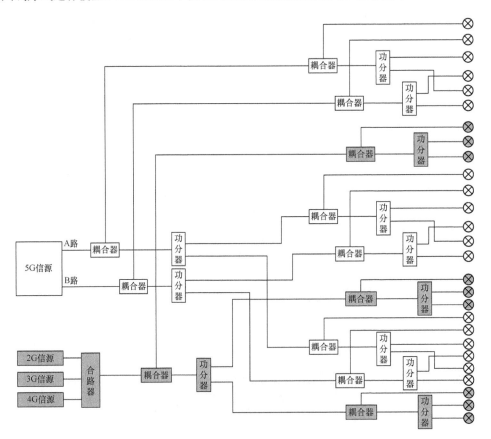

图2-19 5G双通道单极化天线独立建设示意

该方案适合 FDD NR 2100MHz、TDD NR 2600MHz 和 TDD NR 3500MHz 这 3 个频段的 5G 网络。不利旧现网室内分布系统，两路新建的独立链路保证了多系统间的隔离，从而降低了干扰。另外，新建的两条链路在分布系统布放和器件选取上能保持一致，可有效降低双路不平衡度，从而实现较好的 MIMO 2×2 性能。虽然以双通道建设模式实现 MIMO 2×2 性能，带来较大的网络容量和良好的用户感知效果，但该方案中 2 条链路均需新增天馈线和相关器件（例如，功分器、耦合器等）。因此，相比于利旧原有室内分布系统的方案而言，两路新建方案对现有网络的资源利用率较差，导致造价较高，并且新增的 2 路系统还会引起较多的施工协调问题及加大建设难度。

对于漏泄电缆分布系统，建议两个漏泄电缆的距离设置为 0.5m 以上，为了满足 FDD NR 2100 MHz、TDD NR 2600MHz、TDD NR 3500MHz 这 3 个频段 5G 网络，实现 5G 网络 MIMO 2×2 性能，建议采用 2 条 5/4 英寸以下尺寸的漏泄电缆。漏泄电缆分布系统新建双通道建设示意如图 2-20 所示。

图2-20 漏泄电缆分布系统新建双通道建设示意

（2）传统无源室内分布双通道双极化天线独立建设

传统无源室内分布双通道双极化天线独立建设与现网室内分布系统分开独立建设，采用 2 路射频单元双通道建设模式实现 MIMO 2×2 性能，射频使用双极化天线方式进行覆盖。5G 双通道双极化天线独立建设示意如图 2-21 所示。

该方案适合 FDD NR 2100MHz、TDD NR 2600MHz 和 TDD NR 3500MHz 这 3 个频段的 5G 网络。同样不利旧现网室内分布系统，2 路均需新增天馈线和相关器件（例如，功分器、耦合器等），采用双通道建设模式实现 MIMO 2×2 性能，带来较大的网络容量和良好的用户体验。另外，相比于新建双通道单极化天线模式，该方案天线数量减少了一半，总体建设协调难度相对降低。需要注意的是，采用完全新建的方案，不利旧现有网络资源，即使天线建设数量减少和协调成本降低，仍然不可避免地会出现整体造价成本偏高的问题。

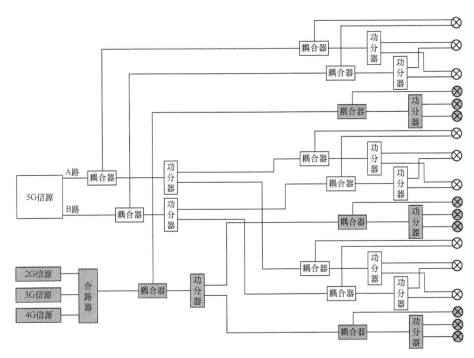

图2-21　5G双通道双极化天线独立建设示意

对于漏泄电缆分布系统，目前的漏泄电缆无法支持双极化，因此，不能采用本方案。

（3）传统无源室内分布错层双通道独立建设

传统无源室内分布错层双通道独立建设方案从建设模式上看，属于单通道建设模式，适合所有的单通道建设的楼房，一般而言，超过4层就可以建设。传统无源室内分布错层双通道独立建设示意如图2-22所示。

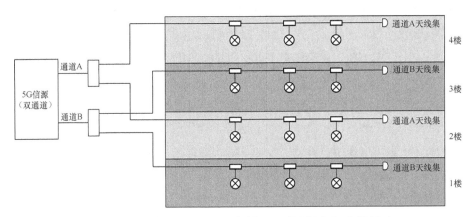

图2-22　传统无源室内分布错层双通道独立建设示意

漏泄电缆分布系统错层双通道独立建设示意如图 2-23 所示。

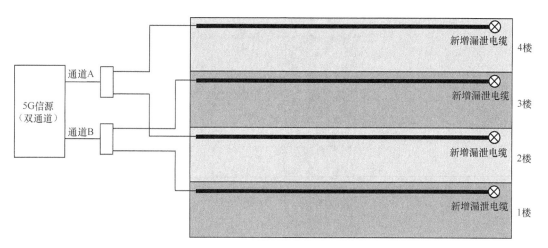

图2-23 漏泄电缆分布系统错层双通道独立建设示意

为了充分利用漏泄电缆末梢端的信号，建议在漏泄电缆的末梢端增加一副室内分布系统单极化天线。

该方案实际属于单通道建设模式，在只建设一个通道分布系统的情况下，实现了超过一个通道分布系统的用户速率，并且对网络的其他性能没有降低，同时提升了用户感知度，节约了网络建设的成本，提升了网络的性价比。

（4）传统无源室内分布错排双通道独立建设

传统无源室内分布错排双通道独立建设方案从建设模式上看，属于单通道建设模式，适合所有面积大的单层覆盖，例如，大型超市、商场等。传统无源室内分布错排双通道独立建设示意如图 2-24 所示。

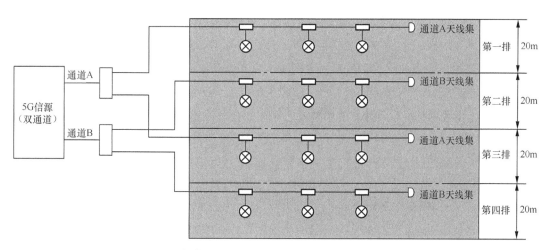

图2-24 传统无源室内分布错排双通道独立建设示意

85

漏泄电缆分布系统错排双通道独立建设示意如图2-25所示。

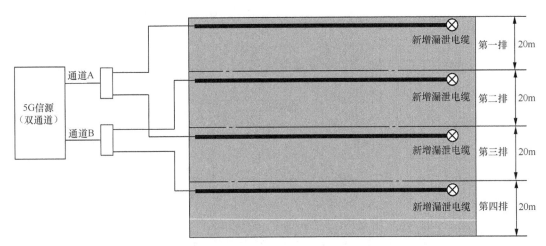

图2-25　漏泄电缆分布系统错排双通道独立建设示意

同样，在漏泄电缆的末梢端增加一副室内分布系统单极化天线，以便充分利用漏泄电缆末梢端的信号，扩大其覆盖范围。

该方案实际也属于单通道建设模式，在只建设一个通道分布系统的情况下，实现了超过一个通道分布系统的用户速率，并且对网络的其他性能没有降低，同时提升了用户感知度，节约了网络建设的成本，提升了网络的性价比。

（5）有源室内分布放装型双通道远端独立建设

有源室内分布的设备主要包括PRRU分布系统、皮基站分布系统、光纤分布系统及移频MIMO室内分布系统四大类。移频MIMO室内分布系统主要涉及对传统无源室内分布系统的改造，一般不属于新建系统范畴。其他3种分布系统的放装型远端均有2T2R的设备，PRRU分布系统、皮基站分布系统两种分布系统属于自带网络容量的设备，二者的室内分布系统网络结构基本一致，由基带处理单元、汇聚单元和远端单元组成。只是汇聚单元在皮基站分布系统中，经常被称为中继单元。PRRU分布系统放装型远端双通道独立建设示意如图2-26所示。

该方案中的基带处理单元与汇聚单元之间的连接采用光纤，汇聚单元与远端单元之间的连接采用光电复合缆或网线。相对于无源分布系统而言，连接的线缆采用光电复合缆或网线，比馈线施工更加便捷，空间获取也更容易；从美观程度而言，也优于无源分布系统；从系统容量而言，该方案可以根据需求分裂小区，以满足网络容量增加要求。该方案各级网络单元能够支持实时监控，随时观测网络的运行情况。但是该方案的缺点也是明显的，其造价明显高于无源室内分布系统；远端设备是有源设备，容易老化；PRRU分布系统、皮基站分布系统一般使用的都是4T4R的设备，而采用2T2R的设备降低了网络的性价比，因此，采用放装型远端建设室内分布系统时，一般不建议采用 2T2R 的设备，应直接采用 4T4R 的设备。

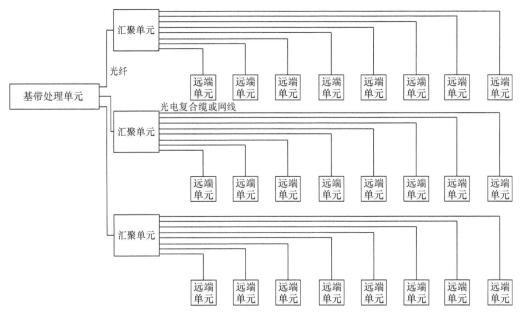

图2-26　PRRU分布系统放装型远端双通道独立建设示意

光纤分布系统与 PRRU 分布系统、皮基站分布系统有所不同，它需要主设备提供网络容量，其分布系统也是 3 级结构，由接入单元（主机）、扩展单元和远端单元组成。光纤分布系统放装型远端双通道独立建设示意如图 2-27 所示。

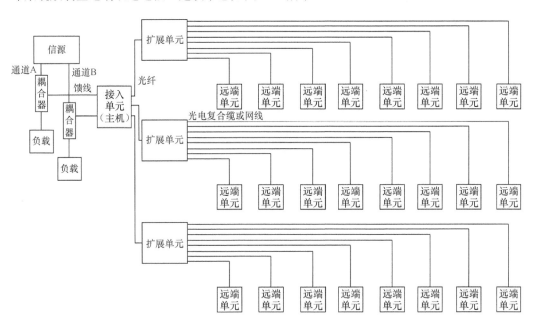

图2-27　光纤分布系统放装型远端双通道独立建设示意

光纤分布系统放装型远端双通道独立建设方案中的信源与接入单元采用馈线连接，需要将接入主机单元的信号功率降低，一般采用一个耦合度比较大的耦合器，例如，40dB、50dB 的耦合器，将耦合端的信号接入，直通端的信号可以采用负载封堵，也可以用于就近建筑物的覆盖。接入单元与扩展单元的连接采用的是光纤，扩展单元与远端单元的连接采用的是光电复合缆或网线。相对于无源分布系统而言，连接的线缆采用光电复合缆或网线，比馈线施工更便捷，空间获取也更容易；从美观程度而言，也优于无源分布系统。该方案各级网络单元能够支持实时监控，随时观测网络的运行情况；该方案的造价和无源室内分布基本相当。但是该方案的缺点也是明显的，其自身不带容量，需要信源提供容量，后期不易扩容；远端设备是有源设备，会造成一定的网络噪声，抬升主设备底噪，影响网络性能。另外，由于远端设备是有源设备，所以容易老化。

（6）有源室内分布型双通道远端外接双极化天线独立建设

有源室内分布型双通道远端外接双极化天线的分布系统主要涉及 PRRU 分布系统和光纤分布系统。需要说明的是，移频 MIMO 室内分布系统属于传统无源室内分布系统的改造类型；皮基站分布系统一般不建议外接天线。

PRRU 分布系统外接天线的室内分布型远端，一般建议采用两通道三点位的远端。所谓三点位的含义是：远端单元可以发射功率，远端单元有 4 个外接天线的端口，分别属于两对 2T2R 的端口，相当于双通道的 5G 信号进行了三功分，外接天线的室内分布系统。PRRU 分布系统室内分布型远端双通道独立建设示意如图 2-28 所示。

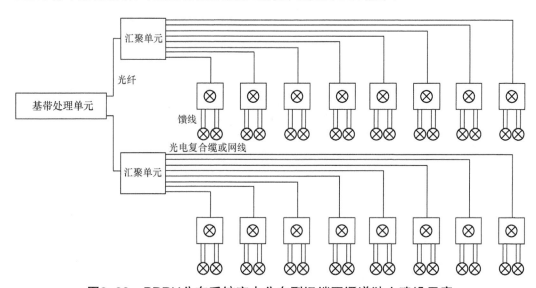

图2-28　PRRU分布系统室内分布型远端双通道独立建设示意

该方案不仅具备放装型 2T2R 的 PRRU 分布系统的优点，而且增加了天线点位，极大地增加了覆盖面积，降低了分布系统的造价成本，造价成本大约降低了 60%。该方案的缺点在于，远端设备是有源设备，容易老化，相对而言，缺点较少。

光纤分布系统新建双通道方案一般情况下采用瓦级以上的远端，相当于分布式的光纤直放站。光纤分布系统新建双通道方案示意如图 2-29 所示。

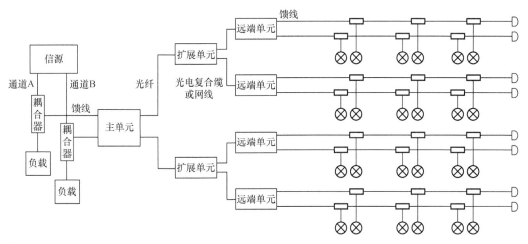

图2-29　光纤分布系统新建双通道方案示意

该方案适合 FDD NR 2100MHz、TDD NR 2600MHz 和 TDD NR 3500MHz 这 3 个频段的 5G 网络。该方案最大的优势是可以极大地提升单个信源覆盖面积，一套光纤分布系统覆盖的面积可以达到 80000m^2。同样，该方案的缺点也是非常明显的。该方案适用于单位面积系统容量需求非常小的场景，但是又采用了双通道建设提升速率及网络容量，因此，一般不建议采用该方案。

4.4 路新建方案

4 路新建方案是指 5G 室内分布系统采用 MIMO 4×4 进行 4 通道覆盖，6 种分布系统建设方式中，我们推荐只有 PRRU 分布系统和皮基站分布系统使用这种方案，这两种都是有源室内分布，采用 4T4R 放装型的远端单元建设分布系统。4 路新建方案的优点在于支持 5G MIMO 4×4 性能，极大地提升了用户峰值速率，总体建设效果优于新建双通道建设方式，同时对原有分布系统无影响。

接下来，我们将对 4 路新建方案进行具体分析。

（1）有源室内分布放装型 4 通道远端独立建设

PRRU 分布系统、皮基站分布系统两种分布系统属于自带网络容量的设备，二者的室内分布系统网络结构基本一致，由基带处理单元、汇聚单元和远端单元组成。PRRU 分布系统放装型 4 通道远端独立建设示意如图 2-30 所示。

PRRU 分布系统放装型 4 通道远端独立建设方案的优缺点和双通道的基本一致，其独特的地方在于采用 4 通道远端独立建设，极大地提升了速率，适用于业务需求较大的场景，例如，高铁车站、机场、会展中心等。

（2）传统无源室内分布错层 4 通道独立建设

传统无源室内分布错层 4 通道独立建设属于双通道建设模式，是一种伪 4 通道的建设模式，适合所有双通道建设的楼宇，一般而言，超过 4 层就可以建设。错层 4 通道示意如图 2-31 所示，具体提升效果参考"2.4.1 5G 室内分布系统多通道建设"节的相关内容。

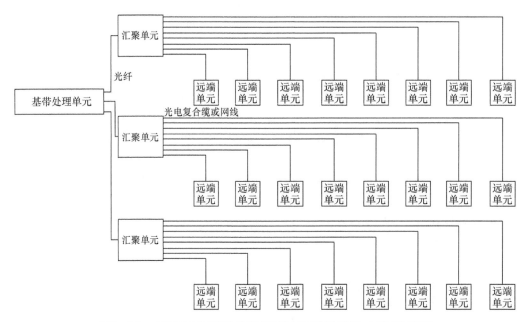

图2-30　PRRU分布系统放装型4通道远端独立建设示意

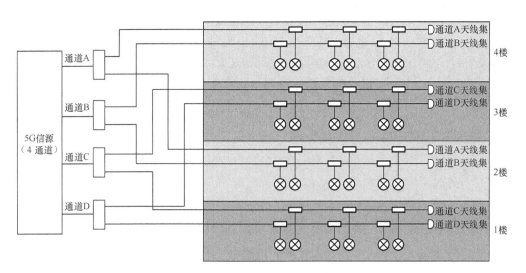

图2-31　错层4通道示意

漏泄电缆分布系统错层 4 通道独立建设示意如图 2-32 所示。

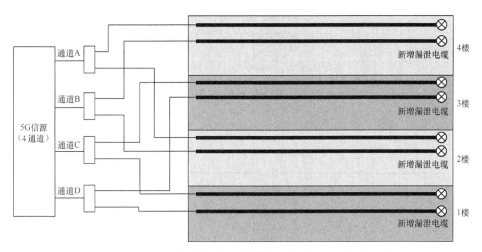

图2-32 漏泄电缆分布系统错层4通道独立建设示意

同样，在每根漏泄电缆的末梢端增加一副室内分布系统单极化天线或 2 根漏泄电缆增加一个双极化天线，充分利用漏泄电缆末梢端的信号扩大覆盖范围。

该方案实际属于双通道建设模式，在只建设两个通道的分布系统情况下，实现了超过两个通道的分布系统用户速率，并且对网络的其他性能没有影响，同时提升了用户感知度，节约了网络建设的成本，提升了网络的性价比。

（3）传统无源室内分布错排 4 通道独立建设

传统无源室内分布错排 4 通道独立建设从建设模式上看，属于双通道建设模式，适合所有面积大的单层覆盖，例如，大型超市、商场等。传统无源室内分布错排 4 通道独立建设示意如图 2-33 所示。

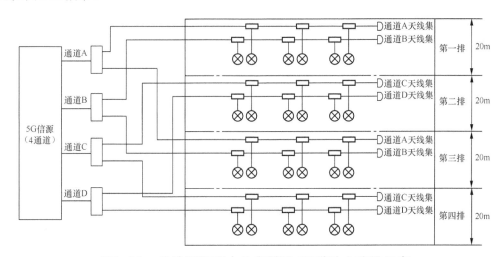

图2-33 传统无源室内分布错排4通道独立建设示意

漏泄电缆分布系统错排 4 通道独立建设示意如图 2-34 所示。

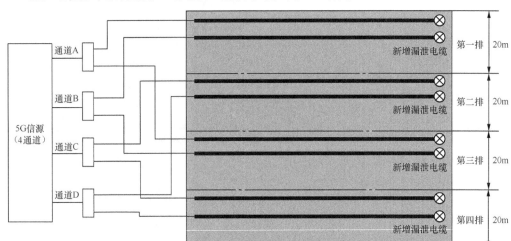

图2-34　漏泄电缆分布系统错排4通道独立建设示意

同样，在漏泄电缆的末梢端增加一副室内分布系统单极化天线，充分利用漏泄电缆末梢端的信号扩大覆盖范围。

该方案实际属于双通道建设模式，在只建设两个通道的分布系统情况下，实现了超过两个通道的分布系统用户速率，并且对网络的其他性能没有影响，同时提升了用户感知度，节约了网络建设的成本，提升了网络的性价比。

2.4.4　5G 室内分布系统多场景覆盖方案

为了保障 5G 室内分布系统的优质建设和用户体验，不同场景开展具有自身针对性的室内覆盖建设已成为当前面向 5G 室内分布系统建设的一项重要策略。根据场景的特点和用途结合场景中隔断的疏密，分别就宾馆与酒店、商务写字楼、商场与超市、交通枢纽、文体中心、学校、医院、政府机关、大型园区、多层居民区、别墅区、高层居民区、城中村、电梯，以及地下室等 5G 室内分布系统覆盖建设进行分析，具体场景的建设情况详见本书第 3 章的相关内容。

2.4.5　5G 室内分布系统运营维护策略

为了保障 5G 室内分布系统在施工建设完成后充分发挥实际功效，采用科学合理的运营维护方案作为总体建设策略的一个重要组成部分。

在实际的系统运营过程中，首先，根据不同的场景有针对性地采用差异化的覆盖策略；其次，对室内外网络资源进行合理的调整和优化，科学配置无线资源；再次，通过对网络的精细化调测来提升室内分布系统对业务的吸收承载能力，以增加室内分布系统业务量的吸收占比；最后，运营过程中还要尽可能地采用多系统的共建共享，从而达到降本增效与节能减排的目的。

对于 5G 室内分布系统的运营维护策略而言，多侧重于系统后期的监测维护。5G 网络的 6 类室内分布系统中，PRRU 分布系统由于属于主设备厂商的产品，其设备能够直接在 5G 无线网管平台 OMC 上监控设备的运行情况，及时发现 PRRU 分布系统出现的问题，并能够迅速定位故障点，极大地提升了网络维护的效率。然而，其他几类室内分布系统的监测存在技术方案有限、监控盲区较多等问题。常用的监测方案包括网管监控、网优业务指标监控、定期人工呼叫质量拨打测试（Call Quality Test，CQT）等。如果要进行网管监控，就必须建设网管系统平台。皮基站分布系统、光纤分布系统和移频 MIMO 室内分布系统 3 类有源分布系统，其设备厂商较多，各个厂商的参数及相关配置不尽相同，建设统一网管也存在一定难度，而无源分布系统主要通过网优业务指标监控、定期人工 CQT 等方案进行室内分布系统维护，而这些方案通常效率较低、工作强度较大且成本较高，同时，现有这些技术方案的应用还不足以反映网络状态的实时变化。在维护过程中，由于故障定位不够准确，所以导致大量的时间耗费在现场的故障排查上，而频繁的进场维护又会引起业主的不满。因此，为了提升整体系统的后期维护效率和质量，有必要搭建智能化的室内分布监控管理体系平台。就监控而言，需要建设统一网管平台，利用相关的物联网技术对末端设备及天线的工作状态进行监测，并完成精确的定位，以方便后续快速的故障维护，克服传统技术方案难以对无源器件进行监控的缺陷。就管理而言，智能平台需要对室内分布站点的资料及数据进行存储，并能通过多维度、多方式进行粒度化、精细化的统计对比分析，对站点可能发生的故障问题进行预测，从而可以更有针对性地提前安排相关人员对站点进行定点定期维护检修，提高工作效率。

●● 2.5 5G 终端峰值速率计算

从国际电联 5G 愿景中商用元年（2020 年）开始到现在，国内几大电信运营商的 5G 网络建设经过了 3 年，我国的 5G 网络已基本形成重点乡镇及行政村以上区域的室外连续覆盖，室内部分则需要进一步加强覆盖，覆盖人口达到了 80% 以上。

5G 网络覆盖的不断完善，极大地提升了用户感知，为了进一步提升 5G 网络覆盖的质量以满足更大的用户数据需求，本节将分析四大电信运营商使用的 5G 网络频段及制式下终端的理论峰值速率。

2.5.1 频率带宽

根据 3GPP 协议规定，5G 的载波带宽在 6GHz 频谱以下最多的是 100MHz，在毫米波频谱下最多的是 400MHz。

这些 5G 频谱在内部还被划分为多个子载波。5G 支持的子载波宽度包括 15kHz（与 4G

一样）、30kHz、60kHz、120kHz 和 240kHz。由于子载波这个单位太小，5G 把 12 个子载波分为一组，称为资源块（Resource Block，RB）。

四大电信运营商的 5G 网络有 FDD NR 700MHz、FDD NR 2100MHz、TDD NR 2600 MHz、TDD NR 3500 MHz、TDD NR 4900 MHz，分别对应于 5 个频段。其中，FDD NR 700MHz、FDD NR 2100MHz 选用 15kHz 子载波间隔；TDD NR 2600 MHz、TDD NR 3500 MHz、TDD NR 4900 MHz 选用 30kHz 子载波间隔。

100MHz 的载波带宽，其中，带宽左右两边共需 1.72MHz 的保护带，剩下 98.28MHz，可以划分为 273 个 RB。100MHz 的载波带宽，30kHz 子载波间隔下的 RB 示意如图 2-35 所示。

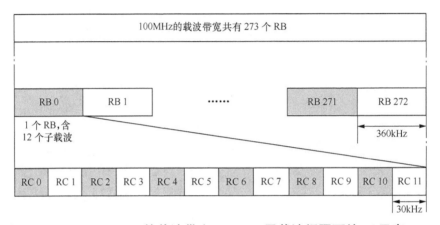

图2-35 100MHz的载波带宽，30kHz子载波间隔下的RB示意

需要说明的是，电信运营商在较低的频段上基本无法满足 100MHz 的带宽，因此，5G 也支持小于 100MHz 的带宽，其包含的 RB 数相应地会减少。5G 不同带宽，不同子载波间隔下的 RB 数量见表 2-23。

表2-23 5G不同带宽，不同子载波间隔下的RB数量

频段	子载波间隔 / kHz	RB 数 / 个												
		单载波带宽 /MHz												
		10	15	20	30	40	50	60	70	80	90	100	200	400
小于 6GHz 频段	15	52	79	106	160	216	270	—						
	30	24	38	51	78	106	133	162	189	217	245	273	—	
	60	11	18	24	38	51	65	79	93	107	121	135		
毫米波 频段	60						66					132	264	—
	120						264					66	132	264

2.5.2 双工模式

双工（Duplex Communication，DC）是指二台通信设备之间允许有双向的数据传输。

在 5G 网络中一般有两种双工模式，一种是频分双工（Frequency Division Duplex，FDD），另一种是时分双工（Time Division Duplex，TDD）。频分双工是利用频率分隔多工技术来分隔传送及接收的信号；时分双工是指利用时间分隔多工技术来分隔传送及接收信号。

频分双工就是采用不同的频率进行上传数据和下传数据，即上行和下行采用不同的频率，下行频率上所有的 RB 都用于下行，上行频率上所有的 RB 也都用于上行，频分双工示意如图 2-36 所示。

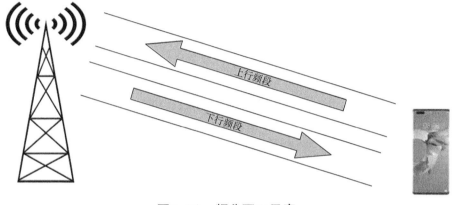

图2-36　频分双工示意

由图 2-36 可以形象地看出，FDD 上下行数据在各自的频率上并行传输，互不干扰，结构上也比较简单。

时分双工，通俗而言，就是采用相同的频率进行上传数据和下传数据，为了既能上传数据也能下传数据，只能安排一段时间上传数据，一段时间下传数据，即基站只能用这个载波的一段时间给手机发送数据（下行），一段时间接收手机传来的数据（上行），交替进行。由于上行和下行每次发送数据占用的时间非常短，所以用户无法感知。时分双工示意如图 2-37 所示。

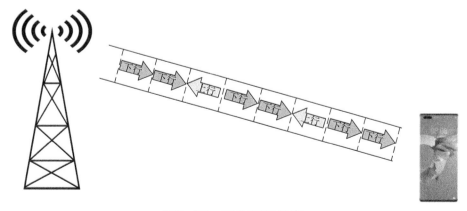

图2-37　时分双工示意

由图 2-37 可以形象地看出，TDD 上下行数据在相同的频率上传输，只有安排好时间，才能使上下行能够顺利地传输数据，而不会产生冲突，这就需要采用另外一项技术，即帧结构。

2.5.3 帧结构

5G 网络的信号不仅涉及信号的频率，还涉及信号的时间。信号的频率方面，也称为频域，涉及频率带宽及 RB 的划分，RB 承载用户需要的数据信息；信号的时间方面，也称为时域，时域就是安排 RB 在具体的时间发送具体的数据。时域上的具体划分就是所谓的"帧结构"，一般情况只有 TDD 的模式涉及信号的时域。

1. 帧、子帧、时隙和符号

在 TDD 的模式下，5G 网络的数据信息是通过无线帧进行传输的，根据 3GPP 对于 5G 网络的相关定义，每个无线帧的时长是 10ms，每个 10ms 的无线帧又可以划分为 10 个长度为 1ms 的子帧。

子帧还可以细分为时隙，子载波间隔越小，时隙越长，反之，子载波间隔越大，时隙越短。

对于国内电信运营商而言，5G 网络采用的子载波间隔主要有 15kHz 和 30kHz 两种，而主流使用的是 30kHz 的子载波间隔。30kHz 的子载波间隔，一个子帧内包含 2 个时隙，每个时隙的时长是 0.5ms。

每个时隙内都含有 14 个正交频分复用（Orthogonal Frequency Division Multiplexing，OFDM）符号。符号是时域上的最小单位，用户的数据正是通过这些符号发送的。每个符号根据不同的调制方式，可以携带不同数量的比特。

5G 网络中的帧、子帧、时隙和符号之间的关系如图 2-38 所示。

2. 主流的 TDD 帧格式

要实现 TDD 数据的上下行传输，需要合理安排上行和下行执行的时间，这就需要从帧结构上定义其上下行的时间配比，而且基站和手机均需按照定义好的时间配比运行，双方才能正常工作。

在 TDD 帧结构中存在 3 种类型的时隙：下行时隙（D）、上行时隙（U），以及灵活时隙（S）。

根据网络容量及建设目标的需求，TDD 帧格式中可以有多种时隙组合，可以全部由下行时隙组成，也可以全部由上行时隙组成，还可以由若干个下行时隙、1 个灵活时隙和若干个上行时隙组成。

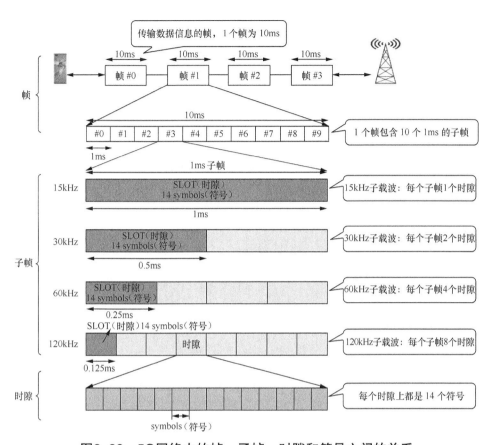

图2-38　5G网络中的帧、子帧、时隙和符号之间的关系

一般情况下，国内的几家电信运营商的 TDD 帧格式采用的是第三种模式，即帧格式由若干个下行时隙、1 个灵活时隙和若干个上行时隙组成。其中，下行时隙可以有多个，每个时隙中的 14 个符号全部配置为下行；上行时隙也可以有多个，每个时隙中的 14 个符号全部配置为上行。灵活时隙只有一个，作为下行和上行的转换点，其内部部分符号用作上行，部分符号用作下行，上下行符号之间还配置了不发送数据符号作为上下行之间的间隔。

综上所述，TDD 的帧结构示意如图 2-39 所示。

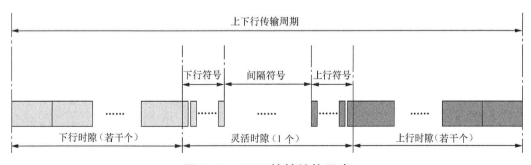

图2-39　TDD的帧结构示意

基于上述定义，为了满足不同场景上下行速率的需求，在 5G 网络 TDD 的情况下，采用 30kHz 子载波间隔有如下几种主流的帧格式。

（1）2.5ms 双周期

双周期是指两个周期的配置不同，一起合成一个大循环。2.5ms 双周期包含 5 个下行时隙（D）、3 个上行时隙（U）和 2 个灵活时隙（S）。2.5ms 双周期如图 2-40 所示。

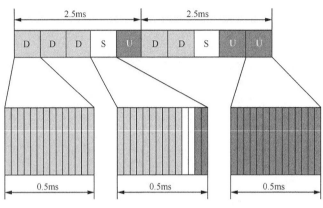

图2-40　2.5ms双周期

（2）5ms 单周期

5ms 单周期包含 7 个下行时隙（D）、2 个上行时隙（U）和 1 个灵活时隙（S）。5ms 单周期如图 2-41 所示。

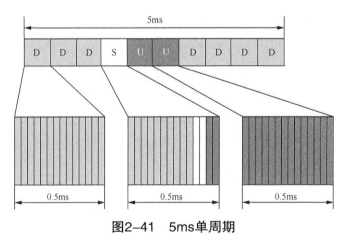

图2-41　5ms单周期

（3）2ms 单周期

2ms 单周期包含 2 个下行时隙（D）、1 个上行时隙（U）和 1 个灵活时隙（S），2ms 单周期如图 2-42 所示。

（4）2.5ms 单周期

2.5ms 单周期包含 3 个下行时隙（D）、1 个上行时隙（U）和 1 个灵活时隙（S），2.5ms

单周期如图 2-43 所示。

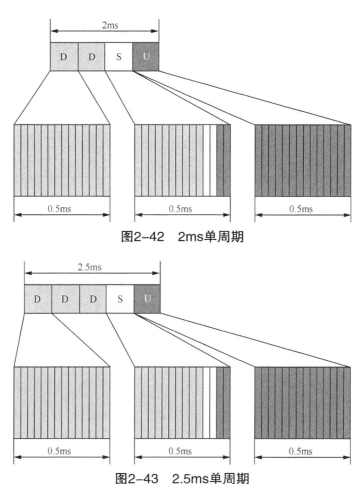

图2-42　2ms单周期

图2-43　2.5ms单周期

在上述 4 种帧格式中，灵活时隙可以配置为"10 个下行符号 + 2 个灵活符号 + 2 个上行符号"。其中，2 个灵活符号用作上下行之间转换的隔离，不用于收发信号。

目前，在我国 5G 网络中，一般情况下，中国移动 TDD NR 2.6GHz 和 TDD NR 4.9GHz 采用的是 5ms 单周期的帧格式，中国电信和中国联通 TDD NR 3.5GHz 采用的是 2.5ms 双周期的帧格式。一个周期内的下行和上行的符号数及占比见表 2-24。

表2-24　一个周期内的下行和上行的符号数及占比

电信运营商	项目	总符号数 / 个	下行符号数 / 个	上行符号数 / 个	隔离符号数 / 个
中国移动	符号数 / 个	140	104	32	4
	占比	100%	74.3%	22.9%	2.8%
中国电信 / 中国联通	符号数 / 个	140	90	46	4
	占比	100%	64.3%	32.9%	2.8%

由于 TDD 的下行和上行采用频率的相同，在同一时间只能上传数据或者下载数据，所以在 1 秒内，存在上行符号，也存在下行符号，有了各自的占比，在计算上下行速率时，需要考虑上下行的占比。而 FDD 的下行和上行采用频率的不相同，因此，上行频段 100% 的符号在上传数据，下行频段也是 100% 的符号在下载数据。

2.5.4 调制编码

电磁波信号有振幅、频率和相位 3 个变量，调制的目的就是通过调整这 3 个变量来产生不同的波形，从而用不同的波形来表示多组不同的数据，也就是多种比特组合。不同的调制方式示意如图 2-44 所示。

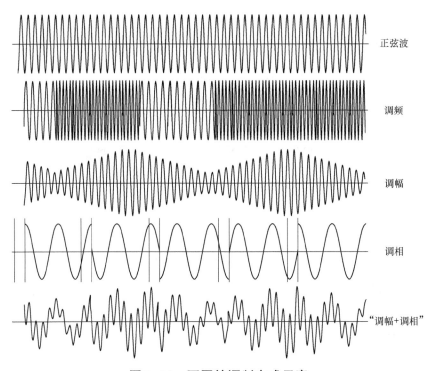

图2-44　不同的调制方式示意

正弦波调制后的波形有些杂乱，而调制的目的就是将传输的信息调制成杂乱的波形，从而使标准的正弦波携带信息。

移动通信一般使用的是"调幅 + 调相"的数字调制方式，利用其幅度和相位同时变化来表示不同的比特。这种"调幅 + 调相"的调制方式，称为正交振幅调制（Quadrature Amplitude Modulation，QAM）。

在 QAM 调制方式中，每个符号可以表示不同的比特数，不同的比特数叫作不同调制的阶数。不同的阶数，其取值的数量也不同，具体如下。

2 阶：每个符号表示 2 比特，共 4 个取值，也叫 4QAM。

4 阶：每个符号表示 4 比特，共 16 个取值，也叫 16QAM。

6 阶：每个符号表示 6 比特，共 64 个取值，也叫 64QAM。

8 阶：每个符号表示 8 比特，共 256 个取值，也叫 256QAM。

四相移相键控（Quaternary PSK，QPSK），通过在 4 个可能的载波相移（0、90、180 或 270 度）中选择一个来调制 2 个比特。QPSK 和 4QAM 虽然原理有一定的差别，但其效果基本一致，因此在这里一起说明。

4QAM 示意如图 2-45 所示。

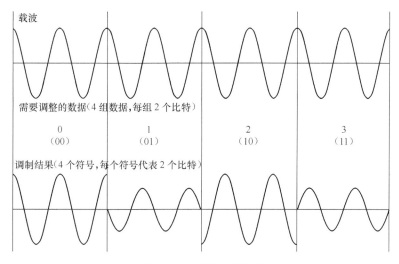

图2-45　4QAM示意

由图 2-45 可知，4QAM 即 2 阶，表示每组数据包含 2 个比特，根据二进制数据，2 个比特共有 4 个取值。同样，如果是 16 阶，表示每组数据包含 16 个比特，16 个比特有 256 个取值，采用波形图来表示会非常杂乱，因此，引入一种工具，这种工具叫星座图，星座图中的点可以指示调制信号的幅度和相位的可能状态。

在星座图中，每组取值表示为一个点，多少 QAM 就在星座图上有多少个点。从 QPSK 到 64QAM 如图 2-46 所示。

由图 2-46 可以看出，4G 最常用的 64QAM 在星座图中的点已经很密集，到了 5G，调制方式提升到 256QAM，星座图中点的密集程度进一步加大，复用能力也得到提升，从 64QAM 到 256QAM 如图 2-47 所示。

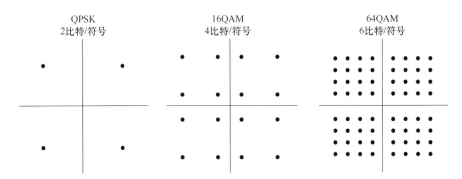

图2-46　从QPSK到64QAM

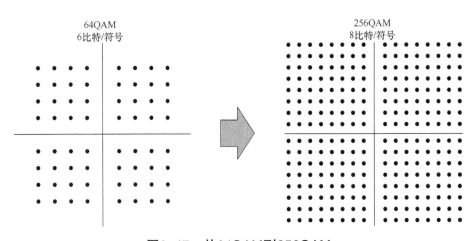

图2-47　从64QAM到256QAM

由图 2-47 可知，256QAM 中每个符号携带的比特数更多，从 64QAM 的 6 个比特数增加到 8 个，因此，传输也更加高效。

为了保证传输数据的准确性，需要在原始数据的基础上增加一些检错、纠错的功能，这就会增加一些冗余，原始数据加上这些冗余，这形成编码，信号只有进行编码后才可以进行调制。

为了表示上述这些调制和编码的组合，3GPP 定义了一张表，叫作调制编码模式表（Modulation and Coding Scheme table，MCS table），原始表格比较大，本节只截取一部分，5G 的 MCS table（部分）见表 2-25。需要说明的是，我国几大电信运营商的 5G 网络采用的码率为最高码率。

表2-25　5G的MCS table（部分）

MCS 索引 I_{Mcs}	调制阶数 Q_m	目标编码速率 R[1024]	频谱效率
0	2	120	0.2344
1	2	193	0.377
2	2	308	0.6016
3	2	449	0.877
4	2	602	1.1758
5	4	378	1.4766
6	4	434	1.6953
7	4	490	1.9141
8	4	553	2.1602
9	4	616	2.4063
10	4	658	2.5703
11	6	466	2.7305
12	6	517	3.0293
13	6	567	3.3223
14	6	616	3.6094
15	6	666	3.9023
16	6	719	4.2129
17	6	772	4.5234
18	6	822	4.8164
19	6	873	5.1152
20	8	682.5	5.332
21	8	711	5.5547
22	8	754	5.8906
23	8	797	6.2266
24	8	841	6.5703
25	8	885	6.9141
26	8	916.5	7.1602
27	8	948	7.4063
28	2	保留	
29	4		
30	6		
31	8		

由表 2-25 可知，5G 最高的调制编码模式是 MCS27，其调制阶数为 8，也就是 256QAM，

在 1024 码中有 948 个是目标码，其他则为冗余码，其码率为 948/1024 ≈ 0.926。

2.5.5　MIMO 技术

5G 的超高速率离不开 MIMO 技术。在频段受限的情况下，MIMO 技术主要是在空中同时传输多路不同的数据来成倍地提升速率。下行 MIMO 取决于基站的发射天线数和手机的接收天线数；上行 MIMO 则取决于手机的发射天线数和基站的接收天线数。下行 MIMO 2×2 示意如图 2-48 所示。

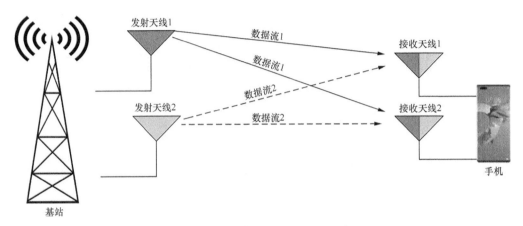

图2-48　下行MIMO 2×2示意

由图 2-48 可知，基站的 2 根天线同时发送两路独立数据，由终端的两根天线接收之后，通过一定的计算即可分离出这两路数据。

在 MIMO 系统中，每路独立的数据叫作一个"流"，也叫作一"层"数据。也就是说，MIMO 2×2 最多支持 2 流，也就是 2 层数据，这种情况也可以称之为"双通道"。

目前的 5G 基站支持的天线数量可以达到 64 根，64 根天线发射信号，但手机终端最多只能支持 4 根天线接收信号和 2 根天线发送信号（2T4R）。因此，下行和上行的 MIMO 效果主要取决于手机终端。5G 手机内置天线示意如图 2-49 所示。

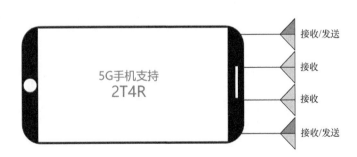

图2-49　5G手机内置天线示意

104

受限于 5G 手机的能力（4 天线接收），下行最多支持 MIMO 4×4，也就是最多能同时进行 4 流（4 层）数据接收。在我国四大电信运营商的 5G 频段中，700MHz 的频段由于其天线占用的空间比较大，手机终端的内部空间较小，无法容纳更多的天线，所以对于 FDD NR 700MHz 的 5G 网络，目前的手机终端只能支持 2 流（2 层）数据接收，其他频段的 5G 网络，手机终端可以支持 4 流（4 层）数据接收，下行 MIMO 4×4 示意如图 2-50 所示。

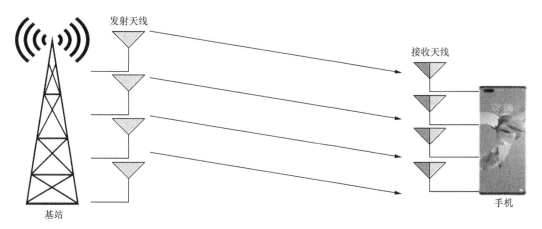

图2-50 下行MIMO 4×4示意

同理，对于上行，手机只能通过 2 根天线向基站发送数据，也就是最多能同时进行 2 流（2 层）数据发送，而 FDD NR 700MHz 的 5G 网络，目前的手机终端只能支持 1 流（1 层）数据发送，其他频段的 5G 网络，手机终端可以支持 2 流（2 层）数据发送。上行 MIMO 2×2 示意如图 2-51 所示。

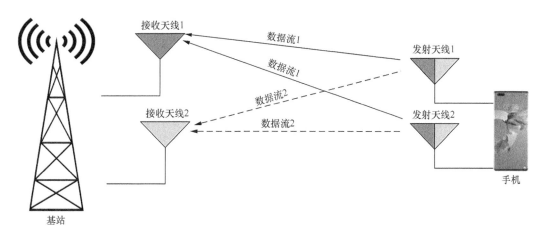

图2-51 上行MIMO 2×2示意

2.5.6　5G 终端的峰值速率计算

3GPP 给出了 5G 终端的峰值速率计算公式，具体如下。

$$\text{峰值速率} = 10^{-6} \times \sum_{j=1}^{J} \left(V_{Layers}^{(j)} \times Q_m^{(j)} \times f^{(j)} \times R_{\max} \times \frac{N_{PRB}^{BW(j),\mu} \times 12}{T_s^{\mu}} \times \left(1 - OH^{(j)} \right) \right) \qquad \text{式（2-1）}$$

式（2-1）中的相关参数，具体含义如下。

J：聚合的载波数量。

$V_{Layers}^{(j)}$：表示 MIMO 层数，下行 4 层（流），上行 2 层（流），700MHz 频段的 5G 则为下行 2 层（流），上行 1 层（流）。

$Q_m^{(j)}$：表示调制阶数，下行 8 阶，上行 8 阶，8 阶即 256QAM。

$f^{(j)}$：缩放因子，也称为扩频因子，这里设置为 1。

$R_{\max}$：表示编码码率，参考 3GPP 38.212 和 3GPP 38.214 中的编码类型，对于低密度奇偶检验（Low Density Parity Check，LDPC）码，最大编码码率为 948/1024=0.92578125。

$N_{PRB}^{BW(j),\mu}$：表示最大 PRB 个数，式（2-1）中的 12 代表每个 PRB 包含 12 个子载波。

$OH^{(j)}$：表示控制信道的资源开销占比，3GPP 给出了典型的数据：下行 14%，上行 8%。

T_s^{μ}：表示 OFDM 符号长度，$T_s^{\mu} = \dfrac{10^{-3}}{14 \times 2^{\mu}}$。 　　　　　　　　　　　　　式（2-2）

μ：子载波的带宽指数。

把上述相关参数代入式（2-1）可得 TDD NR 2.6GHz 100MHz 和 TDD NR 3.5GHz 100MHz 的 5G 网络的上行峰值速率及下行峰值速率，两个 TDD 的 5G 网络在 100MHz 带宽情况下的峰值速率见表 2-26。

表2-26　两个TDD的5G网络在100MHz带宽情况下的峰值速率

参数	TDD NR 3.5GHz 100MHz		TDD NR 2.6GHz 100MHz	
	下行	上行	下行	上行
聚合载波数 / 个	1	1	1	1
码率	0.926	0.926	0.926	0.926
最大层数（通道数）/ 个	4	2	4	2
最大调制阶数	8	8	8	8
扩频因子	1	1	1	1
子载波带宽指数	1	1	1	1
OFDM 符号时间长度 /s	0.00003571	0.00003571	0.00003571	0.00003571
最大 RB 数 / 个	273	273	273	273

续表

参数	TDD NR 3.5GHz 100MHz		TDD NR 2.6GHz 100MHz	
	下行	上行	下行	上行
开销	14%	8%	14%	8%
上下行符号占比	64.3%	32.9%	74.3%	22.9%
峰值速率 /（Mbit/s）	1502	411	1736	286

由表 2-26 可知，在 100MHz 带宽的情况下，采用不同的帧结构，其上下行的速率略有不同，其中，中国电信和中国联通的 3.5GHz 的 5G 网络，下行峰值速率可以达到 1502Mbit/s，上行峰值速率可以达到 411Mbit/s；而中国移动的 2.6GHz 的 5G 网络，下行峰值速率可以达到 1736Mbit/s，上行峰值速率可以达到 286Mbit/s，中国移动的 TDD NR 4.9GHz 100MHz 采用和 TDD NR 2.6GHz 100MHz 同样帧结构的情况下，其上下行的峰值速率相同。

FDD 与 TDD 的 5G 网络的计算方式基本一致，主要区别有两个方面：一是 OFDM 符号时间长度不同，15kHz 的子载波时隙要比 30kHz 的时隙长一倍，因此，表 2-26 中的 OFDM 符号时间长度也需要增加一倍；二是上下行符号占比，FDD 网络的上行和下行采用不同的频段传输，因此，各自频段都是 100% 进行传输各自的数据。通过计算 FDD NR 700MHz 30MHz、FDD NR 2100MHz 40MHz、FDD NR 2100MHz 20MHz 5G 网络的上行峰值速率及下行峰值速率，几种带宽 FDD 的 5G 网络的峰值速率见表 2-27。

表2-27　几种带宽FDD的5G网络的峰值速率

参数	FDD NR 700MHz 30MHz		FDD NR 2100MHz 40MHz		FDD NR 2100MHz 20MHz	
	下行	上行	下行	上行	下行	上行
聚合载波数 / 个	1	1	1	1	1	1
码率	0.926	0.926	0.926	0.926	0.926	0.926
最大层数（通道数）/ 个	2	1	4	2	4	2
最大调制阶数	8	8	8	8	8	8
扩频因子	1	1	1	1	1	1
子载波带宽指数	1	1	1	1	1	1
OFDM 符号时间长度 /s	0.00007143	0.00007143	0.00007143	0.00007143	0.00007143	0.00007143
最大 RB 数 / 个	160	160	216	216	108	108
开销	14%	8%	14%	8%	8%	8%
上下行符号占比	100%	100%	100%	100%	100%	100%
峰值速率 /（Mbit/s）	342.4	183.2	924.5	494.5	494.5	247.3

由表 2-27 可知，在 FDD 模式下，影响峰值速率基本为最大层数（通道数）和频率带宽，中国电信和中国联通的 2100MHz 的 5G 网络，在 40MHz 带宽的情况下，下行峰值速率可

107

以达到 924.5Mbit/s，上行峰值速率可以达到 494.5Mbit/s；而中国移动的 700MHz 的 5G 网络，在 30MHz 带宽的情况下，下行峰值速率可以达到 342.4Mbit/s，上行峰值速率可以达到 183.2Mbit/s，影响速率的是终端接收和发送的通道数。

•• 2.6　5G 室内分布系统网络性能影响因素

本节将从多系统合路影响、室内分布系统器件质量影响、网络其他方面对 5G 性能的影响以及 5G 室内分布系统施工建设过程影响 4 个方面进行阐述。

2.6.1　多系统合路影响

当前，我国存在 GSM、CDMA、TD-SCDMA、WCDMA、TD-LTE、LTE FDD、FDD NR、TDD NR 等多种无线通信网络制式，这些无线通信系统分别工作在 700 ～ 5000MHz 多个公众无线通信频段上。随着新技术的发展，无线网络应用环境更加复杂，一家电信运营商拥有多个制式、多段频率，一个覆盖区存在多系统、多网络、全频段的情况也越来越多。因此，当 5G 与其他制式系统共同接入室内分布系统后，彼此之间不可避免地产生各种类型的干扰，例如，第 4 章描述的杂散干扰、互调干扰、阻塞干扰、噪声干扰以及邻频干扰等，都会在不同程度上影响 5G 室内分布系统的网络性能。

多系统干扰分析是多系统室内分布方案设计的关键内容，直接关系到整体设计方案的互干扰水平、网络覆盖效果和系统容量等网络性能关键指标。

① 多系统采取共用室内分布建设模式时，为了规避系统间互干扰，需要在分布系统内保持一定的隔离度，这主要借助合路器的端口隔离度来实现。

② 多系统采用独立室内分布建设模式时，系统间的隔离度通过自由空间对干扰信号的衰减来实现，系统信源设备间的空间隔离距离必须符合相关要求。

③ 对于直接合路或空间隔离无法保证足够系统隔离度的情况，可采取信号后端合路、加装带通滤波器与提高信源设备射频性能等规避措施。

2.6.2　室内分布系统器件质量影响

随着 5G 网络深度覆盖的不断加强，室内分布系统需要大规模建设，无源分布系统会用到大量的室内分布器件。室内分布器件大规模批量化的生产制造后，缺乏对器件性能校正的有效程序，实际工程中使用的器件质量难以保障。因此，对于当前的室内分布系统建设而言，系统中采用的器件品质优劣已成为影响网络性能的一项重要因素。本节主要关注无源器件对室内分布上行干扰的影响，其影响主要是由功率容限和互调抑制所致，与载波配置和发射功率也密切相关。如果载波数越多，发射功率越大，互调产物就越多，互调干扰也越大。

1. 功率容限

功率容限是指器件产生的热能所导致的器件老化、变形及电压飞弧现象不出现时所允许的最大功率负荷。当无源器件在不满足功率负荷要求时，会造成器件局部微放电，引起频谱扩张，产生带宽干扰，影响多个系统，或者造成器件被击穿而损坏，进而导致通信中断。

2. 无源互调

当两个以上不同频率的信号作用在具有非线性特性的无源器件上时，会有无源互调产物。在所有的无源互调产物中，三阶、五阶无源互调产物的危害性最大。因为其幅度较大，所以可能落在本系统或其他系统的接收频段，无法通过滤波器消除而对系统造成较大危害。在器件制作中，需要对材料的选择、腔体内部接点的焊接、腔体内部的洁净等工艺有严格的要求，从而降低器件的三阶、五阶互调。

根据统计数据来看，绝大多数的故障发生在信源的前三级和主干上，因此，我们建议在网络中重点关注靠近信源侧和主干的前三级器件。同时，为了保障网络质量，建议靠近信源侧的器件直接更换为指标较好的高品质无源器件。另外，要从根本上解决互调问题，必须提高器件的性能；同时，还要求通过规范施工来尽量避免无源互调干扰问题。

2.6.3 网络其他方面对 5G 性能的影响

1. 网络带宽对 5G 性能的影响

对无线网络而言，频谱资源是最重要的资源，没有频谱资源，无线网络就无法运行。同样，频谱资源的带宽会直接影响网络的性能，根据网络峰值速率的计算，5G 网络带宽和速率的关系如图 2-52 所示。

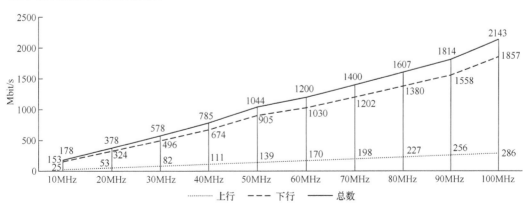

图2-52　5G网络带宽和速率的关系

在图 2-52 中，横轴为频谱资源的带宽，纵轴表示对应的速率，由此可知，带宽和速率呈线性关系，带宽越大，速率越大，用户感知就越好。

2. FDD 和 TDD 对 5G 性能的影响

5G 网络双工的选择对网络有一定的影响，采用 3500Hz 的 100MHz 带宽进行计算，一种采用 TDD 制式，另一种采用 FDD 制式。如果采用的是 FDD 制式，则人为将 100MHz 带宽划分为 2 个 50MHz 带宽，分别作为上行和下行。5G 网络 TDD 和 FDD 比较如图 2-53 所示。

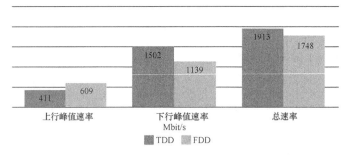

图2-53　5G网络TDD和FDD比较

由图 2-53 可知，在 FDD 制式下，上行峰值速率高于 TDD 制式下的上行峰值速率，而下行峰值速率则相反。从总速率分析，TDD 制式比 FDD 制式高。如果采用中国移动的帧结构方式，则 TDD 制式的总速率比 FDD 制式高 15%。从用户的使用习惯分析，一般情况下，下行数据要远远大于上行数据，因此，采用 TDD 方式，频谱资源的利用率得到了提升。

3. 帧结构对 5G 性能的影响

在我国 TDD NR 2600MHz 的 5G 网络采用的帧结构为 5ms 单周期，而 TDD NR 3500MHz 采用的帧结构为 2.5ms 双周期，灵活时隙配置为 10：2：2。TDD NR 3500MHz 和 TDD NR 2600MHz 速率的比较如图 2-54 所示。

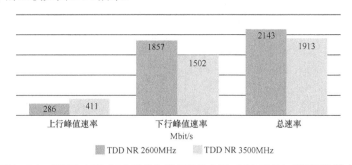

图2-54　TDD NR 3500MHz和TDD NR 2600MHz速率的比较

由图 2-54 可知，TDD NR 3500MHz 上行峰值速率高于 TDD NR 2600MHz 的上行峰值速率，而下行峰值速率则相反。从总速率分析，TDD NR 2600MHz 比 TDD NR 3500MHz 制式高。

4. 通道数对 5G 性能的影响

Massive MIMO 技术作为 5G 网络的核心关键技术之一，同时也是 5G 室内分布系统的核心关键技术之一，其原理在于可以利用不相关的空间信道，使用相同的频率资源，同时并行传送相同（分集模式）或者不同（复用模式）的数据流，从而获得空间分集增益（提高链路可靠性，配合分集接收可改善信号质量）或者空间复用增益（多流传输，成倍提升业务速率和系统容量），采用 TDD NR 3500MHz 的 5G 网络分别建设单路、双路、4 路室内分布系统。通道数对速率的影响如图 2-55 所示。

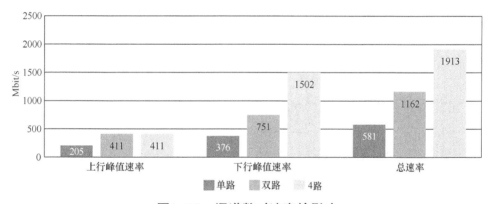

图2-55　通道数对速率的影响

下行峰值速率从单路到双路，再到 4 路成倍增加，考虑到目前手机终端的内部天线只支持 4 路接收，因此，下行峰值速率在目前的条件下可达到 1502Mbit/s。上行峰值速率从单路到双路成倍增加，考虑到目前的手机终端，内部天线只支持双路发射，因此，上行峰值速率在目前的条件下可达到 411Mbit/s。

5. 覆盖场强对 5G 性能的影响

5G 网络的覆盖场强也会影响 5G 的性能，选择 TDD NR 3500MHz 的 5G 网络，采用 PRRU 分布系统，远端采用放装型 4T4R PRRU，开启其中一个 PRRU，其他的 PRRU 关闭，测试其近点、中点及远点的场强及上下行吞吐量。测试点位 PRRU 布置情况如图 2-56 所示。

111

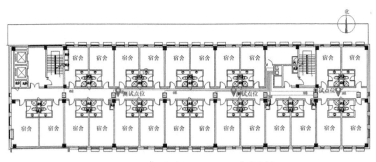

图2-56　测试点位PRRU布置情况

单用户点位测试结果统计见表 2-28。

表2-28　单用户点位测试结果统计

测试	SS-RSRP[1]/dBm	SS-SINR/dB	下行峰值速率/(Mbit/s)	上行峰值速率/(Mbit/s)
近点	−61.36	32.08	1348.4	207.66
中点	−96.84	19.17	1114.45	204.66
远点	−109.67	8.75	218.57	59.92

注：1. SS-RSRP（Synchronization Signal Reference Signal Received Power，同步信号参考信号接收功率）。

　　从上述 3 个点位的测试结果分析，近点、中点的单用户下行峰值速率在 1Gbit/s 以上，到了远点，单用户下行峰值速率就急剧下降；上行峰值速率同样如此。进一步对本点位进行测试，当覆盖电平 SS-RSRP 在 −100dBm 以上时，数据速率下降基本不明显；当覆盖电平 SS-RSRP 在 −100dBm 以下时，数据速率下降开始变得明显；当覆盖电平 SS-RSRP 小于 −105dBm 时，数据速率开始急剧下降；当覆盖电平 SS-RSRP 小于 −110dBm 时，数据速率基本只能满足覆盖要求；当覆盖电平 SS-RSRP 小于 −115dBm 时，数据速率已经不能满足基本覆盖需求。

6. 多用户对 5G 性能的影响

　　考虑到网络资源的有限性，当 5G 网络同一小区内的用户增加时，每个用户的速率也会受到影响，同样在上述的测试点中，开启东面第 1 个 PRRU，测试多用户对各种峰值速率的影响。多用户测试点位情况如图 2-57 所示。

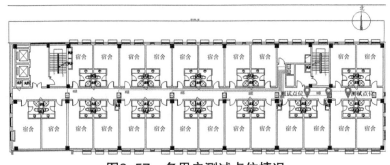

图2-57　多用户测试点位情况

多用户近点测试结果统计见表 2-29。

表2-29 多用户近点测试结果统计

测试	SS-RSRP/dBm	SS-SINR/dB	下行峰值速率/（Mbit/s）	上行峰值速率/（Mbit/s）
终端 1	−64.98	27.51	435.49	68.3
终端 2	−74.13	29.95	449.76	68.24
终端 3	−74.81	27.66	438.14	68.26
合计	—	—	1323.39	204.8

从上述 3 个终端的测试结果分析，3 个用户在近点时，其下行峰值速率基本一致，在 440Mbit/s 左右，上行峰值速率在 68Mbit/s 左右。3 个用户合计下行峰值速率为 1.3Gbit/s 左右，上行峰值速率在 204Mbit/s 左右，结合单用户的峰值速率测试的结构进行对比分析，实测峰值速率与理论峰值速率对比见表 2-30。

表2-30 实测峰值速率与理论峰值速率对比

项目	下行峰值速率	上行峰值速率	合计
理论峰值速率/（Mbit/s）	1502	411	1913
单用户峰值速率/（Mbit/s）	1348	208	1556
多用户峰值总速率/（Mbit/s）	1323	205	1528
单用户峰值速率占比	89.8%	50.6%	81.3%

由表 2-30 可知，采用 TDD NR 3500MHz 的 5G 网络，测试其性能，下行峰值速率能够接近理论峰值速率的 90%，上行峰值速率只能达到理论峰值速率的 50% 左右，合计后左右可以达到理论峰值速率的 80% 以上。

从另外一个角度分析，当用户增加，在小区网络容量一定时，其速率根据用户数进行分配，如果用户的覆盖电平值一致，并且覆盖电平值在 −100dBm 以上时，基本为平摊小区容量；当用户的电平值不一致时，具体分配则与每个用户的覆盖电平值相关。多用户不同点测试结果统计见表 2-31。

表2-31 多用户不同点测试结果统计

测试	SS-RSRP/dBm	SS-SINR/dB	下行峰值速率/（Mbit/s）	上行峰值速率/（Mbit/s）
终端 1	−64.6	29.61	745.36	108.1
终端 2	−94.04	22.35	375.36	48.01
终端 3	−107.82	14.93	183.5	26.31
合计	—	—	1304.22	182.42

由表 2-31 可知，当有用户在远点，覆盖值相对较小时，会直接影响总体的速率，因此，良好的覆盖是提升总体速率的前提条件。

7. 通道不平衡对 5G 性能的影响

MIMO 技术通过多个空间信道进行数据传输，从而提升吞吐量，如果各通道信号功率差距过大，则会导致低功率信号无法被正确接收，从而影响吞吐量。也就是说，MIMO 双通道之间的功率不平衡会导致 MIMO 性能的恶化，极端情况下，将导致两个通道在实际效能方面退化为一个通道，即使建设双通道也无法带来性能的增益。因此，需要关注通道不平衡性和 MIMO 性能的关系，从而为 5G 的室内分布系统设计提供科学合理的指导和依据。

为了分析通道不平衡性对网络的影响情况，通过对某 TDD NR 3500MHz 的 5G 网络室内分布系统试点测试，分析双通道吞吐量的测试数据，从而得到通道不平衡性对网络的实际影响程度。采用单用户，分别对远点、中点、近点进行测试，TDD NR 3500MHz 双路功率不平衡下行峰值速率统计如图 2-58 所示，TDD NR 3500MHz 双路功率不平衡上行峰值速率统计如图 2-59 所示。

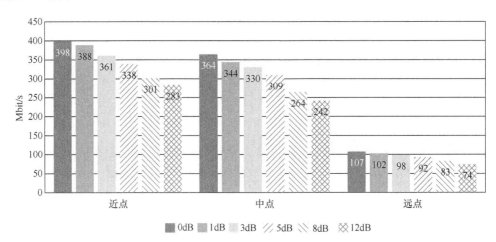

图2-58　TDD NR 3500MHz双路功率不平衡下行峰值速率统计

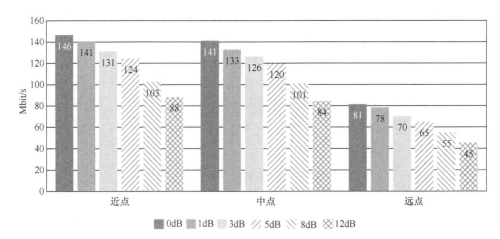

图2-59　TDD NR 3500MHz双路功率不平衡上行峰值速率统计

由图 2-58、图 2-59 可知，对测试结果进行整体分析，MIMO 通道功率不平衡的特性符合预期判断。室内分布系统 5G 的两个通道，当其中一路因为合路等原因与另一路的功率产生差异，即当通道功率不平衡时，系统的上下行吞吐量均呈现较为明显的下降趋势，并且在 TDD NR 3500MHz 覆盖的近点、中点、远点都是如此。同时，随着两个通道之间功率差异的增加，系统上下行吞吐量性能也呈现较为显著的下降趋势。因此，在 5G 实际部署中，要高度重视 MIMO 通道功率平衡问题，将合路带来的差异控制在 3dB 以内，必要时，可采用功率衰减补偿的方式进行通道功率的平衡控制。

根据图 2-58 和图 2-59，从另外一个方面分析，在错层双路的情况下，信号穿透楼板到达上一层和下一层，信号的穿透损耗在 12 ～ 15dB，根据上述中点的功率不平衡度在 12dB 时，其下行峰值速率为 242Mbit/s，上行峰值速率在中点时为 84Mbit/s，对于单通道期望的下行峰值速率 180Mbit/s 和上行峰值速率 50Mbit/s，仍有较大提升。

2.6.4 5G 室内分布系统施工建设过程影响

室内分布系统施工建设过程包括对拟覆盖目标区域的勘察、相关施工材料准备、线路铺设、设备安装、开通调测、测试优化及质量管控等；同时，还包括与业主沟通、物业协调、办理证件、补偿谈判、周期控制等工作。

作为一个相对完整的室内分布系统建设过程，以上涉及的环节可能会因为不同的建设模式缩短或减少某些工作。

结合目前 5G 室内分布系统建设方案复杂、施工难度大及实施周期长的特点，通过对大量 5G 室内分布系统建设方案进行统计分析，多通道 MIMO 在实际建设过程中，会比单通道的室内分布系统复杂，在物业协调方面的工作量占到总工作量的 60% 以上。总体而言，物业协调成为目前 5G 室内分布系统建设中最重要的一个环节。

5G 室内分布系统多场景覆盖方案

Chapter 3
第3章

室内分布系统建设的场景是多种多样的，5G 网络根据各种场景的覆盖需求、业务需求和质量需求的不同，应采用符合场景建设的室内分布系统技术方案进行覆盖。

本章根据场景不同的功能性，对宾馆与酒店、商务写字楼、商场与超市、交通枢纽、文体中心、学校、综合医院、政府机关、电信运营商自有楼宇、大型园区、居民住宅、电梯和地下室等场景进行室内分布系统覆盖方式分析，最后总结出满足各类场景的最优性价比需求的建设方式。

●● 3.1 室内场景分类

3.1.1 室内场景说明

为了详细分析和阐述不同室内场景中分布系统的设计和建设方案，根据功能用途可将建筑物划分为 12 个室内场景及若干细分场景。本章以宾馆与酒店、商务写字楼、商场与超市、交通枢纽、文体中心、学校、综合医院、政府机关、电信运营商自有楼宇、大型园区、居民住宅、电梯和地下室作为 12 大场景，每种大场景又可以分为若干分场景。

为了阐述室内场景中隔断疏密程度对分布系统的设计和建设影响，根据场景及建筑物内部覆盖区域的隔断疏密划分为密集型、半密集型、半空旷型以及空旷型 4 个种类。

上述两种方法对 5G 的场景进行分类，分类依据的侧重点不同，根据场景的特点和用途划分场景，主要侧重点在于场景的功能及场景的重要程度；根据场景及建筑物内部覆盖区域的隔断疏密划分场景，主要侧重点在于场景的网络覆盖建设情况。

从另外的角度而言，二者是相互穿插的，根据场景的特点和用途划分场景，很大程度上具备根据场景覆盖区域的隔断疏密所划分的所有场景，例如，学校的体育馆、食堂可以归类于空旷型场景；学校的图书馆，有卡座的食堂可以归类于半空旷型场景；学校的教室可以归类于半密集型场景，学校的宿舍则归类于密集型场景。

3.1.2 室内分布系统建设考虑的因素

对差异化的场景而言，为了保障 5G 室内分布系统的优质建设和用户体验，成本管控合理，且易于扩展和维护室内分布系统，需要优先考虑以下六大特性。

① 建筑物的规模和传播特性。

② 服务指标要求。

③ 建设造价。

④ 系统维护便利性。

⑤ 系统安全性 / 稳定性。

⑥ 系统可扩展性。

本章根据场景的特点和用途结合场景中隔断的疏密，分别就宾馆与酒店、商务写字楼、商场与超市、交通枢纽、文体中心、学校、综合医院、政府机关、电信运营商自有楼宇、大型园区、居民住宅、电梯和地下室的 5G 室内分布系统覆盖建设进行分析。

●●3.2 宾馆与酒店

随着国家经济的不断发展，人们生活水平的不断提高，交通出行的便利，商务和旅游越来越频繁，酒店业也得到高速发展。入住宾馆与酒店的中高端用户比例不断扩大，对高价值业务和各种数据业务的需求量也在增大。因此，对高性能的无线网络建设需求较为强烈。然而，这些大型建筑物周围高楼林立，无线传播环境复杂，各种大小场景的相互嵌套又导致了网络的建设难度增大。具体的网络建设要求主要体现在以下 4 个方面。

① 覆盖：宾馆与酒店的室内分布建设需要根据楼宇的高度、宽度和形态来选择相应的覆盖方案。

② 容量：宾馆与酒店的业务量较大，中高端用户比较集中，需要结合楼宇内人员结构、业务类型进行预测。

③ 干扰：高层信号混杂，干扰大，通信质量差，需要室内外协同考虑，从频率策略、邻区配置、天线选型、天线位置等多方面进行考虑。

④ 切换：信号外泄和切换问题多，需合理设置切换区域，同时考虑高层、电梯、地下停车场出入口等区域的切换。

宾馆与酒店根据级别和重要性可以分为三星级及以上酒店、连锁酒店、其他宾馆与酒店三类，接下来，分别从宾馆与酒店的场景特点和信号覆盖特点进行说明。

第一，场景特点。宾馆与酒店是室内分布系统覆盖场景中最密集的场景，场景内部隔断最多，属于密集型场景，由于宾馆与酒店的场景比较典型，也可以称之为"宾馆密集型"场景。

宾馆与酒店的大楼类型较多，有一些宾馆与酒店楼宇的楼层较高，有一些酒店楼宇的楼层则较低。低层为地下停车场、咖啡厅、餐厅和会议室；高层为客房，酒店内部的隔断非常多，基本一间房就有一个隔断，隔断间距在 3～4m，客房的进门处，两侧是柜子和卫生间，有些宾馆的卫生间是背靠背的，有些宾馆的卫生间则是在客房同一侧。宾馆的每层楼一般中间是过道，两侧是房间，过道上会有吊顶，吊顶高度为 2.4～2.6m。三星级及以上酒店会设置一些会议室和大型餐厅；五星级及以上酒店会设置健身房和游泳池。酒店一般会有电梯和地下室。酒店宾馆场景情况如图 3-1 所示。

第二，信号覆盖特点。宾馆内的电磁传播环境非常差，隔断多，客房入门处有卫生间和衣柜等设施造成信号二次阻挡，走廊的吊顶造成层高较低，这些因素会严重影响信号的传播，房间内出现弱覆盖区，电梯、地下车库等一般会成为覆盖盲区。如果宾馆的楼层较高，则会引起高层区域信号杂乱，没有主覆盖小区，出现"乒乓切换"现象，降低通话质量。

宾馆整体用户数不多，但是高端用户比例较大，而且大部分是旅游和出差的旅客，对信号的要求较高，特别是等级较高的宾馆。

宾馆酒店客房走廊　　　　　　　宾馆酒店客房入门

宾馆酒店建筑物　　　　　　　宾馆酒店健身房　　　　　　　宾馆酒店泳池

图3-1　宾馆与酒店场景情况

1. 总体覆盖思路

对于该类场景，先核实是否具备 LTE 室内分布系统。

该类场景如果具备 LTE 室内分布系统，则核实其原有室内分布系统的建设方式。如果为有源室内分布，则考虑新建 5G 室内分布系统；如果为无源室内分布，则需要根据点位的重要程度，选择建设的网络。对于中国移动，可以在原有的室内分布系统上合路 TDD NR 2600MHz 的 5G 网络；对于中国电信和中国联通，重要的点位需要建设 TDD NR 3500MHz 的 5G 网络，可以选择移频 MIMO 室内分布系统，对原有室内分布系统进行改造。对于非重点的点位，选择建设 FDD NR 2100MHz 的 5G 网络，需要将原有 LTE 的 RRU 替换为 NR 的 RRU，替换时需要注意，分布系统内是否有干线放大器和直放站。如果有干线放大器和直放站，则需要同步更换满足 5G 网络的设备。

如果不具备 LTE 室内分布系统，则需要新建 5G 室内分布系统，根据点位及覆盖区域的重要程度，选择不同的室内分布系统建设。

采用 PRRU 室内分布系统覆盖数量流量需求大的区域，该系统的设备稳定，技术成熟，容量较大。

采用无源室内分布系统覆盖数量流量需求一般的区域，该系统的技术成熟，适应大部分场景覆盖。

采用传统无源分布系统覆盖时，可以采用错层双路或者错层4路的方式进行覆盖。

采用分布式基站，根据场景特性选择，BBU 集中放置在综合业务区还是下沉到宾馆与酒店内，RRU 和汇聚单元可以拉远布放在相应楼层的弱电井。

高层室内需防止室外宏基站信号的干扰，通常在室内安装定向天线来增强覆盖。

根据宾馆与酒店的重要等级，考虑 5G 网络的通道数设置，重要的点位选择 PRRU 室内分布系统双路覆盖，次重要的点位可以选择传统无源分布系统双路覆盖，连锁酒店、其他宾馆与酒店则可以选择漏泄电缆室内分布系统。

2. 覆盖策略

① 重要的点位选择 PRRU 室内分布系统双路覆盖，次重要的点位选择传统无源分布系统双路覆盖，为了保证酒店每间客房的用户体验，在进行天线布放时应注意宾馆客房门的位置，选择在门口安装天线，以保证传播的信号可以穿透客房的木门，减少信号穿透损耗。

采用 PRRU 室内分布系统覆盖宾馆场景，建议选择 2T2R 三点位的 PRRU 远端，2T2R 三点位的 PRRU 覆盖客房示意如图 3-2 所示。这种方式虽然只体现了 5G 网络的双通道性能，但是考虑到网络建设的性价比，采用这种方式覆盖客房，可以有效地将信号发射端设置在客房的各个门口，减少信号辐射的穿透损耗，提升客房内部的覆盖电平。采用 2T2R 三点位的 PRRU 远端，一个 PRRU 远端可以覆盖 12 个客房，如果直接采用放装型 PRRU 远端，则只能覆盖 4 个房间。2T2R 三点位的 PRRU 远端可以极大地提升覆盖面积。

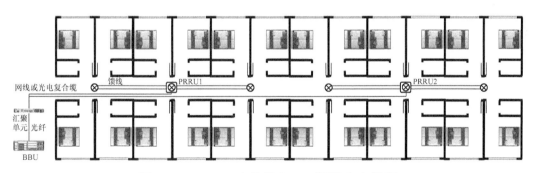

图3-2　2T2R三点位的PRRU覆盖客房示意

② 当客房较大时，考虑到宾馆内电磁传播环境较差，为了进一步提升客房内部的覆盖电平，可以考虑将天线部署到客房。2T2R 三点位的 PRRU 覆盖客房示意如图 3-3 所示。这种情况到达客房内部的网络信号就没有穿透损耗，覆盖信号的边缘场强将得到极大提升。一般情况下，宾馆走廊上安装的天线，TDD NR 3500MHz 网络的天线口输入功率 SS-RSRP 为 −12dBm，3500MHz 频段在砖体墙的穿透损耗为 16.75dB，客房内部的信号强度可以相应提升 16.75dB。也就是说，原来边缘场强 SS-RSRP 为 −105dBm 的情况下，信号强度可以

提升至 -90dB 以上。而且在天线部署到客房的情况下，天线安装的位置一般比较合理，前面没有阻挡，阴影余量也可以适当减小，可以进一步提升边缘场强的电平值。因此，天线部署到客房的情况下，天线口的输入功率可以适当降低，建议降低 10 ～ 15dB，为了室内的美观程度，入室的天线可以选择开关面板型天线，天线的安装位置建议在房门的上方，或者通过吊顶部署到客房空调出风口处。

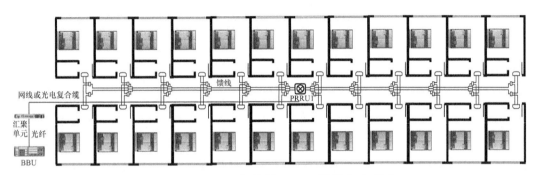

图3-3　2T2R三点位的PRRU覆盖客房示意

　　天线部署到客房的情况下，一个信源可以极大地提升宾馆密集型场景的覆盖面积，降低投资成本，提升网络建设的性价比。

　　如果天线不能安装到客房，则应采用定向板状将天线安装在门口、窗户位置，使天线尽量只穿透一双门或者一堵墙即可覆盖客房内部。星级较高的酒店建议在一个房间布放一副天线。

　　③ 对于一些低等级的宾馆与酒店，规模不大，而且人流量也相对较小，数据需求也较小，在这样的情况下，采用漏泄电缆分布系统双路覆盖。漏泄电缆双路覆盖客房示意如图 3-4 所示。这种情况下，可以将无线信号均匀地辐射到客房内，只须安装两路漏泄电缆，不需要安装天线和 PRRU 分布系统中的远端，可以极大地降低成本。

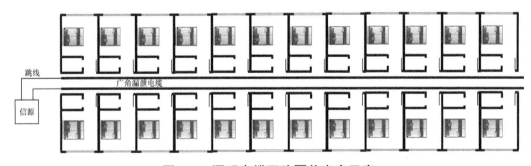

图3-4　漏泄电缆双路覆盖客房示意

　　广角漏泄电缆的尺寸主要有 5/4 英寸、7/8 英寸、1/2 英寸 3 种，如何选择合适的尺寸覆盖目标场景，需要参考目标场景覆盖的面积、数据需求的大小等。数据需求量大的场景，一般不考虑使用漏泄电缆分布系统覆盖。在不考虑数据需求的情况下，我们讨论广角漏泄电缆的选择，以广角漏泄电缆百米损耗最大的 3500MHz 频段作为计算依据。广角漏泄电缆尺寸选择参考见表 3-1。

表3-1　广角漏泄电缆尺寸选择参考

场景	场景说明	漏泄电缆覆盖宽度/m	漏泄电缆覆盖长度/m	覆盖面积/m²	信源输出功率/W	子载频功率/dBm	跳线损耗/dB	边缘场强/dBm	漏泄电缆线径选择
场景1	单层覆盖，不能在场景中央安装设备	10	115	2300					1/2 英寸
			251	5020					7/8 英寸
			296	5920					5/4 英寸
		15	100	3000					1/2 英寸
			219	6570					7/8 英寸
			259	7770					5/4 英寸
		20	90	3600					1/2 英寸
			197	7880			1.5		7/8 英寸
			232	9280					5/4 英寸
场景2	单层覆盖，能在场景中央安装设备	10	204	4080					1/2 英寸
			448	8960					7/8 英寸
			528	10560					5/4 英寸
		15	176	5280	160	16.9		−105	1/2 英寸
			386	11580					7/8 英寸
			454	13620					5/4 英寸
		20	156	6240					1/2 英寸
			340	13600					7/8 英寸
			402	16080					5/4 英寸
场景3	双层覆盖，能在场景中央安装设备	10	336	6720					1/2 英寸
			736	14720					7/8 英寸
			868	17360					5/4 英寸
		15	280	8400					1/2 英寸
			608	18240			3		7/8 英寸
			720	21600					5/4 英寸
		20	236	9440					1/2 英寸
			520	20800					7/8 英寸
			612	24480					5/4 英寸

由表 3-1 可知，同样信源的情况下，在近信源侧分支路可以覆盖的距离更远，覆盖的面积也更大。实际工程中的具体情况比表格中的场景复杂得多。

④ 走廊区域，传统无源分布系统可考虑每隔 12 ～ 15m 安装一个吸顶天线以保证信号强度，如果采用室内分布型 2T2R 三点位的 PRRU 远端本身的天线覆盖，则漏泄电缆分布系统本身就可以覆盖。

⑤ 对于金属材质的天花板或者吊顶，由于金属材料对无线信号有较大屏蔽的作用，所以天线必须采取外露安装的方式。

⑥ 电梯可以选择传统无源分布系统单路覆盖、漏泄电缆分布系统单路覆盖，地下室则可以选择传统无源分布系统单路覆盖、漏泄电缆分布系统单路覆盖、光纤分布系统双路覆盖。

⑦ 如果业主对室内部署有美观要求，则可以考虑使用美化天线的方式。

3. 小区及切换规划

对于高层宾馆，基于切换及干扰考虑，一般采用垂直分区，当楼群单层面积较大且超过单个小区的覆盖面积时，可以采用水平分区，利用建筑结构，减少小区之间重叠覆盖区，小区规划要结合切换区规划与邻区规划。分区模式示意如图 3-5 所示。

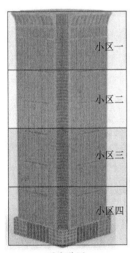
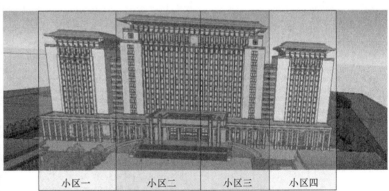

图3-5　分区模式示意

4. 干扰抑制

对于高层，高层楼宇通常由于无其他建筑物遮挡，会导致大量室外信号聚集在室内，从而引起较为严重的信号干扰。

① 常用的解决办法：增加室内定向吸顶天线以加强室内信号覆盖，即使有信号从窗户漏泄到室外，由于高层楼宇的室外一般无用户，所以产生的影响也较小。

② 另外一种解决办法：通过异频组网的方式，高层楼宇内和室外采用不同的频率进行组网，虽然很大程度上抑制了干扰，但是异频切换会导致呼叫建立的成功率低，同时存在业务中断风险高的问题。在采用异频方案时，我们通常建议电信运营商采用低层楼宇同频、高层楼宇异频的折中方案。该方案在避免高层楼宇干扰的同时，确保低层楼宇的室内外切换。

5. 容量规划

宾馆整体的用户数虽然不多，但是用户的每用户平均收入（Average Revenue Per User，ARPU）值较高。典型业务包括视频会话、视频播放（IPTV）、虚拟现实、在线游戏、数据下载、云存储、OTT 等。宾馆用户数整体保持稳定，只是白天用户的流动性较大。针对这个特点，建议在容量允许的条件下，共享基带资源以提高资源利用率，具体容量计算参考"1.4 5G 场景业务模型"节的相关内容。

●●3.3 商务写字楼

商务写字楼通常会建成地标性建筑，这类建筑一般包括顶级写字楼、超五星级酒店、高端服务式公寓、高档商场等。商务写字楼场景概况如图 3-6 所示。

商务写字楼开放式办公室　　商务写字楼非开放式办公室

商务写字楼建筑物　　商务写字楼电梯厅　　商务写字楼会议室

图3-6　商务写字楼场景概况

这类场景的中高端用户比例较大，对高价值业务与各种数据业务的需求量较大。因此，对高性能的无线网络建设需求较高。然而，这些大型建筑物周围高楼林立，无线传播环境复杂，各种大小场景的相互嵌套又会导致天线建设难度增大，主要体现在以下 4 个方面。

① 覆盖：商务写字楼的室内分布建设需要根据楼宇的高度、宽度和形态来选择相应的覆盖方案。

② 容量：商务写字楼的业务量大，高端用户集中，需要结合楼宇内的人员结构、业务类型进行预测。

③ 干扰：高层信号混杂，干扰较大，通信质量较差，需要室内外协同考虑，具体可以从频率策略、邻区配置、天线选型、天线位置等多个方面进行考虑。

④ 切换：信号外泄和切换问题较多，需合理设置切换区域，同时考虑高层、电梯、地下停车场出入口等区域的切换问题。

1. 场景特点

这种场景的室内密集程度要比宾馆密集型场景稀疏，在室内分布系统覆盖场景中，属于半密集型场景，由于写字楼的场景比较典型，也可以称为"写字楼密集型"场景。

写字楼的大楼类型较多，按照覆盖场景可以分为塔楼、裙楼、地下停车场以及电梯。一般来说，写字楼的层数较多，标准层的结构基本类似，写字楼内部有一定的隔断，基本两间房就有一个隔断，隔断间距在 6 ～ 8m。有一部分写字楼属于开放式的，室内基本没有隔断，也没有吊顶。

2. 信号覆盖特点

商务写字楼作为重要的高话务区，用户的 ARPU 值较高，数据流量需求量大，每座楼均可以独立考虑网络建设。其中，塔楼多为钢筋混凝土结构外加玻璃幕墙，平层内部建筑隔断较多，穿透损耗的情况比较复杂，楼层间穿透损耗也较大，走廊的吊顶导致层高较低，会影响信号的传播，而在中高层的楼层信号杂乱，没有主覆盖小区，出现"乒乓切换"现象，用户的通话质量降低。裙楼则多为钢筋混凝土结构，同层内建筑隔断较少，内部空间较空旷，但是楼层间的穿透损耗仍然较大。电梯、地下车库等一般会成为覆盖盲区。

3. 总体覆盖思路

对于该类场景，先核实是否具备 LTE 室内分布系统。如果具备 LTE 室内分布系统，则核实其原有室内分布系统的建设方式。如果为有源室内分布，则考虑新建 5G 室内分布系统；如果为无源室内分布，则需要根据点位的重要程度选择建设的网络。对于中国移动，可以在原有的室内分布系统上合路 TDD NR 2600MHz 的 5G 网络。对于中国电信和中国联通，重要的点位需要建设 TDD NR 3500MHz 的 5G 网络，可以选择移频 MIMO 室内分布系统改造原有室内分布系统。移频 MIMO 室内分布系统改造示例如图 3-7 所示。

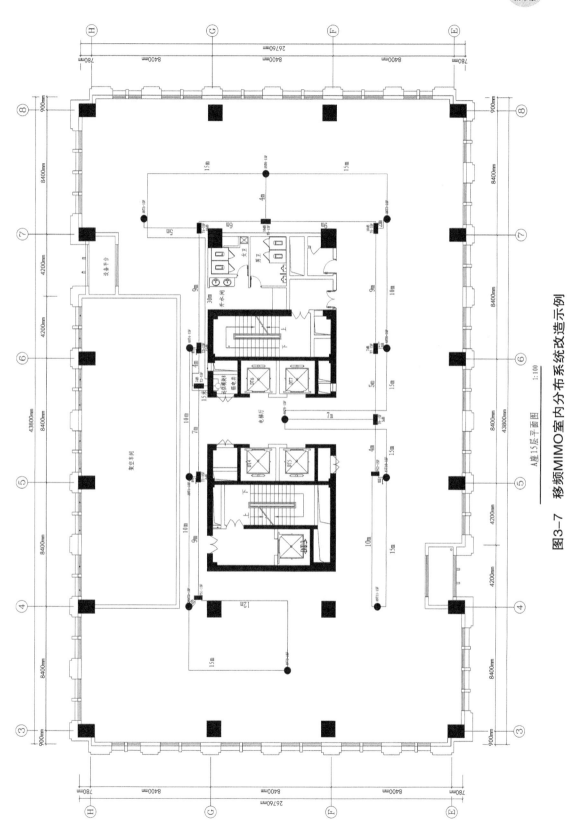

图3-7　移频MIMO室内分布系统改造示例

如果是非重点的点位，则建设 FDD NR 2100MHz 的 5G 网络，需要将原有 LTE 的 RRU 替换为 NR 的 RRU。替换时需要注意的是，分布系统内是否有干线放大器和直放站，如果有干线放大器和直放站，则需要同步更换为满足 5G 网络需求的设备。

如果不具备 LTE 室内分布系统，则需要新建 5G 室内分布系统，根据点位及覆盖区域的重要程度，选择不同的室内分布系统建设。商务写字楼的总体覆盖思路与上一节的宾馆与酒店的基本相同。

根据写字楼的重要等级，考虑 5G 网络的通道数设置，对于甲级及以上的写字楼，采用 4 通道 MIMO 进行覆盖，其他等级写字楼可以采用双通道覆盖。

4. 覆盖策略

① 办公区、普通会议室首先考虑采用 PRRU 分布系统覆盖，如果隔断较多，则可以选择室内分布型 2T2R 三点位的 PRRU 远端外接双极化板状天线靠墙安装或者双极化吸顶天线吸顶安装。采用传统无源分布系统可以考虑每隔 12 ～ 15m 安装一个吸顶天线，部分区域需要将天线安装在房间里面。

② 走廊区域，传统无源分布系统可以考虑每隔 12 ～ 15m 安装一个吸顶天线以保证信号强度。半密集型场景 2T2R 三点位的 PRRU 远端安装图示例如图 3-8 所示。

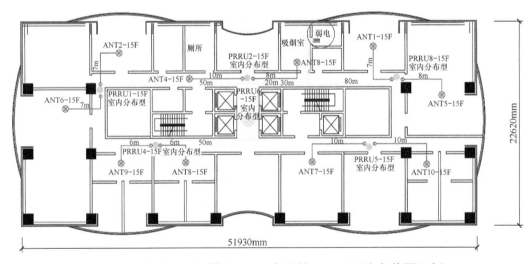

图3-8　半密集型场景2T2R三点位的PRRU远端安装图示例

③ 靠近窗边信号容易漏泄的区域采用定向天线从窗边往内覆盖。

④ 吊顶超过 8m 的大堂、会议室适宜采用放装型 4T4R PRRU 吸顶安装，选用传统无源分布系统时，可以采用全向天线吸顶安装或者定向天线贴壁安装。

⑤ 深度超过 10m 的开阔办公区、会议室，传统无源分布系统应将天线设置在房间内部，

有源分布系统则直接采用放装型 4T4R PRRU 吸顶安装。

⑥ 高速、超高速电梯运行时产生较大的风压，一般采用安全性相对较高的漏泄电缆的覆盖方式。

⑦ 低速电梯及中速电梯建议采用板状天线在电梯井内安装，每 3 层安装一副天线，如果不允许电梯井内安装天线，则考虑在电梯厅安装定向板状天线，一般采用每层安装一副天线。对于多部电梯并排的情况，不同电梯的覆盖天线应铺开楼层覆盖，使覆盖更全面。写字楼内电梯覆盖示意如图 3-9 所示。

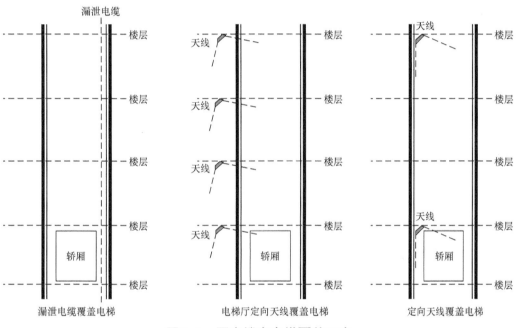

图3-9 写字楼内电梯覆盖示意

5. 分区规划

对于高层写字楼，一般采用垂直分区，当裙楼单层面积较大且超过单个小区的覆盖面积时，可采用水平分区，利用建筑结构，减少小区之间重叠覆盖区，小区规划要结合切换区规划与邻区规划。

6. 干扰抑制

对于高层写字楼，其高层区域通常由于无其他建筑遮挡，会导致大量室外信号聚集在室内，从而引起较为严重的信号干扰，其解决方案和宾馆与酒店的干扰抑制解决方案相同。

7. 容量规划

写字楼整体的用户数多，特别是高等级的写字楼，用户的 ARPU 值较高，数据流量需求量较大。办公区域内的 5G 典型业务包括视频会话（双方或多方）、云桌面、数据下载、云存储、OTT 等，具体容量计算参考"1.4 5G 场景业务模型"节的相关内容。

●● 3.4 商场与超市

随着国家经济的不断发展，城市建设的速度也越来越快，城市面貌日新月异，人们生活水平不断提高，人们对日常生活的质量要求也越来越高，对于各类商场的划分也越来越细。例如，有高端商品、奢侈品销售的大型购物中心，有集办公、购物、餐饮、娱乐等一体的商业综合体，有各类商品批发的聚类市场，有各类日常用品购买的大型连锁超市，有位于居民住宅区、便于人们日常购买的便利超市等。商场与超市场景概况如图 3-10 所示。

| 大型购物中心 | 商业综合体 | 各类商品批发的聚类市场 |
| 大型连锁超市 | 农贸市场 | 便利超市 |

图3-10 商场与超市场景概况

这些场景在进行室内分布建设时，同样需要从总体上进行考虑，主要包括以下几个方面。

① 覆盖：商场与超市主要以室内覆盖为主，根据商场与超市的高度、宽度和整体占地面积来选择相应的覆盖方案，选择覆盖方案时主要考虑建筑物体量、内部构造、人员分布疏密等。

② 容量：商场与超市各类子场景的数据需求，高端用户各不相同，需要结合商场与超市内人员结构、业务类型进行预测。

③ 切换：需考虑建筑物平层、上下层、出入口、地下室出入口、电梯等。

④ 分区：场景规模较大，小区规划的合理与否直接影响场馆覆盖、容量及切换优劣，需考虑区域人流疏密、人员流向、频率复用、场馆外延伸覆盖等。

⑤ 干扰：场景规模较大，小区划分较多，有些建筑物内部中空，信号越区覆盖，导致信号杂乱，干扰较大，通信质量较差，需要协同考虑小区划分。

3.4.1 大型购物中心

1. 场景特点

大型购物中心通常位于商业中心地带，知名度高，总面积较大，一般属于一个商业主体，经营各种品牌的商品，商品的等级相对较高。大型购物中心一般为全钢筋混凝土架构外加玻璃幕墙的建筑结构，属于 5 ~ 8 层的多层建筑。由于属于一个商业主体，内部各个品牌间没有硬性的隔断，所以覆盖区域相对比较空旷，商业区域没有吊顶；办公区域隔断相对较多，基本有吊顶。大型购物中心配置较多的电梯和较大的地下室，部分大型购物中心的地下室也作为商业区域。

2. 信号覆盖特点

大型购物中心内的传播环境较好，隔断较少，商场区域没有吊顶，主要的阻挡是货柜，基本属于视距传播，电梯内由于有墙体和电梯门阻挡，成为弱覆盖区，地下室则为覆盖盲区。大型购物中心的人流量非常大，高端用户比例极高。5G 时代，大型购物中心内部有不少区域成为直播卖货的区域，对数据流量的需求极大。

3. 总体解决思路

对于该类场景，先核实是否具备 LTE 室内分布系统。该类场景如果具备 LTE 室内分布系统，则其建设思路和宾馆与酒店基本一样。

根据大型购物中心覆盖区域的重要等级，考虑 5G 网络的通道数设置，重要的覆盖区域选择 PRRU 分布系统 4 路覆盖，其他区域可以选择传统无源分布系统双路覆盖。

4. 覆盖策略

① 商业区域考虑采用 PRRU 分布系统覆盖，远端采用放装型的 4T4R PRRU 吸顶安装，建议每隔 20 ~ 30m 安装一个远端，空旷程度高的点位可以考虑每隔 30 ~ 40m 安装一个远

端。如果采用传统无源室内分布系统，则建议每隔 15 ～ 25m 安装一个天线。

② 办公区可考虑采用 PRRU 分布系统覆盖，选择室内分布型 2T2R 三点位的 PRRU 远端外接双极化板状天线靠墙安装或者双极化吸顶天线吸顶安装，传统无源分布系统则可以考虑每隔 15 ～ 20m 安装一个天线，建议将天线安装在房间内。

③ 走廊区域，传统无源分布系统可以考虑每隔 12 ～ 15m 安装一个吸顶天线以保证信号强度。

④ 靠近窗边信号容易漏泄的区域采用定向天线从窗边往室内覆盖。

⑤ 电梯建议采用漏泄电缆分布系统覆盖或者采用传统无源分布系统外接板状天线在电梯井内安装，每 3 层安装一副天线。如果不允许电梯井内安装漏泄电缆或者天线，则考虑电梯厅安装定向板状天线朝电梯门方向进行覆盖，每层安装一副天线。对于多部电梯并排的情况，不同电梯的覆盖天线应铺开楼层覆盖，使覆盖更全面。

5. 小区规划

对大型购物中心，采用水平分区和垂直分区相结合的方式，利用大型购物中心内部结构的特点，建议小区划分在人员较少的地方或者有建筑墙体的地方，减少小区之间重叠覆盖区，小区规划要结合切换区规划与邻区规划。

小区规划重点要关注大型购物中心内部视频直播区域的数据流量需求，根据需求划分小区。

6. 容量规划

大型购物中心的整体用户较多，而且高端用户比例极高，数据流量需求量较大，特别是视频直播区域。大型购物中心的 5G 典型业务包括视频会话（双方或多方）、视频播放、实时视频分享、高清图片上传、OTT 等，具体容量计算参考 "1.4 5G 场景业务模型" 节的相关内容。

3.4.2 商业综合体

1. 场景特点

商业综合体通常位于商业中心地带，总面积较大，集办公、购物、餐饮、娱乐等为一体的大型建筑物，一般不属于一个商业主体，经营各种品牌的商品。商业综合体一般为全钢筋混凝土架构外加玻璃幕墙的建筑结构，是 5 ～ 8 层的多层建筑，每层的面积非常大，内部的结构非常复杂，不同商家将自己经营的场所装修的不一样。大部分商业综合体将建筑物中部镂空，开阔商业综合体内顾客的视觉效果，镂空区域配置了一些上下扶梯，商业结构区域配置较多的电梯和较大的地下室。部分商业综合体的地下室也作为商业区域。

2. 信号覆盖特点

商业综合体内的传播环境一般，每层的面积非常大，内部的结构非常复杂，店铺的纵深也较大，不同装修风格的隔断，其穿透损耗也不相同，导致网络覆盖的复杂性增大。中间镂空区域成为小区划分的难点，容易造成越区覆盖，产生干扰；电梯、地下室等一般会成为覆盖盲区。商业综合体的人流量非常大，各类等级的用户数较多，不少区域成为视频直播卖货的区域，对数据流量的需求较大。

3. 总体解决思路

对于该类场景，先核实是否具备 LTE 室内分布系统。其建设思路和宾馆与酒店基本一样。

根据商业综合体覆盖区域的重要等级，考虑 5G 网络的通道数设置，重要的覆盖区域，选择 PRRU 分布系统 4 路覆盖，其他区域可以选择传统无源分布系统双路覆盖。

4. 覆盖策略

① 商业区域考虑采用 PRRU 分布系统覆盖，根据商业综合体内部的空旷程度及面积大小选择远端的类型。空旷及面积较大的店面，远端采用放装型的 4T4R PRRU 吸顶安装，建议每隔 20 ～ 30m 安装一个远端，空旷程度高的店面可以考虑每隔 30 ～ 40m 安装一个远端。空旷程度低及面积较小的点位，远端采用室内分布型的 4T4R PRRU 外接 2 个双极化天线分开距离安装，也可以采用室内分布型 2T2R 三点位的 PRRU 远端外接双极化吸顶天线吸顶安装。如果采用传统无源室内分布系统，则建议每隔 15 ～ 25m 安装一个天线，天线需要进入店面内。

② 办公区可以考虑采用 PRRU 分布系统覆盖，选择室内分布型 2T2R 三点位的 PRRU 远端外接双极化板状天线靠墙安装或者双极化吸顶天线吸顶安装。传统无源分布系统则可以考虑每隔 15 ～ 20m 安装一个天线，建议将天线安装在房间内。

③ 走廊区域，传统无源分布系统可以考虑每隔 12 ～ 15m 安装一个吸顶天线以保证信号强度，传统无源分布系统覆盖办公室和走廊天线安装示意如图 3-11 所示。

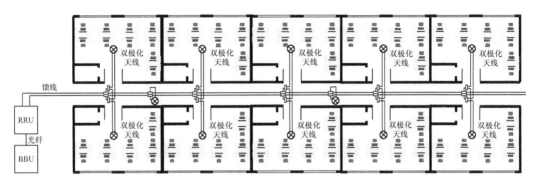

图3-11　传统无源分布系统覆盖办公室和走廊天线安装示意

如果采用室内分布型 4T4R PRRU 远端覆盖，则需要安装 PRRU 外接天线安装在走廊上，建议每隔 12 ～ 15m 安装一个吸顶天线保证信号强度。室内分布型 4T4R PRRU 远端覆盖办公室和走廊天线安装示意如图 3-12 所示。

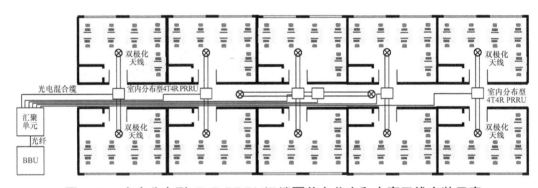

图3-12　室内分布型4T4R PRRU远端覆盖办公室和走廊天线安装示意

如果采用室内分布型 2T2R 三点位的 PRRU 远端本身的天线覆盖其他区域，则 PRRU 远端本身安装在走廊上，可以保证走廊的信号强度。室内分布型 2T2R 三点位 PRRU 远端覆盖办公室和走廊天线安装示意如图 3-13 所示。

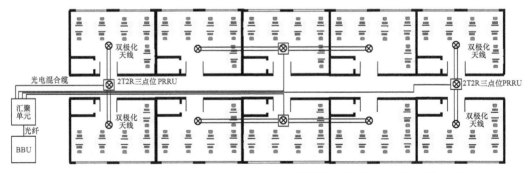

图3-13　室内分布型2T2R三点位PRRU远端覆盖办公室和走廊天线安装示意

靠近窗边信号容易，漏泄的区域采用定向天线从窗边往室内覆盖。

④ 电梯建议采用漏泄电缆分布系统覆盖，或者采用传统无源分布系统外接板状天线在电梯井内安装，每 3 层安装一副天线，如果不允许电梯井内安装漏泄电缆或者天线，则考虑在电梯厅安装定向板状天线朝电梯门方向进行覆盖，每层安装一副天线。对于多部电梯并排的情况，不同电梯的覆盖天线应铺开楼层覆盖，使覆盖更全面。

5. 小区规划

对于商业综合体，采用水平分区和垂直分区相结合的方式，利用内部结构的特点，建议小区划分在人员较少的地方或者有建筑墙体的地方，减少小区之间重叠覆盖区，小区规划要结合切换区规划与邻区规划。

商业综合体的小区划分重点要关注两个方面：一是商业综合体内部视频直播区域的数据流量需求，根据需求划分小区；二是商业综合体内部一般有镂空区域，小区划分时需要注意相互干扰的问题。

6. 容量规划

商业综合体的人流量非常大，各类等级的用户数较多，不少区域成为视频直播的区域，对数据流量的需求较大。商业综合体的 5G 典型业务包括视频会话（双方或多方）、视频播放、实时视频分享、虚拟现实、在线游戏、高清图片上传、OTT 等，具体容量计算参考"1.4 5G 场景业务模型"节的相关内容。

3.4.3 聚类市场

1. 场景特点

聚类市场以商品批发为主，通常占地面积较大，楼宇的层数不高，一般为 1～3 层。有些聚类市场由一排排商铺组成；有些聚类市场在市场的中间部分为无隔断的商铺，隔断很矮或者没有隔断，四周为有隔断的商铺，一般配置较多的电梯和较大的地下室。

2. 信号覆盖特点

聚类市场内的传播环境比较复杂，中间无隔断的聚类市场传播环境较好，商场区域没有吊顶，市场中间区域没有阻挡，属于视距传播，四周则是商铺，主要为墙体隔断，店铺门为转闸门，穿透损耗较小。由一排排商铺组成的聚类市场在单独的通道上传播环境较好，而到隔壁的那排商铺，不仅需要穿透墙体隔断，还要穿透其靠墙的货物及货架。电梯内由于有墙体和电梯门阻挡，容易成为弱覆盖区，地下室则为覆盖盲区。聚类市场的人流量较大，根据用户数据需求不同，可分为容量需求型市场和覆盖需求型市场，主要以顾客数量及顾客在场所内逗留的时间长短来判断。目前，有部分区域成为视频直播的区域，对数据流量需求较大。

3. 总体覆盖思路

对于该类场景，其总体覆盖思路和宾馆与酒店的总体覆盖思路基本相同。

根据聚类市场覆盖区域的重要等级，考虑 5G 网络的通道数设置，重要的覆盖区域选择 PRRU 分布系统 4 路覆盖，其他区域可以选择传统无源分布系统双路覆盖。

4. 覆盖策略

① 容量型聚类市场，例如，化妆品市场、小商品市场、食品市场等考虑采用 PRRU 分布系统覆盖，中间空旷型的场景建议远端采用放装型的 4T4R PRRU 吸顶安装，建议每隔 20 ～ 30m 安装一个远端。由一排排商铺组成的场景建议采用室内分布型 2T2R 三点位的 PRRU 远端外接双极化吸顶天线吸顶安装。

② 覆盖型聚类市场，例如，酒店用品市场等，中间空旷型的场景建议采用室内分布型 2T2R 三点位的 PRRU 远端外接双极化吸顶天线吸顶安装。由一排排商铺组成的场景建议采用传统无源室内分布系统双路覆盖，建议每隔 15 ～ 25m 安装一个天线。

③ 办公区可考虑采用室内分布型 2T2R 三点位的 PRRU 远端外接双极化板状天线靠墙安装，或者双极化吸顶天线吸顶安装，也可以采用传统无源分布系统，建议每隔 15 ～ 20m 安装一个天线，建议将天线安装在房间内。

④ 走廊区域采用室内分布型 2T2R 三点位的 PRRU 远端，或者采用传统无源分布系统时，考虑每隔 12 ～ 15m 安装一个吸顶天线以保证信号强度，天线安装位置建议部署在办公室门的上方。

⑤ 电梯区域建议采用传统无源分布系统外接板状天线在电梯井内安装，或者每 3 层安装一副天线，或者采用电梯天线方式覆盖。如果不允许电梯井内安装天线，则考虑电梯厅安装定向板状天线朝电梯门方向进行覆盖，每层安装一副天线。对于多部电梯并排的情况，不同电梯的覆盖天线应铺开楼层覆盖，使覆盖更全面。

⑥ 地下室区域，考虑到顾客的多少及顾客对数据需求的大小，建议容量型聚类市场的地下室采用传统无源分布系统双路覆盖或者漏泄电缆分布系统双路覆盖。覆盖型聚类市场的地下室采用传统无源分布系统单路覆盖或者采用光纤分布系统覆盖。

5. 小区规划

对容量型聚类市场采用水平分区的方式，利用内部结构的特点，建议小区规划在人员较少的地方或者有建筑墙体的地方，减少小区之间重叠覆盖区，小区规划要结合切换区规划与邻区规划。

容量型聚类市场的小区规划重点要关注两个方面：一是容量型聚类市场内部视频直播区域的数据流量需求，根据需求划分小区；二是中间空旷的容量型聚类市场，小区数量相对较多，小区划分时需要注意相互干扰的问题，建议采用室内分布型 4T4R PRRU 外接赋形天线的方式，这是一种具备优异的波束收敛与旁瓣抑制能力，使覆盖范围之外的信号迅速衰减，边界清晰，可有效避免越区干扰的定向天线覆盖。

6. 容量规划

聚类市场人流量较大，不少区域成为视频直播区域，对数据流量需求较大。聚类市场的 5G 典型业务包括视频会话（双方或多方）、视频播放、实时视频分享、在线游戏、高清图片上传、OTT 等，具体容量计算参考"1.4 5G 场景业务模型"节的相关内容。

3.4.4　大型连锁超市

1. 场景特点

国内外知名的大型连锁超市，有单独建设的大型建筑物，一般为全钢筋混凝土架构外加玻璃幕墙的建筑结构，也有在其他建筑物内部的。无论是独栋建筑还是在其他建筑物内，大型连锁超市一般占用的层数不多，一般为 1 ～ 3 层，但是每层面积非常大。大型连锁超市内部基本没有隔断。例如，沃尔玛、永辉超市、华润万家、物美、世纪联华、山姆会员等人气较高的超市，大部分大型连锁超市配置电梯和比较大的地下室。

2. 信号覆盖特点

大型连锁超市内的传播环境比较好，基本没有隔断，商场区域没有吊顶，主要的阻挡是货柜，电梯内由于有墙体和电梯门阻挡，容易成为弱覆盖区，地下室则为覆盖盲区。大型连锁超市的人流量较多，但是对数据流量的需求量一般。

3. 总体覆盖思路

对于该类场景，其建设思路和宾馆与酒店基本一样。

根据覆盖区域的空旷程度，考虑 5G 网络的通道数设置，大型连锁超市选择 PRRU 分布系统 4 路覆盖，其他区域可以选择传统无源分布系统双路覆盖。

4. 覆盖策略

① 大型连锁超市的商品售卖区域，PRRU 分布系统的远端采用放装型的 4T4R PRRU

吸顶安装，建议每隔 20 ～ 30m 安装一个远端；对于空旷程度高和数据流量需求小的区域，建议每隔 30 ～ 40m 安装一个远端。

② 办公区可考虑采用室内分布型 2T2R 三点位的 PRRU 远端外接双极化板状天线靠墙安装，或者双极化吸顶天线吸顶安装，也可以采用传统无源分布系统，每隔 15 ～ 20m 安装一个天线，建议将天线安装在房间内。

③ 走廊区域采用室内分布型 2T2R 三点位的 PRRU 远端，或者采用传统无源分布系统时，考虑每隔 12 ～ 15m 安装一个吸顶天线以保证信号强度，天线安装位置建议在办公室门的上方。

④ 电梯建议采用传统无源分布系统外接板状天线在电梯井内安装，每 3 层安装一副天线，或者采用电梯天线方式覆盖。如果不允许电梯井内安装天线，则考虑电梯厅安装定向板状天线朝电梯门方向进行覆盖，建议每层安装一副天线。对于多部电梯并排的情况，不同电梯的覆盖天线应铺开楼层覆盖，使覆盖更全面。

⑤ 地下室建议采用传统无源分布系统双路覆盖、漏泄电缆分布系统双路覆盖或者采用光纤分布系统覆盖。

5. 小区规划

对于大型连锁超市，采用水平分区的方式，利用内部结构的特点，建议小区划分在人员比较少的地方或者有建筑墙体的地方，减少小区之间重叠覆盖区，小区规划要结合切换区规划与邻区规划。

6. 容量规划

大型连锁超市的人流量较大，对数据流量需求一般。大型连锁超市的 5G 典型业务包括视频会话（双方或多方）、实时视频分享、高清图片上传、OTT 等，具体容量计算参考 "1.4 5G 场景业务模型" 节的相关内容。

3.4.5　一般商场与超市

1. 场景特点

除了大型商场连锁超市，一般商场与超市基本属于便利型小超市，面积较小，一般面积为十几平方米到几百平方米，内部基本没有隔断，基本没有电梯和地下室。

2. 信号覆盖特点

一般商场与超市内的传播环境较好，基本没有隔断，主要的阻挡是货柜，一般商场与超市的人流量一般，对数据流量需求较小。

3. 总体覆盖思路

对于面积小、数据流量低的小超市，可以考虑将无线直放站引入室外信号进行覆盖；面积比较大的一般商场与超市，可以考虑将 1 ～ 2 个放装型 4T4R 的 PRRU 吸顶安装覆盖超市内部。

对于使用 PRRU 远端的一般商场与超市，可以考虑该点位划分一个小区，或者与其他一般商场与超市共享一个小区。采用无线直放站引入信号覆盖的点位，需要注意无线直放站的信号干扰问题。

●● 3.5 交通枢纽

随着经济社会的发展，人口流动及物资流通的加快，交通枢纽场景在人们的现代生活中扮演着重要的角色。根据承载交通工具的不同，交通枢纽可以分为机场、火车站、地铁站、汽车站、轮渡码头、隧道、地下过道 7 个子类。

该类场景基本属于开阔式封闭场景，大多使用钢结构或者钢筋混凝土结构外加玻璃外墙的建筑方式，各场景内部通常有比较空旷的空间和较大的人流量，同时，彼此之间又具有差异化的业务。因此，在解决实际的室内覆盖问题时，不同场景下的 4 个层面的问题需要区分处理。

① 覆盖：交通枢纽采取的主要策略是室内外兼顾，侧重室内覆盖。覆盖方案的选取主要依据场景规模、建筑物形态以及功能分区等。

② 容量：对于交通枢纽业务量的评估而言，通常与对应的场景类型、规模大小、用户总量及用户行为有直接的关联。

③ 切换：重点考虑的切换区域有建筑物出入口、不同楼层、不同功能区（例如，电梯）以及隧道内外等。

④ 干扰：各场景开放式的环境不可避免地会与室外宏基站覆盖有重叠，因此，需要合理控制室内信号的外泄和室外信号的穿透所带来的相互之间的干扰，应协同考虑室内外综合覆盖方式、频率策略、邻区配置、天线选型及位置信息等。

3.5.1 机场

1. 场景特点

该场景是指机场的航站楼，包括内部的售票厅、登机牌办理处、候机厅、到达厅等。

航站楼的楼层数一般不多,一般为 1 ～ 2 层,但是楼层非常高,有的区域甚至超过 10m。航站楼的面积非常大,除了到达厅,其他结构的内部几乎没有隔断,只有少部分商业及登机牌办理处设有部分隔断。航站楼一般配置电梯和比较大的地下室。机场场景概况如图 3-14 所示。

机场

机场售票处　　　　　登机牌办理处　　　　　候机厅　　　　　到达厅

图3-14　机场场景概况

2. 信号覆盖特点

航站楼多采用钢结构外加玻璃幕墙的方式,穿透损耗较小,覆盖面积大,机场内的售票厅、登机牌办理处、候机厅等区域的传播环境好,内部基本没有隔断阻挡信号的传播,没有吊顶,但是楼层非常高,会造成网络的越区覆盖。到达厅有一定的隔断,大部分区域属于空旷型场景,电梯内由于有墙体和电梯门阻挡,容易成为弱覆盖区,地下室则为覆盖盲区。机场的人流量较大,用户的 ARPU 值较高,对数据流量需求较大。

3. 总体覆盖思路

对于该类场景,其建设思路和宾馆与酒店基本一样。

对于重点的数据需求区域,采用 4 通道 MIMO 进行覆盖,例如,航站楼的 VIP 候机室、售票大厅、候机厅、商业区域、安检厅等,其他区域可以采用双通道覆盖。

需要注意的是,细化到各功能区域,在满足总体室内覆盖建设要求的基础上,还需要进一步因地制宜地选用具体的覆盖方案。机场室内网络概览如图 3-15 所示。

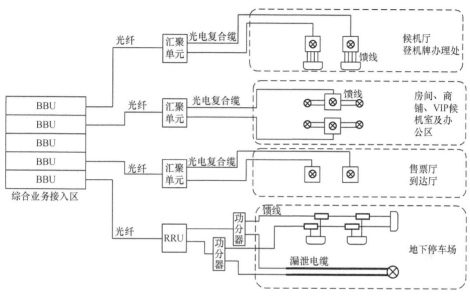

图3-15 机场室内网络概览

4.覆盖策略

室内分布全覆盖遵循"小功率、多天线"的布放思路。同时，还需要根据航站楼内不同的区域合理选择相应的解决方案。

① 候机厅：吊顶较低时可采用放装型 PRRU 远端吸顶安装进行覆盖。吊顶较高（8m 以上）时，建议使用室内型 PRRU 远端接定向板状天线或赋形天线进行覆盖，以克服全向天线覆盖范围难以控制的缺点。

② 登机牌办理处：吊顶较低时，采用的覆盖策略与候机厅基本一致。定向板状天线或赋形天线在条件允许的情况下，可以安装在登机牌办理处的上方空调出风口位置。

③ 玻璃外墙边缘处：在采用室内型 PRRU 远端覆盖时，可以将定向板状天线或赋形天线安装在外墙的内壁上，方向朝内进行覆盖。

④ 登机连廊：吊顶较低时，采用的覆盖策略与候机厅基本一致。

⑤ 房间、商铺、VIP 候机室及办公区：采用室内分布型 2T2R 三点位 PRRU 远端外接双极化全向吸顶天线覆盖。纵深较深的房间、有隔断的商铺、VIP 候机室及办公区可以将全向双极化吸顶天线安装在房间内。

⑥ 电梯：通常采用小板状天线，安装在电梯井道内，主瓣方向朝上或者朝下覆盖。如果不能在电梯井道内布放天线，则可以在电梯厅口布放定向吸顶天线，主瓣方向朝向电梯

轿厢。如果为观光梯，则在电梯厅口布放全向吸顶天线即可。

⑦ 地下室：一般为停车场，可以采用传统分布系统外接定向小板状天线覆盖，也可以选择漏泄电缆分布系统覆盖，对于一些旅客流量不大的机场，可以采用光纤分布系统外接天线覆盖地下室。

⑧ 旅客捷运系统：采用对数周期天线覆盖时，在捷运系统路径上选择天线安装位置（例如，连接两侧候机厅的廊桥上），小功率覆盖车体内部，建议选择旁瓣抑制比高的赋形天线，避免干扰捷运系统临近区域。

⑨ 室外停机坪：如果无法通过宏基站进行覆盖，则可通过 RRU 拉远或室内分布外引方式进行覆盖。

5. 容量规划

① 机场场景用户数多、时变特性明显、节假日发生业务高峰，因此，容量配置需参照最高峰时段的需求。机场的 5G 典型业务包括视频会话、视频播放、实时视频分享、高清图片上传、在线游戏、OTT 等，具体容量计算参考"1.4 5G 场景业务模型"节的相关内容。

② 机场场景覆盖系统建成后调整难度较大，设计阶段应充分考虑预留灵活的扩容空间满足日后容量需求。

3.5.2 火车站

1. 场景特点

火车站可以分为高铁车站和普通车站，火车站属于大型交通枢纽，一般为全钢筋混凝土架构外加玻璃幕墙的建筑结构，内部基本没有隔断，属于空旷型场景，办公区有一定的隔断，配置较多的电梯和非常大的地下室。其他车站的面积也较大，一般候车厅比较空旷，办公区有一定的隔断。高铁车站场景概况如图 3-16 所示。

高铁车站

图 3-16　高铁车站场景概况

高铁候车厅

高铁到达厅

高铁站台

图3-16　高铁车站场景概况（续）

2. 信号覆盖特点

火车站内的售票厅、候车厅、到达厅等区域传播环境好，内部基本没有隔断阻挡信号的传播，属于视距传播。另外，吊顶距离地面位置较高，会造成网络的越区覆盖。电梯内由于有墙体和电梯门阻挡，容易成为弱覆盖区，地下室则为覆盖盲区。高铁站台比较空旷，周围基站非常容易出现越区覆盖，导致没有主覆盖小区，出现"乒乓切换"现象，用户的通话质量降低。高铁车站的人流量极大，用户的 ARPU 值较高，对数据流量需求极大，节假日具有突发性超高业务量的特征。

3. 总体覆盖思路

火车站的总体覆盖思路和机场的总体覆盖思路基本一致，对于重点的数据需求区域，采用 4 通道 MIMO 进行覆盖，例如，火车站的 VIP 候车室、售票大厅、候车厅、商业区域等，其他区域可以采用双通道覆盖。对于需要新建 5G 室内分布系统的火车站，细化到各功能区域，在满足总体室内覆盖建设要求的基础上，还需要进一步因地制宜地选用具体的覆盖方案。

4. 功能区域覆盖

① 售票厅：售票厅总体面积不是很大，属于视距传播，可采用放装型的 4T4R PRRU 覆盖，根据覆盖面积的大小，可以设置 1～3 个小区，吊顶较高（8m 以上）。如果售票厅与其他功能区无隔断分离，则建议使用定向板状天线或赋形天线进行覆盖。

② 候车厅和到达厅：面积非常大，吊顶较高（8m 以上），建议使用定向板状天线或赋形天线进行覆盖。采用不同的频段分离各个小区，减少干扰，提升网络容量。在候车厅安装设备及天线时，应注意天线安装的位置，建议安装在检票口门的上方。高铁车站候车厅覆盖示意如图 3-17 所示，小区设置则根据高铁车站规模的大小，以检票口为单位进行小区划分。

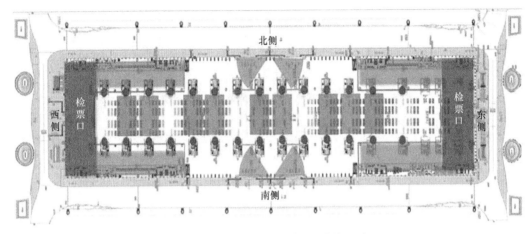

图3-17 高铁车站候车厅覆盖示意

③ 站台：站台覆盖是网络覆盖的难点，其特征是空旷，穿透损耗较小，天线可以安装的位置非常有限，站台上方层高往往达到几十米，而且此区域会频繁地出现突发性的高话务量和高流量。同时，该区域网络还需经常和铁路的专网进行切换，因此，需要在高铁站未启用之前对站台进行覆盖建设。站台可以采用功分 RRU 信号接低功率的微型天线或赋形天线覆盖。高铁车站候车厅站台覆盖示意如图 3-18 所示。

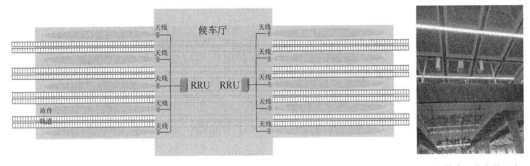

（a）高铁车站月台覆盖示意　　　　　　　　　　（b）站台天线安装示意

图3-18 高铁车站候车厅站台覆盖示意

④ 过道：进出站台的过道处，可采用室内分布型的 PRRU 外接全向吸顶天线进行覆盖；铁路出入口过道处，天线应安放在铁路站台下楼梯的出入口处，以方便切换。

⑤ 办公区域：可以采用室内分布型的 4T4R PRRU 外接双极化天线分路覆盖或者采用室内分布型 2T2R 三点位的 PRRU 外接双极化天线覆盖。电梯和地下室采用传统无源分布系统双路覆盖或者漏泄电缆分布系统双路覆盖。

5. 容量规划

火车站的 5G 典型业务包括视频会话、视频播放、实时视频分享、高清图片上传、在线游戏、OTT 等，根据业务模型进行测算网络容量需求，由于火车站属于峰值容量受限场景，所以在进行容量规划时需要留有余量。

① 通常话务及数据的峰值发生在节假日开始到节假日结束的一段时间内，因此，容量估算要以节假日的峰值为参考。

② 由于漫游用户的比例较高，所以规划设计时需同时留有一定的漫游话务。

③ 为了满足集中的数据业务需求，在数据需求较大的区域，根据异频隔离的方法划分小区，减少网络干扰，提升网络容量。

3.5.3 地铁站

1. 场景特点

地铁站属于封闭式结构，通常有地下站、地面站及高架站。地铁的站厅、站台内部基本没有什么隔断，属于空旷场景，办公区有一定的隔断。该场景的电梯类似于观光电梯，轿厢壁和电梯井的隔断基本为玻璃。该场景一般没有地下室。地铁站场景概况如图 3-19 所示。

地铁站出入口　　　　　地铁站站厅　　　　　地铁站站台　　　　　地铁站电梯

图3-19　地铁站场景概况

2. 信号覆盖特点

目前，大部分地铁站点和线路位于地下，结构较为封闭，与地面上的网络隔离，室外信号无法覆盖。地铁站站厅、地铁站站台等区域的传播环境好，内部基本没有隔断阻挡信号的传播，有一定的吊顶，但是楼层较高，不会影响信号的传播。由于电梯轿厢和电梯井的隔断基本为玻璃，穿透损耗较小。地铁站的人流量很大，尤其是在早晚高峰期，通常会有突发性的语音和数据业务需求。

3. 总体覆盖思路

对于该类场景，先核实是否具备 LTE 室内分布系统。该类场景如果具备 LTE 室内分布系统，则其建设思路和宾馆与酒店基本一样。

该类场景如果不具备 LTE 室内分布系统，则需要新建 5G 室内分布系统，根据覆盖区域的重要程度，选择不同的室内分布系统建设。

由于该类场景空间及环境的局限性，一般采用多家电信运营商共建 POI 和天线分布系统，接入各自信源，覆盖地下通道、地铁站站厅、地铁站站台、设备间、地铁商业街、换乘通道、区间隧道等区域。

BBU 统一安装在通信机房内，采用共建 POI 的网络，隧道的 RRU 采用光纤将 RRU 拉远至隧道区间的节点处，其他区域覆盖的 RRU 一般安装在通信机房内。

对于地铁这样高数据业务需求的点位，地下通道、地铁站站厅、地铁站站台、地铁商业街、换乘通道的 5G 网络一般采用 4 通道的 MIMO 覆盖，办公室、设备间的 5G 网络采用双通道的 MIMO 覆盖。

4. 覆盖策略

地铁进出口、地铁站站厅、地铁站站台采用"POI+ 无源分布系统"，通过全向、定向天线覆盖，也可以采用放装型 4T4R PRRU 吸顶安装覆盖。

各站出入口处设置室内外信号重叠覆盖区，保证进出车站的平滑切换。

办公室、设备间的 5G 网络覆盖，建议采用 2T2R 三点位的 PRRU 外接双极化天线覆盖。

如果采用传统无源分布系统，则天线选择新型全向吸顶天线或定向板状天线。天花板为石膏板或胶合板，天线可内置安装。如果使用金属材质，则天线需采用外露安装的方式。

换乘站设计时需要考虑与原线路已有室内分布的统一规划和切换。

5. 切换规划

根据人流量及流向规划切换区，将其设在业务发生率较低的区域，预留足够的切换区域。

人员出入口应设置过渡天线，满足切换不掉话，同时注意控制信号外泄，合理设置天线安装位置和发射功率，实现与室外信号的协同覆盖。

当用户在出入地铁站站厅时，由于地铁站站厅与地面出口以上的信号分别属于不同的基站，地面以上的空间信号来自附近的基站，对于出入口的切换，既要防止内部信号外泄，保证地铁站站厅内部信号在出入口外部 10m 处的场强满足电信运营商的要求，也要保证外部信号有足够的强度满足切换的要求。因此，需要根据车站出入口或地铁站站厅、地铁站站台进出口的实际情况设计内、外信号重叠区域，将天线安装在靠近出入口处，以保证信号顺利切换，使地铁覆盖小区稍微向外延伸几米，但要严格控制信号漏泄。地铁站出入口信号切换示意如图 3-20 所示。

乘客在地铁站站厅和地铁站站台走动的过程中，需要确保地铁站站厅和地铁站站台之间的信号良好，且能实现无间断切换。地铁站站厅和地铁站站台之间的信号切换示意如图 3-21 所示。

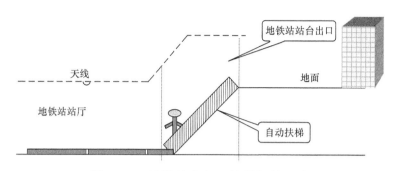

图3-20 地铁站出入口信号切换示意

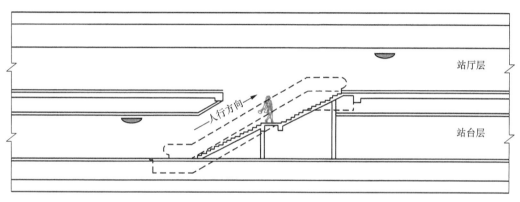

图3-21 地铁站站厅和地铁站站台之间的信号切换示意

对高峰人流量不大的非换乘站,地铁站站台、地铁站站厅及隧道可采用一个小区覆盖;对高峰人流量较大的换乘站,通常保持地铁站站台与隧道同小区覆盖,地铁站站厅另设小区覆盖。

6. 容量规划

地铁站场景用户数多、时变特性明显、节假日出现业务高峰,因此,容量配置需要参照最高峰时段的需求。地铁的5G典型业务包括视频会话、视频播放、在线游戏、OTT等,根据业务模型测算网络容量的需求。

地铁站覆盖系统建成后调整难度较大,因此,在设计阶段应充分考虑各种情况,预留灵活的扩容空间来满足日后容量需求。

3.5.4 汽车站

1. 场景特点

汽车站一般为全钢筋混凝土架构外加玻璃幕墙的建筑结构,根据不同的级别和客流量,汽车站可以分为市级、区县级和县级以下车站。汽车站属于一般交通枢纽，面积也较大，内部基本没有隔断，属于空旷型场景，一般候车厅比较空旷，办公区有一定的隔断，有一些电梯和地下室。汽车站场景概况如图 3-22 所示。

长途汽车站候车室　　　　　　　　　　　　　长途汽车站售票厅

图3-22　汽车站场景概况

2. 信号覆盖特点

汽车站的内部信号传播环境好，内部基本没有隔断阻挡信号的传播，会造成网络的越区覆盖。其中，售票厅和候车室通常有比较开阔的空间，基本无阻挡、无隔断，属于视距传播，而且吊顶与地面的距离较远。该场景的用户人流量很大，语音和数据业务需求较高，节假日具有突发性超高业务量的特性。电梯内由于有墙体和电梯门阻挡，容易成为弱覆盖区，地下室则为覆盖盲区。

3. 总体覆盖思路

汽车站的总体覆盖思路和机场的总体覆盖思路基本一致，对于重点的数据需求区域，采用 4 通道 MIMO 进行覆盖，例如，售票大厅、候车厅、商业区域等，其他区域可以采用双通道覆盖。对于需要新建 5G 室内分布系统的汽车站，细化到各功能区域，在满足总体室内覆盖建设要求的基础上，还需要进一步因地制宜地选用具体的覆盖方案。

4. 覆盖策略

① 售票厅：售票厅的总体面积不是很大，属于视距传播，可采用放装型的 4T4R PRRU 覆盖，根据覆盖面积的大小，可以设置 1 ～ 3 个小区，吊顶较高（8m 以上）。如果售票厅与其他功能区域无隔断分离，则建议使用定向板状天线或赋形天线进行覆盖。

② 候车厅：面积比较大，吊顶较高（8m 以上），建议使用定向板状天线或赋形天线进行覆盖，采用不同的频段分离各个小区，减少干扰，提升网络容量。

③ 过道：采用室内分布型的 PRRU 外接全向吸顶天线进行覆盖。

④ 办公区域：采用室内分布型的 4T4R PRRU 外接双极化天线分路覆盖或者采用室内分布型 2T2R 三点位的 PRRU 外接双极化天线覆盖。电梯和地下室采用传统无源分布系统双路覆盖或者漏泄电缆分布系统双路覆盖。

5. 容量规划

汽车站的 5G 典型业务包括视频会话、视频播放、在线游戏、OTT 等，根据业务模型测算网络容量需求，由于汽车站属于峰值容量受限的场景，所以在容量规划时，需要留有余量。

通常话务及数据的峰值发生在节假日开始到节假日结束的一段时间内，因此，容量估算要以节假日的峰值作为参考。

由于漫游用户的比例较高，所以规划设计时需要同时预留一定的漫游话务。

为了满足集中的数据业务需求，在数据需求较大的区域，根据异频隔离的方法划分小区，减少网络干扰，提升网络容量。

3.5.5 轮渡码头

1. 场景特点

轮渡码头一般为全钢筋混凝土架构外加玻璃幕墙的建筑结构，轮渡码头的楼层一般为 2 ～ 3 层，内部一般比较空旷，基本没有隔断，属于空旷型场景，办公区域的隔断相对比较密集。大型轮渡码头会配置电梯，轮渡码头基本没有地下室。轮渡码头场景概况如图 3-23 所示。

轮渡码头

轮渡码头售票处

图3-23　轮渡码头场景概况

2. 信号覆盖特点

轮渡码头的内部传播环境较好，内部基本没有隔断阻挡信号的传播，会造成网络的越区覆盖。其中，售票处和候车室的空间比较开阔，基本无阻挡、无隔断，属于视距传播，且吊顶与地面的距离较远。该场景的用户人流量很大，语音和数据业务需求较高，节假日具有突发性超高业务量的特性。电梯内由于有墙体和电梯门阻挡，容易成为弱覆盖区。

3. 总体覆盖思路

轮渡码头的总体覆盖思路和机场的总体覆盖思路基本一致，对于重点的数据需求区域，采用 4 通道 MIMO 进行覆盖，例如，轮渡码头的 VIP 候船室、售票大厅、候船厅、商业区域等，其他区域可以采用双通道覆盖。对于需要新建 5G 室内分布系统的轮渡码头，细化到各功能区域，在满足总体室内覆盖建设要求的基础上，还需要进一步因地制宜地选用具体的覆盖方案。

4. 覆盖策略

① 售票厅：售票厅的总体面积不是很大，属于视距传播，可以采用放装型的 4T4R PRRU 覆盖，根据覆盖面积的大小，可以设置 1 ～ 3 个小区，吊顶较高（8m 以上）。如果售票厅与其他功能区无隔断分离，则建议使用定向板状天线或赋形天线进行覆盖。

② 候车厅：面积较大，吊顶较高（8m 以上），建议使用定向板状天线或赋形天线进行覆盖，采用不同的频段分离各个小区，减少干扰，提升网络容量。

③ 过道：采用室内分布型的 PRRU 外接全向吸顶天线进行覆盖。

④ 办公区域：采用室内分布型的 4T4R PRRU 外接双极化天线分路覆盖或者采用室内分布型 2T2R 三点位的 PRRU 外接双极化天线覆盖。电梯采用传统无源分布系统双路覆盖或者漏泄电缆分布系统双路覆盖。

5. 容量规划

轮渡码头的 5G 典型业务包括视频会话、视频播放、实时视频分享、高清图片上传、在线游戏、OTT 等，根据业务模型测算网络容量需求。由于轮渡码头属于峰值容量受限场景，所以在进行容量规划时需要留有余量。

通常话务及数据的峰值发生在节假日开始到节假日结束的一段时间内，因此，容量估算要以节假日的峰值作为参考。

由于漫游用户比例较高，所以规划设计时需要同时预留一定的漫游话务。

为了满足集中的数据业务需求，在数据需求较大的区域，根据异频隔离的方法划分小区，减少网络干扰，提升网络容量。

3.5.6 隧道

1. 场景特点

根据不同场景，隧道可以分为高铁隧道、地铁隧道、高速隧道、城市快速路隧道、市区及景区隧道和其他隧道。其中，高铁隧道一般为单洞双轨，跨度较大，在12m左右，隧道内部的洞室一般间距在500m。地铁隧道一般为单洞单轨，跨度较小，在6m左右，隧道内部一般不设置洞室。高速隧道包括城市快速路隧道，一般为单向通车隧道，隧道的跨度一般根据行车道的数量变化而变化，在8～12m，一般不设置设备洞室。市区及景区隧道和其他隧道一般为双向通车隧道，隧道的跨度一般根据行车道的数量变化而变化，一般不设置设备洞室。各类隧道场景概况如图3-24所示。

高铁隧道   地铁隧道

高速隧道   城市快速路隧道

图3-24 各类隧道场景概况

2. 信号覆盖特点

隧道内的传播环境好，基本没有外部信号的干扰，信号传播最大的阻挡是车体的阻挡，高铁隧道内的复兴号列车的穿透损耗非常大，而且高铁的速度太快，出现较多的多普勒频移，同时由于速度过快造成小区切换比较频繁，给网络覆盖建设造成较大的难度。地铁内部的地铁列车的穿透损耗较大，速度相对较快，小区切换也比较频繁。高速隧道包括城市快速路隧道等，隧道内的汽车损耗相对较小，速度相对平缓，小区切换频次也比较一般。高铁列车上的人比较多，用户的 ARPU 值较高，对数据流量需求较大。地铁列车上的人较多，用户的 ARPU 值较高，对数据流量的需求较大。汽车上的人数一般，用户的 ARPU 值一般，对数据流量的需求一般。

3. 总体覆盖思路

对于该类场景，先核实是否具备 LTE 室内分布系统。该类场景如果具备 LTE 室内分布系统，则其建设思路和宾馆与酒店基本一样。

对于高速隧道、城市快速路隧道、市区及景区隧道和其他隧道而言，直接按照上述思路改造，但是高铁隧道、地铁隧道则有一定的差别，原有室内分布系统一般采用 13/8 英寸的漏泄电缆，无法支持 3500MHz 频段，并且 POI 没有预留 3500MHz 频段的接入端口，无法支持 TDD NR 3500MHz 的网络。对于这种情况，中国电信和中国联通在高铁隧道只能使用 FDD NR 2100MHz 的 5G 网络覆盖；地铁隧道则可以采用 TDD NR 3500MHz 的 5G 网络覆盖。

该类场景如果不具备 LTE 室内分布系统，则需要新建 5G 室内分布系统，根据覆盖区域的重要程度，选择不同的室内分布系统建设。

由于该类场景的空间及环境存在一定局限性，一般采用多家电信运营商共建 POI 和天线分布系统，接入各自信源。

BBU 统一就近安装在各个机房内，采用共建 POI 的网络。高铁隧道场景采用光纤将 RRU 拉远至隧道区间的洞室内，其他隧道场景采用光纤将 RRU 拉远至隧道区间的节点处。

对于隧道这样高数据业务需求的点位，由于受空间的影响，所以 5G 网络采用双通道的 MIMO 覆盖。

4. 覆盖策略

地铁隧道 5G 网络的改造，采用贴壁天线建设 TDD NR 3500MHz 的 5G 网络，建议贴壁天线安装在节点设备的上方，两根漏泄电缆之间，采用 8T8R 的 RRU，贴壁天线分方向覆盖。地铁隧道安装贴壁天线示意如图 3-25 所示。

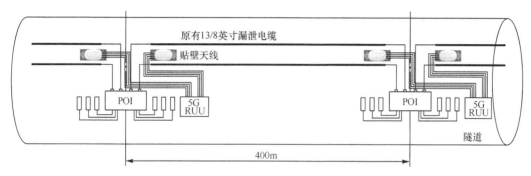

图3-25 地铁隧道安装贴壁天线示意

隧道内布线严格区分，保证漏泄电缆安装在弱电侧。地铁隧道采用漏泄电缆分布系统双路覆盖，考虑到中国电信和中国联通需要建设 TDD NR 3500MHz 的 5G 网络，选择 5/4 英寸漏泄电缆。地铁隧道内一般不设置洞室，设备安装在隧道墙壁上，安装设备的位置称为"节点"，建议节点的间距设为 400m，可以根据实际情况适当调整。漏泄电缆安装在隧道墙壁上，高度在高速列车的玻璃窗处，以降低高速列车的穿透损耗，建议两根漏泄电缆高度分别在距离轨面 2100mm 和 2600mm 处；设备安装在地铁隧道的隧道墙壁上，通过跳线连接到漏泄电缆。地铁隧道设备漏泄电缆连接示意如图 3-26 所示，地铁隧道设备安装如图 3-27 所示。

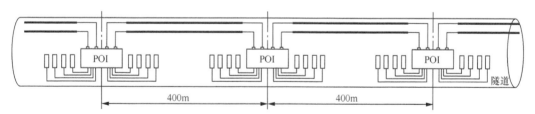

图3-26 地铁隧道设备漏泄电缆连接示意

图3-27 地铁隧道设备安装

153

新建地铁隧道、高铁隧道的 5G 网络覆盖，采用漏泄电缆分布系统双路覆盖，考虑到中国电信和中国联通需要建设 TDD NR 3500MHz 的 5G 网络，选择 5/4 英寸漏泄电缆。由于高铁隧道内的洞室间距一般为 500m，设备只能安装在洞室内，漏泄电缆单侧覆盖距离较远，所以为了提升网络覆盖能力，增加覆盖距离，建议采用非线性损耗的漏泄电缆。漏泄电缆安装在隧道墙壁上，高度在高速列车的玻璃窗处，以降低高速列车的穿透损耗，建议两根漏泄电缆的高度分别安装在距离轨面 2150mm 和 2550mm 处。设备安装在高铁隧道的洞室内，通过跳线连接到漏泄电缆。高铁隧道漏泄电缆连接示意如图 3-28 所示。

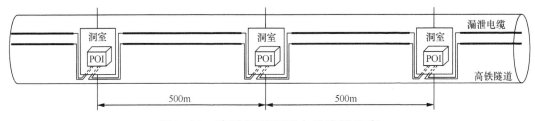

图3-28　高铁隧道漏泄电缆连接示意

高速隧道、城市快速路隧道、市区及景区隧道和其他隧道可以采用漏泄电缆分布系统双路覆盖、贴壁天线 4 路覆盖或者采用光纤分布系统外接对数周期天线双路覆盖。

采用漏泄电缆分布系统覆盖时，如果中国电信和中国联通明确需要建设 TDD NR 3500MHz 的 5G 网络，则使用 5/4 英寸的漏泄电缆；如果中国电信和中国联通明确不需要建设 TDD NR 3500MHz 的 5G 网络，只建设 FDD NR 2100MHz 的 5G 网络，则使用 13/8 英寸的漏泄电缆。漏泄电缆安装在隧道墙壁上，设备安装点需要根据业主的要求，安装在防火门内或者在隧道墙壁上。

采用对数周期天线覆盖时，一般情况下，电信运营商采用各自建设的情况。由于高速隧道及城市快速路隧道的数据需求较小，可以采用光纤分布系统的方式进行覆盖，远端采用室内分布型，外接对数周期天线覆盖。高速隧道对数周期天线安装示意如图 3-29 所示。对数周期天线和光纤分布系统的设备安装在隧道墙壁上，对数周期天线建议安装在隧道墙壁高度的中点处。为了信号覆盖良好，建议两个对数周期天线之间的间距为 400m 左右，隧道有急转弯处，建议增加天线覆盖。

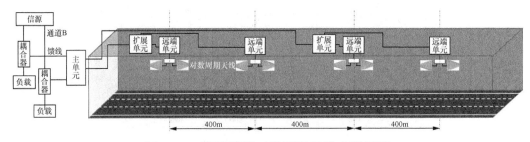

图3-29　高速隧道对数周期天线安装示意

5. 小区规划

隧道出入口需要设置引导覆盖天线或漏泄电缆；在隧道内，根据各通信制式切换特点，设置相应切换保护带。隧道口覆盖向外延伸，与室外小区保证合适的切换电平。如果隧道内需要分区，则应根据车速核算切换带的长度，计算小区的用户数据需求容量，设置超级小区，减少小区切换频次，保证用户在运动过程中的业务感知。

根据计算的容量，在隧道内部进行小区划分，地铁隧道可以就站台与两侧的隧道进行共小区设置。地铁隧道内小区划分示意如图3-30所示。

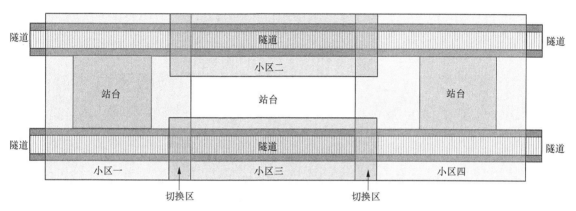

图3-30 地铁隧道内小区划分示意

地铁和高铁的隧道口切换，选择室外覆盖基站和近隧道口的隧道内基站设置为同一小区，减少网络切换，为了提升小区切换的重叠区域，建议将隧道内的漏泄电缆信号用馈线延伸出来，连接天线覆盖至隧道口。高铁隧道口小区划分示意如图3-31所示。

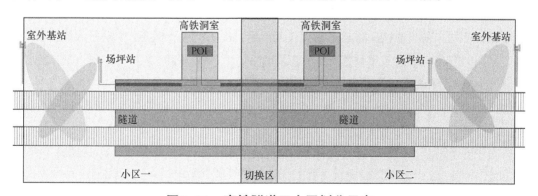

图3-31 高铁隧道口小区划分示意

6. 容量规划

隧道的5G典型业务包括视频会话、视频播放、实时视频分享、在线游戏、OTT等，根据业务模型测算网络容量需求。由于隧道属于峰值容量受限场景，所以在进行容量规划时需要留有余量。

通常话务及数据的峰值发生在节假日开始到节假日结束的一段时间内，因此，容量估算要以节假日的峰值作为参考。

由于漫游用户比例较高，所以规划设计时需要预留一定的漫游话务。

3.5.7 地下过道

地下过道分为带商业功能的地下过道和无商业功能的地下过道两种。带商业功能的地下过道两侧有各式各样的商业店铺，而无商业功能的地下过道则只有一个过道。地下过道场景概况如图3-32所示。

无商业功能的地下过道　　　　　　　　带商业功能的地下过道

图3-32　地下过道场景概况

带商业功能的地下过道的内部传播环境较差，内部的店铺的深度不一致，不同商家的装修风格不同，存在各种隔断，穿透损耗也不相同，导致网络覆盖较复杂，人流量较大，用户的 ARPU 值一般，但是对数据流量需求较大。无商业功能的地下过道没有隔断阻挡，只有一个过道，传播环境比较好，人流量比较小，数据流量需求较小。

1. 覆盖思路

对于该类场景，先核实是否具备 LTE 室内分布系统。该类场景如果具备 LTE 室内分布系统，则其建设思路和宾馆与酒店基本一样。

该类场景如果不具备 LTE 室内分布系统，则需要新建 5G 室内分布系统，根据覆盖区域的重要程度，选择不同的室内分布系统建设。

对于带商业功能的地下过道，根据商业的繁华程度，选择室内分布系统建设方式。

如果数据业务需求高，则建议采用室内分布型 2T2R 三点位的 PRRU 外接双极化天线覆盖。

如果数据业务需求低，则采用传统无源分布系统双路覆盖或者漏泄电缆分布系统双路覆盖。

无商业功能的地下过道可以采用直放站外接传统无源分布系统单路覆盖、漏泄电缆分布系统单路覆盖，如果地下过道长度较短，则可以选择无线直放站外接小板状天线覆盖。采用无线直放站时，应注意不要对施主站的信号造成干扰，一般情况下，建议 80m 以下的地下过道采用此种方法，如果地下过道有转弯，则可以在转弯处增加天线加以覆盖。地下过道覆盖设备安装示意如图 3-33 所示。

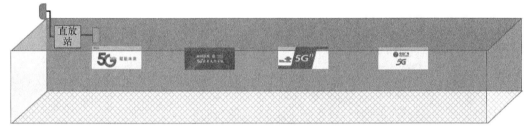

图3-33　地下过道覆盖设备安装示意

2. 小区及切换规划

根据人流量及流向规划切换区，天线应设在业务发生率较低的区域，预留足够的切换区域。

人员出入口应设置过渡天线，满足切换不掉话的需求，同时注意控制信号外泄，合理设置天线安装位置和发射功率，实现与室外信号的协同覆盖。考虑到该场景内的用户基本以步行为主，速度较慢，可以适当降低切换区设置的数值。

3. 容量规划

地下过道的 5G 典型业务包括视频会话、视频播放、在线游戏、OTT 等，根据业务模型测算网络容量需求。另外，地下过道属于峰值容量受限场景，主要发生在节假日开始到节假日结束的一段时间内，因此，在进行容量规划时需要留有余量。

●● 3.6 文体中心

随着国内人们生活水平的逐步提高，人们对文娱活动的日益追求正在促进各种大型场馆的兴建。这类大型场馆涉及的场景较多，根据场馆功能的不同通常包括大型会展中心、体育馆、博物馆、公共图书馆等。文体中心场景示例如图 3-34 所示。

大型会展中心　　　　　　　　　　　　　　体育馆

博物馆　　　　　　　　　　　　　　公共图书馆

图3-34　文体中心场景示例

这些场景在室内分布建设时，同样需要从总体上考虑，主要包括以下几个方面。

（1）覆盖

大型场馆主要以室内覆盖为主，大型会展中心、体育馆等典型场景兼顾室外覆盖。选择覆盖方案时主要考虑建筑物的体量、内部构造、人员分布疏密等因素。

（2）容量

场馆的业务量及类型与场馆功能、赛事活动、用户行为有关。容量估算主要对忙闲时段、峰值用户规模、业务类型、建筑物功能采用分区进行预测。

（3）切换

切换需要考虑建筑物平层、上下层、出入口、地下室出入口、电梯等。

（4）分区

场景规模较大，小区规划的合理与否直接影响场馆覆盖、容量及切换优劣，需要考虑区域人流疏密、人员流向、频率复用、场馆外延覆盖等。

3.6.1 体育馆

1. 场景特点

体育馆一般是指球类比赛的场地，较为常见的建筑结构是半开放式，主体为钢筋混凝土结构，建筑物举架高，内部空旷，隔断很少，只有一层，中间是比赛场地，周围是观众区域，观众座位由中间向外边逐步升高。体育馆内的用户集中于看台区域。体育馆的另一种结构是全封闭式，体育馆内部的隔断较少，场馆内用户集中于看台区域，受室外宏基站的干扰程度较低。体育馆场景示意如图 3-35 所示。

大型足球体育场

大型篮球体育场

大型游泳馆

小型体育馆

图3-35　体育馆场景示意

2. 信号覆盖特点

该类场景的网络通常表现为覆盖受限和容量受限。体育馆具有一个比较明显的特点，用户的"潮汐效应"较大。当体育馆举办活动时，人流急剧增加，给网络容量造成非常大的冲击。当体育馆没有举办活动时，人流急剧降低，场内几乎没有人。覆盖方面，由于体育馆内部区域空旷，邻区数量众多，所以覆盖区容易出现交叠干扰并且难以控制。容量方面，用户集中，容量要求较高，对媒体区、贵宾区等有大容量需求。业务有突发、忙闲差别大的特点，且业务突发时，业务密度较大。露天的体育馆由于外面的信号可以覆盖进来，所以没有主覆盖小区，容易出现"乒乓切换"现象，网络容易受干扰，用户的通话质量降低。

3. 总体覆盖思路

对于该类场景，先核实是否具备 LTE 室内分布系统。该类场景如果具备 LTE 室内分布系统，则其建设思路和宾馆与酒店基本一样。

该类场景如果不具备 LTE 室内分布系统，则需要新建 5G 室内分布系统，重点关注以下几个方面。

① 组网：考虑覆盖系统的高可靠性要求、交付的便利性，以及成本控制。

② 覆盖：合理选型天线，控制干扰；使用专业工具，模拟仿真，合理布放天线，保证覆盖。

③ 容量：综合语音及数据业务，根据场馆赛事活动统计规律进行容量规划。

④ 性能：合理的高品质的室内覆盖建设需区分 4 通道 MIMO 覆盖区域、双通道 MIMO 覆盖区域以及单通道非 MIMO 覆盖区域。

⑤ 小区：根据场馆特点、规划容量、切换区、小区干扰控制等因素合理设置小区。

⑥ 扩容：设计阶段预留扩容，方案应具有一定灵活性以便后期优化调整。

4. 覆盖策略

体育馆各功能分区的特点不同，应合理选择相应的覆盖方式。

① 看台：容量大、小区密度大，为了严格控制小区间相互干扰及切换区域，宜采用赋形天线覆盖。采用赋形天线的优势在于，主瓣覆盖区域之外急速滚降，旁瓣获得严格控制；同时，俯仰角可进行遥控调节并且具有较大的频率范围，支持多系统馈入。通常情况下，赋形天线安装在体育馆顶棚钢梁处，以较合适的角度覆盖看台目标区域。

② 中央比赛区：顶棚钢梁处采用 RRU 外接赋形天线覆盖比赛区。赋形天线安装及覆盖示意如图 3-36 所示。

  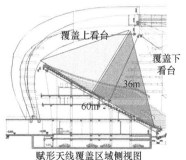

图3-36 赋形天线安装及覆盖示意

③ 室内功能区：利用全向吸顶天线，在室内通道、办公区等采用传统无源室内分布系统或者室内分布型 2T2R 三点位的 PRRU 外接双极化全向吸顶天线双通道覆盖。在媒体、贵宾区等功能区，根据隔断的多少选择不同的 5G 网络建设方式，一般采用放装型 4T4R PRRU 吸顶安装。体育馆其他区域，例如，贵宾区、功能房采用传统无源室内分布系统或者室内分布型 2T2R 三点位的 PRRU 外接双极化全向吸顶天线双通道覆盖，地下停车场等可以采用普通定向壁挂天线或全向吸顶天线进行单通道覆盖，对于房间纵深超过 4m 的情况，建议采用天线安装在房间内的方式实现覆盖。

④ 体育馆外区域：考虑到话务高峰出现的时间规律与人流活动情况，采用美化天线的隐蔽安装方式，利用体育馆内的频率资源或新建小区对体育馆外进行覆盖。

5. 切换规划

为了保障通信的畅通，尽量减少切换，合理制定不同区域的相关切换策略有助于适应体育馆话务迁移的特性。其中，涉及切换的主要区域有：平层、上下层 / 出入口、地下室出入口。

① 平层切换：设置在人流较少处，且满足人员流动的速度，尽量将连接紧密的功能区域设置成相同的小区以减少切换，适当减少小区覆盖的面积。

② 上下层 / 出入口切换：由于进场离场时的话务量较大，为了满足上下层区域切换要求，通常在楼梯口安装吸顶天线，保证重叠区域的顺利过渡。

③ 地下室出入口切换：尽量设置在出口通道内，保证在出口通道后顺利切换至室外小区。由于大多是车载用户，他们移动的速度较快，所以出入口切换带需保证信号切换成功。

6. 容量规划

在进行小区规划时，为了保证话务的均衡性以避免出现超忙小区或者超闲小区，综合考虑体育馆赛前赛后业务的流动特性，建议将体育馆内和广场规划为同一小区，从而充分利用载频资源。同时，考虑人员流向一般以纵向为主（出入口至看台），小区划分应以垂直为主，小区边界应设在人流较少的区域，避开走道。体育馆小区划分示意如图 3-37 所示。

就容量设计而言，不仅要充分考虑体育馆内赛事峰值时大量、突发性强的业务需求，还需要考虑无活动期间资源闲置的问题。通常解决这个问题的策略是，采用资源共享的折中办法实现容量的动态调度。首先，搭建大容量的 BBU 资源池，大容量资源池架构如图 3-38 所示，在体育馆内人员流动的区域之间或者整个体育馆与周边区域之间进行基站资源的共享，容量随业务量进行自适应配置，在提高资源利用率的同时节约了投资。

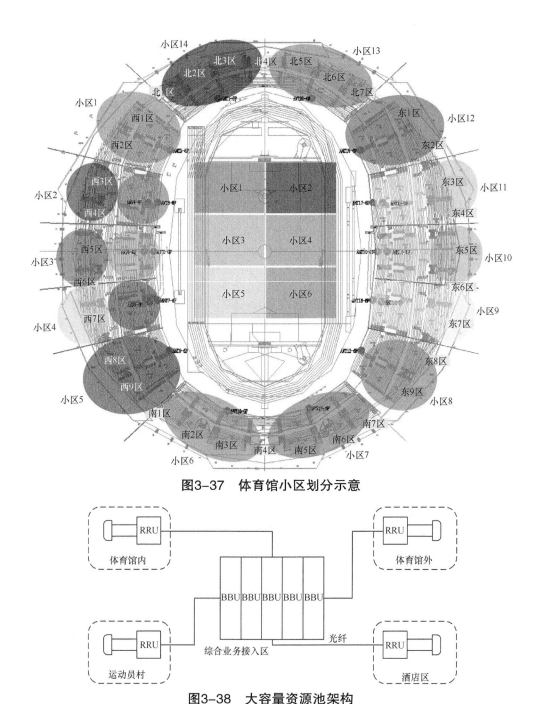

图3-37　体育馆小区划分示意

图3-38　大容量资源池架构

3.6.2　会展中心

会展中心作为大型场馆类的另一个典型场景，在近 10 年的时间里极大地促进了相关产业在科技、商贸以及文娱领域的交流，推动了产业的发展，同时产生了良好的社会效益。

另外，在会展期间，凝聚了大量的高价值商业用户，高品质的网络服务体验也能在品牌形象的建设上产生良好的经济效益。

1. 场景特点

会展中心的建筑物主体多为钢筋混凝土结构，比较空旷，基本没有隔断阻挡，楼层较高，单层面积较大。会展中心有展会时，商家根据自己展台的大小设置简单的隔断，大部分使用轻质墙隔断，将展厅分割成多个展位；会展中心没有展会时，展厅内基本是空旷的。会展中心场景概况如图 3-39 所示。

大型会展中心　　　　　　　　　　　　　　　大型会展中心内部图示例

图3-39　会展中心场景概况

2. 信号覆盖特点

此类场景的建筑物举架较高，内部空旷，无线传播环境较好，用户相对分散。类似于体育馆场景，会展中心同样也面临覆盖难控制、容量大且突发性强，以及业务量存在"潮汐效应"等问题，因此，其总体的覆盖建设思路可以参考体育馆场景。

3. 覆盖策略

① 会展中心整体：采用空间立体小区划分的形式，主要通过水平划分小区。

② 会展中心展厅：空旷程度和高铁站的候车厅相似，可以参考高铁车站候车厅的覆盖方式，采用室内分布型的 4T4R PRRU 外接定向壁挂天线或赋形天线覆盖，天线可安装于顶棚的横梁处，或者展厅两端的柱子上。

③ 办公区域：采用室内分布型的 4T4R PRRU 外接双极化天线分路覆盖或者采用室内分布型 2T2R 三点位的 PRRU 外接双极化天线覆盖。电梯和地下室采用传统无源分布系统双路覆盖或者漏泄电缆分布系统双路覆盖。

④ 其他区域：休息区、地下停车场、电梯和地下室采用传统无源分布系统双路覆盖或

者漏泄电缆分布系统双路覆盖。

另外一些小型体育馆和小型会展中心可以采用放装型的 4T4R PRRU 覆盖，也可以采用传统无源分布系统双路覆盖。

●● 3.7　学校

随着城市建设的不断发展，城市中心的中小学也有一些改扩建工程，一部分大学则由于面积过小的原因，开始搬迁到市郊，校园内部的建筑及功能更完善，校园也变得更美丽，校园也相应成为一个大型园区。一般而言，中小学具备的功能性建筑，在大学校园内都具备，本节以大学校园为例进行分析。

大学校园通常包含多种功能性建筑。其中，教学楼、宿舍楼、行政楼、食堂、图书馆、大礼堂、体育馆等属于室内区域。校园内场景如图 3-40 所示。校园建筑物的外部，场景比较多样化，例如，空旷的操场、室外运动区域，密集的教学楼群、宿舍楼群等。

| 大学校园 | 教学楼 | 体育馆 |
| 图书馆 | 宿舍 | 食堂 |

图3-40　校园内场景

校园内的各种功能性建筑物，其无线传播环境有所差异，建设难度也较大。由于校园内的学生密集度高，开学期间施工的难度较大，因此，我们建议在假期进行施工建设，特别是寒暑假期间。5G 网络建设的要求，主要包括以下 4 个方面。

① 覆盖：校园内部的室内分布系统建设需要根据各功能性建筑物的高度、宽度和形态来选择相应的覆盖方案。

② 容量：校园内，无线通信业务量大，用户集中，特别是宿舍楼，需要结合宿舍楼的结构，评估用户渗透率。

③ 干扰：校园内的高层建筑物信号混杂，干扰较大，通信质量差，需要室内外协同考虑，从频率策略、邻区配置、天线选型、天线位置等多个方面进行考虑。

④ 切换：信号外泄和切换问题较多，需合理设置切换区域，同时考虑高层、电梯、地下停车场出入口等区域的切换。

校园内的体育馆和"3.6 文体中心"节的体育馆的场景特点、信号覆盖特点、总体建设思路、覆盖策略基本一致，只是校园内的体育馆的 5G 网络通道数建设需要和校园内的通道数建设统一。校园内其他各功能性的建筑物，接下来进行分类说明。

3.7.1 教学楼

1. 场景特点

教学楼的建筑楼层较低，建筑物横向较宽，总体占地面积大小不一。一般较为老式的楼宇无电梯地下室，周围楼宇的布局及特点一般差别不大。教学楼建筑物一般采用钢筋混凝土框架，房间间隔主要为砖混结构体结构。教学楼内部主要由各个教室组成，中间为走廊，两侧为教室。教室可以分为小型教室、中型教室和阶梯教室。其中，小型教室一般可以容纳 40 个学生上课；中型教室一般可以容纳 80 个学生上课；阶梯教室一般可以容纳 200 个学生上课。教学楼内一般会配置一定的教学办公室。

2. 信号覆盖特点

教学楼的横向较宽，信号阻挡较为严重，穿透损耗较大，导致室外基站信号覆盖比较困难，需要建设室内分布系统并结合室内外协同策略进行深度覆盖。教学楼内部的教室内比较空旷，属于视距传播，教室之间的隔断为砖混结构体结构，穿透损耗较大。每个教室在走廊侧一般配置两扇门，穿透损耗相对较小。

（1）总体覆盖思路

对于该类场景，先核实是否具备 LTE 室内分布系统。该场景如果具备 LTE 室内分布系统，则其建设思路和写字楼场景基本一样。

该类场景如果不具备 LTE 室内分布系统，则需要新建 5G 室内分布系统，根据该校园内电信运营商的用户渗透率，结合各类用户的业务需求，选择网络建设的规模。根据校园的容量需求的大小，考虑 5G 网络的通道数设置，对于容量需求较高的学校，采用 4 通道 MIMO 进行覆盖，对于容量需求一般的学校，则可以采用双通道覆盖。

（2）覆盖策略

① 容量需求较高的学校，教学楼采用 PRRU 分布系统覆盖时，可以选择放装型 4T4R PRRU 远端，直接将远端安装在教室内，中型教室放置一个，阶梯教室可以放置 1～2 个。

小型教室可以考虑采用室内分布型 4T4R PRRU 外接双极化天线吸顶安装，两个小型教室分别安装一副天线，也可以在小型教室内安装一副天线，走廊上安装另一副天线。

② 容量需求一般的学校，教学楼采用传统无源分布系统覆盖时，可以考虑每个教室安装天线，小型教室安装一副天线，中型教室安装 2 副天线，阶梯教室可以安装 2 ～ 4 副天线。走廊上，每隔 12 ～ 15m 安装一个吸顶天线以保证信号强度。

③ 靠近窗边信号容易漏泄的区域，采用 PRRU 远端直接覆盖时，2 层及以上教学楼需要考虑外部渗透到窗边的信号，在适当的地方安装远端，以保证教室内不会出现"乒乓切换"现象。1 层的教室则需要考虑教室内的信号漏泄，建议采用室内分布型 4T4R PRRU 外接定向天线，从窗边往内覆盖。

④ 电梯建议采用板状天线在电梯井内安装，每 3 层安装一副，如果不允许电梯井内安装天线，则考虑在电梯厅安装定向板状天线朝电梯门方向进行覆盖，一般每层安装一副天线。

（3）小区及切换规划

教学楼根据建筑物面积的大小及大楼层数的多少，采用水平分区和垂直分区相结合的方式划分小区。由于教学楼和宿舍楼是学生发生"潮汐现象"的两个重要场所，可以适当考虑采用共小区的方式来解决大量切换区域的问题。切换带规划的原则为该区域的终端密度较低，终端运动速度较慢，教学楼的切换带建议设置在教学楼周边。

（4）容量规划

学校的容量特点为用户多且分布密集，终端数据业务需求明显。人流及话务峰值分时段出现在宿舍生活区及教学活动区之间，存在明显的话务"潮汐现象"。近年来，学校用户的数据业务呈现快速增长的趋势，典型业务包括视频会话、视频播放（IPTV）、虚拟现实、在线游戏、数据下载、云存储、OTT 等，总体呈现"长忙时"特性，即全天都具有较大的数据业务需求。从容量总体上来说，考虑到每年新生的进校和毕业生的离校，校园内的用户数总量基本保持稳定，只是用户在校园内的流动性较大。针对学校类场景业务量具有忙闲不均匀、此消彼长的特点，建议在容量允许的条件下，共享基带资源以提高资源利用率，通常是校园内各区域设备小区分区域共用多个 BBU，在保证资源较高利用率的同时，又可以应对突发大业务量的需求。

3.7.2　行政办公楼

1. 场景特点

一般为学校管理层办公的楼宇，部分也配置相应的教学办公室，该场景和商务办公楼一样，属于半空旷型场景。该类型建筑物多为钢筋混凝土结构或钢筋混凝土结构外加玻璃幕墙，通常楼层较高、有电梯和地下室。该场景的内部建筑隔断较多，穿透损耗情况复杂，楼层间穿透损耗也较大。

2. 信号覆盖特点

该场景的结构特点与商务写字楼差别不大，平层内部建筑隔断较多，穿透损耗情况复杂，楼层间穿透损耗也较大。因此，行政办公楼总体建设覆盖思路和教学楼基本一致。

3.7.3 食堂

1. 场景特点

食堂可以容纳的人员较多，该类建筑物多为钢筋混凝土结构，层数较少，一般为 1 ～ 2 层，单层面积较大，中间区域为桌子和凳子，四周为厨房和售卖部，一般采用玻璃相隔，层高通常在 5m 以上，部分食堂具备少量包间，包间采用轻质墙体隔离。

2. 信号覆盖特点

该场景的结构特点与中间空旷型的聚类市场相似。平层内部隔断少，有隔断的包间区域基本为玻璃，穿透损耗小，包间区域的穿透损耗略大。食堂的数据流量需求量具有突发性的特性，在学生用餐期间，食堂内部的数据流量需求会直线上升，在学生用餐后，食堂内部的数据流量需求会直线下降。

食堂总体的建设覆盖思路和教学楼基本一致，食堂的覆盖策略如下。

① 容量需求高的学校，食堂采用 PRRU 分布系统覆盖时，可以选择放装型 4T4R PRRU 远端吸顶安装。对于大型食堂，可以采用室内分布型 4T4R PRRU 远端外接赋性天线贴墙安装。

② 容量需求一般的学校，食堂采用传统无源分布系统覆盖时，可考虑错排双路的模式覆盖。

③ 包间覆盖可以考虑室内分布型 4T4R PRRU 远端外接双极化的方式，在每个包间内安装一副天线；采用传统无源分布系统时，在每个包间安装一副全向天线。

④ 靠近窗边信号容易漏泄的区域，建议采用室内分布型 4T4R PRRU 外接定向天线或传统无源分布系统外接定向天线，从窗边往内覆盖。

3.7.4 图书馆

1. 场景特点

该类建筑物多为钢筋混凝土结构，层数较少，一般为 1 ～ 3 层，单层面积较大，大部分区域为书架，少部分区域则为课桌和凳子，层高通常在 5m 以上。

2. 信号覆盖特点

该场景的结构特点与大型连锁超市相似，平层内部隔断很少，阻挡信号传播的主要为书架，穿透损耗小，图书馆内的数据流量需求一般不大，这些数据流量基本为用户查询资料时产生。

图书馆的总体建设覆盖思路和教学楼基本一致，图书馆的覆盖策略如下。

① 容量需求高的学校，图书馆采用 PRRU 分布系统覆盖时，可以选择放装型 4T4R PRRU 远端吸顶安装。对于大型图书馆，可以采用室内分布型 4T4R PRRU 远端外接赋性天线贴墙安装。

② 容量需求一般的学校，图书馆采用传统无源分布系统覆盖时，可以考虑采用错排双路或错层 4 路的模式覆盖。

靠近窗边信号容易漏泄的区域，建议采用室内分布型 4T4R PRRU 外接定向天线或传统无源分布系统外接定向天线，从窗边往内覆盖。

3.7.5 宿舍

1. 场景特点

宿舍区的建筑较为密集，排列较为规则，一般采用钢筋混凝土框架，房间间隔为砖混结构墙体，宿舍楼每层均为宿舍，内部的隔断非常多，一般情况下一个宿舍就有一个隔断，隔断间距在 3 ～ 4m。新建的宿舍楼和宾馆与酒店的客房区域基本相似，进门处的两侧是柜子和卫生间，有些宿舍的卫生间是背靠背的，有些宿舍的卫生间则是在宿舍同一侧。老式的宿舍房间内没有柜子和卫生间，一般每层设置一个大型的公共卫生间。每层宿舍的中间一般都是过道，两侧是宿舍房间，房间和过道上基本不会有吊顶。

2. 信号覆盖特点

该场景宿舍区建筑较为密集，学生人数众多且数据流量需求集中，需要考虑采用室内外协同手段满足大容量的深度覆盖需求。由于宿舍楼的房间间隔较多，建筑物阻挡严重，穿透损耗较大。

（1）总体覆盖思路

对于该类场景，先核实是否具备 LTE 室内分布系统。该场景如果具备 LTE 室内分布系统，则其建设思路和宾馆与酒店基本一样。

该场景如果不具备 LTE 室内分布系统，则需要新建 5G 室内分布系统，其基本的建设思路和前面教学楼的相同，但是作为用户最密集的宿舍，还需要考虑一些特殊的情况，具体如下。

① 采用传统无源分布系统覆盖时，可以采用错层双路或者错层 4 路的方式进行覆盖。

② 宿舍楼的窗户一般比较大，每个寝室有一个大窗户，室外信号能够进入窗边，防止室外宏站信号的干扰，通常安装室内定向天线增强覆盖。

③ 由于宿舍楼内的隔断非常密集，不建议使用4通道建设室内分布系统，建议采用双通道覆盖。

（2）覆盖策略

① 容量需求高的学校，宿舍采用 PRRU 分布系统覆盖时，可以选择放装型 2T2R 三点位 PRRU 远端，天线安装在走廊上时，建议安装点位在宿舍门的上方；也可以采用天线入室的方式，用馈线伸入房间规避墙体的穿透损耗，适当降低入室天线的发射功率，适当在走廊上安装若干天线，天线间距可以是 15～20m，也可以适当降低天线功率。

② 容量需求一般的学校，宿舍楼采用传统无源分布系统覆盖，天线安装在走廊上时，建议安装点位在宿舍门的上方；也可以采用天线入室的方式。

③ 靠近窗边信号容易漏泄的区域，2 层及以上需要考虑外部渗透到窗边信号，适当提升天线口的输入功率，以保证宿舍内不会出现"乒乓切换"现象，1 层的宿舍还需要考虑宿舍内的信号漏泄问题，建议天线入室的情况下，在窗口处安装定向天线向内覆盖。

（3）小区及切换规划

宿舍楼根据建筑物面积的大小及大楼层数的多少，采用水平分区和垂直分区相结合的方式划分小区。由于教学楼和宿舍楼是学生发生"潮汐现象"的两个重要场所，可以适当考虑采用共小区的方式解决大量切换区域的问题。切换带规划原则为该区域终端密度较低，终端运动速度较慢，考虑到宿舍楼的特性，小区切换可能发生在上下楼梯处及宿舍门口。

（4）容量规划

学校的容量主要发生宿舍区，其特点为用户多且分布密集，终端数据流量需求明显。5G 网络典型业务包括视频会话、视频播放（IPTV）、虚拟现实、在线游戏、数据下载、云存储、OTT 等，总体呈现"长忙时"特性。考虑到 5G 网络的持续发展，未来校园的数据流量需求会不断增加，特别是宿舍区的容量需求，因此，在建设时，就应该充分考虑未来小区容量规划及容量扩容的便捷性。

●●3.8　综合医院

随着人们生活水平的不断提高，人们对身体健康也越来越关注，原来的医院院区规模无法满足人们的就诊需求；另外，随着城市化的建设，人们的居住环境及个人住房面积也得到很大的改善，医院作为基础配套设施，也随着住宅小区的扩展而建设新的院区，新的院区各方面的功能和面积得到较大提升。5G 网络作为新一代的通信网络，需要对医院进行覆盖。这类场景中的用户数较多，对各种数据业务需求量也较大。然而，医院的老院区周围高楼林立，建筑物相对比较密集，无线传播环境复杂，各种大小场景的相互嵌套又导致了建设难度增大。新的院区周围新建大楼的高度比老院区周围更高，建筑物相对比较稀疏，无线传播环境更复杂，容易出现越区覆盖，各种大小场景的相互嵌套导致了建设难度逐步增大。5G 网络的建设要求主要体现在以下 4 个方面。

① 覆盖：医院内部的室内分布系统建设需要根据各功能性建筑物的高度、宽度和形态来选择相应的覆盖方案。

② 容量：医院内的业务量较大，各种类型的用户都有，需要结合楼宇内的人员结构、业务类型进行预测。

③ 干扰：高层信号混杂，干扰大，通信质量差，需要室内外协同考虑，从频率策略、邻区配置、天线选型、天线位置等多个方面进行考虑。

④ 切换：信号外泄和切换问题较多，需合理设置切换区域，同时考虑高层、电梯、地下停车场出入口等区域的切换。

根据行政级别，医院可分为省市级以上大型综合医院和其他医院。

1. 场景特点

医院园区内，建筑物的类型相对较多，一般由门诊楼、住院楼和发热门诊楼等组成。门诊楼内，门诊大厅和候诊厅比较空旷，门诊室有一定的隔断，但是隔断基本以石膏板为主。住院楼的病房则和密集型场景一样，每个病房都有隔断，入门处两侧为柜子和卫生间。发热门诊楼和门诊楼场景基本一样。医院场景概况如图 3-41 所示。

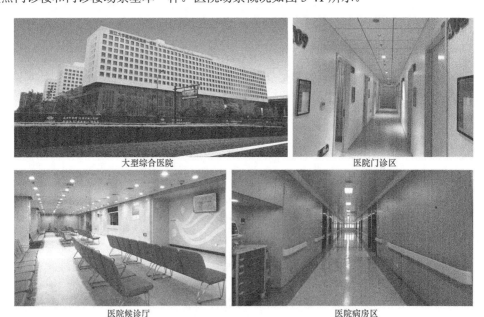

大型综合医院	医院门诊区
医院候诊厅	医院病房区

图3-41　医院场景概况

2. 信号覆盖特点

医院内部的信号传播环境较差，隔断相对较多，走廊的吊顶层高较低，会影响信号的传播，电梯、地下车库等一般会成为覆盖盲区。如果医院大楼的建筑物比较高，则会引起高层区域信号杂乱，高层区域没有主覆盖小区，会出现"乒乓切换"现象，用户的通话质量降低。门诊楼的门诊大厅和挂号大厅基本没有隔断，属于空旷型场景。门诊室区域的隔断较多，场景结构类似于半密集型场景。住院楼内的隔断较多，类似于宾馆密集型场景，医院内的人流量非常大，数据流量较大。

3. 总体覆盖思路

对于该类场景，其建设思路和宾馆与酒店基本一样。

4. 覆盖策略

① 对于医院挂号大厅和门诊大厅：采用 PRRU 分布系统覆盖，根据医院的数据流量需求，可以采用放装型 4T4R PRRU 吸顶安装，也可以采用室内分布型 2T2R 三点位的 PRRU 远端外接双极化全向天线吸顶安装。采用传统无源分布系统可以考虑每隔 15 ～ 20m 安装一个吸顶天线。

② 办公区、普通会议室、门诊室：采用 PRRU 分布系统覆盖，可以选择室内分布型 2T2R 三点位的 PRRU 远端外接双极化全向天线吸顶安装，天线安装在门诊室；采用传统无源分布系统可考虑每隔 12 ～ 15m 安装一个吸顶天线，部分区域需要将天线安装在房间内。

③ 病房内：电磁传播环境非常差，可以考虑将天线安装在房间内，降低天线的输入功率，减少墙体的穿透损耗。

④ 走廊区域：传统无源分布系统可以考虑每隔 12 ～ 15m 安装一个全向天线以保证信号强度，如果采用室内分布型 2T2R 三点位的 PRRU 远端，则需统筹考虑走廊覆盖，同样需要每隔 12 ～ 15m 安装一个天线点位。

⑤ 靠近窗边区域：信号容易漏泄，采用定向天线从窗边往房间内覆盖。

⑥ 电梯：建议采用板状天线在电梯井内安装，每 3 层安装一副天线，或采用漏泄电缆分布系统覆盖，如果不允许电梯井内安装天线，则考虑在电梯厅安装定向板状天线朝电梯门方向进行覆盖，一般每层安装一副天线。

⑦ 地下室：采用传统无源分布系统单路覆盖、漏泄电缆分布系统单路覆盖或者光纤分布系统覆盖。

5. 分区规划

对医院内的高层大楼，一般采用垂直分区，当裙楼单层面积较大且超过单个小区的覆盖面积时，可采用水平分区，利用建筑结构，减少小区之间重叠覆盖区，小区规划要结合切换区规划和邻区规划。

6. 干扰抑制

对于高层医院，其高层区域通常由于无其他建筑遮挡，会导致大量室外信号聚集在室内，从而引起较为严重的信号干扰。

解决上述问题常用的办法为，增加室内定向吸顶天线以加强室内信号覆盖，即使有信号从窗户漏泄到室外，但是由于高层的室外一般无用户，所以产生的影响也不大。

解决上述问题另外一种方案为，通过异频组网的方式，楼宇内和室外采用不同的频率进行组网，虽然很大程度上抑制了干扰，但是异频的切换会导致呼叫建立的成功率低及业务中断的风险高。在采用异频方案时，通常建议采用"低层同频、高层异频"的折中方案，该方案在避免高层干扰的同时可确保低层的室内外信号正常切换。

7. 容量规划

医院内的人流量非常大，数据流量需求较大，医院内的 5G 典型业务包括视频会话、视频播放（IPTV）、在线游戏、OTT 等，具体容量计算参考"1.4 5G 场景业务模型"节的相关内容。

●● 3.9　政府机关

政府机关大楼内部的高端用户比例较高，需要进行重点覆盖。政府机关大楼内通常会包含多种功能性子场景。这些子场景包括办公室、会议室、食堂等。5G 网络建设的要求主要体现在以下 4 个方面。

① 覆盖：政府机关大楼内部的室内分布系统建设需要根据各功能性建筑物的高度、宽度和形态来选择相应的覆盖方案。

② 容量：政府机关大楼内，无线通信的业务量不大，但是高端用户比例较高，需要结合楼宇内人员的结构，评估该政府机关大楼内电信运营商的用户渗透率，采用不同的业务类型进行预测。

③ 干扰：政府机关大楼周边的高层建筑物较多，对政府机关大楼的信号干扰较大，用户的通信质量较差，需要室内外协同考虑，从频率策略、邻区配置、天线选型、天线位置等多个方面进行考虑。

④ 切换：信号外泄和切换问题多，需合理设置切换区域，同时考虑高层、电梯、地下停车场出入口等区域的切换。

1. 场景特点

政府机关内部有办公室、会议室、食堂等子场景，从场景的具体情况分析，其结构和商务办公楼一样，属于半密集型场景。根据政府的级别和办公的规模不同，政府机关大楼也不同，有的楼层较多，有的楼层则较少。标准层的结构基本类似，办公楼内部有一定的隔断，一般情况下，一到两间房就有一个隔断，这些房子一般会有吊顶。政府机关场景概况如图 3-42 所示。

政府机关大楼

政府机关行政服务中心

政府机关办公区

政府机关食堂

图3-42 政府机关场景概况

2. 信号覆盖特点

政府机关大楼内的电磁传播环境较差，隔断相对较多，走廊的吊顶造成层高较低，会影响信号的传播，电梯、地下车库等区域一般会成为覆盖盲区。如果政府机关大楼的楼层较高，则会引起高层区域信号杂乱，没有主覆盖小区，出现"乒乓切换"现象，用户的通话质量降低。政府机关大楼整体的用户数较多，数据流量需求不大，但是用户的 ARPU 值较高，属于高口碑场景。

3. 总体覆盖思路

对于该类场景，其建设思路和宾馆与酒店基本一样。

4. 覆盖策略

① 对于高口碑场景及数据流量需求大的场景，采用 PRRU 分布系统覆盖，空旷型及半空旷型的子场景，例如，会议室、食堂、图书馆等，可以采用放装型 4T4R PRRU 吸顶安装，也可以采用传统无源分布系统。传统无源分布系统可以考虑每隔 15～20m 安装一个吸顶天线。

② 办公区采用 PRRU 分布系统覆盖，采用室内分布型 2T2R 三点位的 PRRU 远端外接双极化全向天线吸顶安装，建议天线安装在办公室内，如果无法在办公室内安装天线，则考虑在走廊上安装天线，天线建议安装在办公室门的上方。如果采用传统无源分布系统，则天线的安装模式和室内分布型 2T2R 三点位的 PRRU 远端外接天线安装的模式一致。

③ 走廊区域可以采用传统无源分布系统覆盖，可以考虑每隔 12～15m 安装一个全向天线以保证信号强度，如果采用室内分布型 2T2R 三点位的 PRRU 远端，则统筹考虑走廊覆盖，同样需要每隔 12～15m 安装一个天线点位。

④ 靠近窗边信号容易漏泄区域采用定向天线从窗边往房间内覆盖。

⑤ 电梯建议采用板状天线在电梯井内安装，每 3 层安装一副天线，或采用漏泄电缆分布系统覆盖，如果不允许电梯井内安装天线，则考虑在电梯厅安装定向板状天线朝电梯门方向进行覆盖，一般每层安装一副天线。

⑥ 地下室采用传统无源分布系统单路覆盖、漏泄电缆分布系统单路覆盖或者光纤分布系统覆盖。

5. 分区规划

对于高层政府机关大楼，一般采用垂直分区，当裙楼单层面积较大且超过单个小区的覆盖面积时，可采用水平分区，利用建筑结构，减少小区之间的重叠覆盖区，小区规划要结合切换区规划与邻区规划。

6. 干扰抑制

对于高层政府机关大楼，其高层区域通常由于无其他建筑遮挡，会导致大量室外信号聚集在室内，从而引起较为严重的信号干扰，其解决方案和宾馆与酒店的干扰抑制解决方案相同。

7. 容量规划

政府机关办公区内的人流量较大，数据流量需求一般。政府机关办公区的 5G 典型业务包括视频会话、视频播放（IPTV）、在线游戏、OTT 等视频会话（双方或多方）、云桌面、数据下载、云存储、OTT 等，具体容量计算参考"1.4 5G 场景业务模型"节的相关内容。

●● 3.10　电信运营商自有楼宇

随着电信运营商的发展，省市县乡各级电信运营商自有楼宇也在逐步完善。乡镇级一般电信运营商自有楼宇由办公室和营业厅组成；县级电信运营商自有楼宇由办公室、原基站控制器（Base Station Controller，BSC）机房、营业厅组成；市级电信运营商自有楼宇则由办公室、原 BSC 机房、核心机房、营业厅组成。原 BSC 机房在 5G 时代，可以作为 5G 网络综合业务接入区机房。

对于电信运营商自有楼宇的 5G 网络建设要求，主要包括以下 4 个方面。

① 覆盖：电信运营商自有楼宇内部的室内分布系统建设需要根据各功能性建筑物的高度、宽度和形态来选择相应的覆盖方案。

② 容量：电信运营商自有楼宇内，无线通信的业务量极大，高端用户比例高，需要结合楼宇内的人员结构，采用具体的业务类型进行预测，评估室内覆盖的建设容量。

③ 干扰：部分电信运营商自有楼宇位于市中心，周边的高层建筑物较多，对于电信运营商自有楼宇的干扰较大，通信质量差，需要室内外协同考虑，从频率策略、邻区配置、天线选型、天线位置等多个方面进行考虑。

④ 切换：信号外泄和切换问题多，需合理设置切换区域，同时考虑高层、电梯、地下停车场出入口等区域的切换。

1. 场景特点

电信运营商自有楼宇内有办公室、会议室、食堂、机房、营业厅等子场景，从场景的具体情况分析，其结构和商务办公楼类似，属于半密集型场景。根据不同的电信运营商的级别和办公的规模，电信运营商自有楼宇也各不相同，有的楼层较多，有的楼层则较少。标准层的结构基本类似，办公楼内部有一定的隔断，基本一到两间房就有一个隔断，房间一般会有吊顶，会议室、食堂、机房等子场景基本没有隔断，属于空旷型场景，这些子场景一般会有吊顶。老式机房一般会有吊顶，新装修的机房则不会有吊顶。电信运营商自有楼宇一般会有电梯和地下室。

营业厅卖场根据级别和营业模式分为区域中心体验厅、一般营业厅和合作营业厅。营业厅的层数不多，基本以一层为主，少数有二到三层，营业厅的内部基本没有隔断，属于空旷型场景，与电信运营商自有楼宇办公楼连在一起的营业厅，配置有电梯和地下室，其他营业厅一般租用其他楼宇，基本没有电梯和地下室。电信运营商自有楼宇概况如图 3-43 所示。

电信运营商自有楼宇

电信运营商办公室

大型营业厅

小型营业厅

图3-43　电信运营商自有楼宇概况

2. 信号覆盖特点

电信运营商自有楼宇内的电磁传播环境根据子场景的不同类别，其差异也较大，部分办公室的隔断相对较多，走廊的吊顶导致层高较低，会影响信号的传播；有些办公室属于开放式办公室，内部的隔断较少，传播环境较好。会议室、食堂、机房等内部基本没有隔断，属于视距传播。电梯、地下车库等一般会成为覆盖盲区。如果电信运营商自有楼宇的楼层较高，则会引起高层区域信号杂乱，没有主覆盖小区，出现"乒乓切换"现象，用户的通话质量降低。电信运营商自有楼宇的整体用户数多，数据流量较大，属于高口碑场景。部分电信运营商自有楼宇会有5G网络的展示厅，对网络容量及质量要求较高。营业厅卖场一般会演示手机的相关功能，数据流量需求非常大，属于极高口碑场景。

3. 总体覆盖思路

对于该类场景，其建设思路和宾馆与酒店基本一样。

4. 覆盖策略

① 对于高口碑场景及数据流量需求大的电信运营商自有楼宇，采用 PRRU 分布系统覆

盖，属于空旷型及半空旷型的子场景，例如，开放式办公室、会议室、食堂、机房、营业厅等，采用放装型 4T4R PRRU 吸顶安装。

② 非开放式的办公区采用 PRRU 分布系统覆盖，如果采用室内分布型 2T2R 三点位的 PRRU 远端外接双极化全向天线吸顶安装，则天线安装在办公室内；如果采用传统无源分布系统，那么天线也安装在办公室内。

③ 走廊区域采用传统无源分布系统覆盖，可以考虑每隔 12 ～ 15m 安装一个全向天线以保证信号强度，如果采用室内分布型 2T2R 三点位的 PRRU 远端，则统筹考虑走廊覆盖，同样需要每隔 12 ～ 15m 安装一个天线点位。

④ 靠近窗边信号容易漏泄区域采用定向天线从窗边往房间内覆盖。

⑤ 电梯建议采用板状天线在电梯井内安装，每 3 层安装一副天线，或采用漏泄电缆分布系统覆盖。

⑥ 地下室采用传统无源分布系统单路覆盖、漏泄电缆分布系统单路覆盖。

5. 分区规划

对于电信运营商自有楼宇，一般采用垂直分区，当裙楼单层面积较大且超过单个小区的覆盖面积时，可采用水平分区，利用建筑结构，减少小区之间的重叠覆盖区，小区规划要结合切换区规划与邻区规划。

6. 干扰抑制

对于高层电信运营商自有楼宇，其高层区域通常由于无其他建筑遮挡，会导致大量室外信号聚集在室内，从而引起较为严重的信号干扰，其解决方案和宾馆与酒店的干扰抑制的解决方案相同。

7. 容量规划

对电信运营商自有楼宇而言，内部人员基本为本公司人员，使数据流量需求量非常大，有的甚至是网络测试楼宇。因此，电信运营商自有楼宇内部的 5G 典型业务包括视频会话（双方或多方）、云桌面、数据下载、云存储、虚拟现实、增强现实、在线游戏等 5G 业务，具体容量计算参考"1.4 5G 场景业务模型"节的相关内容。

●● 3.11 大型园区

随着我国产业结构的调整，原来那些会对环境造成污染的企业、设计不合理的企业、位于市中心的工厂已经逐步搬迁或者关停，同时一大批现代化的工业园区顺势而生。这些工业园区的环境优美，没有污染，内部建筑物设计合理。根据企业自身的发展，这些企业对于 5G 网络覆盖的要求不同，部分企业只需公网覆盖即可，部分企业要求建立 5G 定制网。工业园区内的各种功能性建筑物的无线传播环境有所差异。5G 网络建设的要求主要包括以下 4 个方面。

① 覆盖：大型园区内部的室内分布系统建设需要根据各功能性建筑物的高度、宽度和形态来选择相应的覆盖方案。

② 容量：大型园区的无线通信业务量根据企业的要求各不相同，有些区域的用户集中，例如，宿舍楼，网络容量需要结合大型园区人员的结构，采用具体的业务类型进行预测。

③ 干扰：大型园区的面积一般比较大，建筑物相对比较稀疏，室外传播环境较好，但是园区内的建筑物的内部信号混杂，干扰大，用户的通信质量变差，需要室内外协同考虑，从频率策略、邻区配置、天线选型、天线位置等多个方面进行考虑。

④ 切换：信号外泄和切换问题较多，需合理设置切换区域，同时考虑高层、电梯、地下停车场出入口等区域的切换。

大型园区主要是一些大型创业、研发或生产类场所，根据行业性质不同，大型园区可分为科技创业园和工业厂房类园区两大类。大型园区场景概况如图 3-44 所示。

科技创业园

科技创业园办公室

工业厂房类园区

工业厂房宿舍走廊

图3-44　大型园区场景概况

3.11.1 科技创业园

1. 场景特点

以研究型为主体的大型园区，园区内有多幢建筑组成，包括研究办公楼、研究实验室、食堂、图书资料楼等。研究办公楼和商务办公楼一样，属于半空旷型场景，有些办公楼属于开放式的建筑，室内基本没有隔断，也没有吊顶。研究实验室根据研究的目标不同，内部机构完全不同。食堂属于空旷型场景，基本没有隔断，图书资料楼属于空旷型场景，内部除了书架，基本没有隔断。整个科技创业园会有多部电梯和空间比较大的地下室。

2. 信号覆盖特点

科技创业园内的建筑物相对比较稀疏，室外传播环境较好。建筑物内的电磁传播环境较好，一般情况下，基本属于空旷型和半空旷型场景，内部信号阻挡较少，电梯、地下室基本为覆盖盲区。内部人员非常多，人员使用手机的频率也较高，对数据的需求极大。

3. 总体覆盖思路

对于该类场景，其建设思路和宾馆与酒店基本一样。

科技创业园内的建筑物一般比较稀疏，室外传播环境比较好，室外信号能够较好地穿透建筑物的窗户，进入建筑物内部，为了防止室外宏基站信号的干扰，通常采用室内定向天线安装的方式来增强覆盖。

根据园区的容量需求的大小，考虑 5G 网络的通道数设置，对于高容量需求的园区，采用 4 通道 MIMO 进行覆盖，容量需求一般的可以采用双通道覆盖。

部分需要建设企业定制网的科技创业园，建议采用室内外同步覆盖，考虑到双层网络的覆盖，为了防止相互干扰，建议定制网和公网采用不同的频段进行覆盖。根据 5G 网络切片需求，覆盖设备可以采用皮基站。

4. 覆盖策略

① 高容量需求的科技创业园，其内部研究办公楼、研究实验室、食堂、图书资料楼等楼宇采用 PRRU 分布系统覆盖时，空旷型和半空旷型场景可以选择放装型 4T4R PRRU 远端吸顶安装，其他场景可以考虑采用室内分布型 4T4R PRRU 外接双极化天线吸顶安装，天线安装在房间内。

② 一般容量需求的科技创业园采用传统无源分布系统双路覆盖，每隔 12 ～ 15m 安装一个全向天线。

③ 走廊区域采用传统无源分布系统覆盖，可以考虑每隔 12 ~ 15m 安装一个全向天线以保证信号强度，如果采用室内分布型 4T4R 的 PRRU 远端，则统筹考虑走廊覆盖，同样需要每隔 12 ~ 15m 安装一个全向天线。

④ 靠近窗边信号容易漏泄的区域，采用 PRRU 远端直接覆盖时，2 层及以上区域需要考虑外部渗透到窗边信号，适当的地方安装远端，以保证室内不会出现"乒乓切换"现象。1 层的室内则需要考虑室内的信号漏泄，建议采用室内分布型 4T4R PRRU 外接定向天线，从窗边往室内覆盖。

⑤ 电梯建议采用板状天线在电梯井内安装，每 3 层安装一副天线，如果不允许电梯井内安装天线，则考虑在电梯厅安装定向板状天线朝电梯门方向进行覆盖，一般每层安装一副天线。

⑥ 地下室采用传统无源分布系统单路覆盖、漏泄电缆分布系统单路覆盖。

5. 小区及切换规划

科技创业园根据园区内不同的结构和各个楼宇对数据不同的需求，可以采用室内外相结合的方式划分小区，结合园区内建筑物的物理特性和用户的使用习惯，减少小区之间的重叠覆盖区，小区规划要结合切换区规划和邻区规划。

6. 容量规划

科技创业园的容量特点为用户多且分布密集，单机话务量大，终端数据业务需求的标准较高。5G 典型业务包括视频会话、视频播放（IPTV）、虚拟现实、在线游戏、数据下载、云存储、云桌面、OTT 等，具体容量计算参考"1.4 5G 场景业务模型"节的相关内容。5G 定制网则需要根据科技创业园的要求，通过模型测算，确定具体的网络容量。

3.11.2　工业厂房类园区

1. 场景特点

工业厂房类园区内由多幢建筑组成，包括办公楼、实验室、食堂、图书资料楼、厂房、宿舍等。办公楼和商务办公楼一样，属于半空旷型场景，有些办公楼属于开放式的建筑，室内基本没有隔断，也没有吊顶。实验室根据实验的目标不同，内部机构完全不同。食堂属于空旷型场景，基本没有隔断。图书资料楼属于空旷型场景，内部除了书架，基本没有隔断。厂房根据生产的产品不同，厂房内部的结构也不同，一般而言，厂房内比较空旷，除了机器与必要的隔断，基本是空旷的区域。宿舍的隔断很多，属于密集型场景。

2. 信号覆盖特点

工业厂房类园区内的建筑物相对比较稀疏，室外传播环境较好。建筑物内的电磁传播环境较好，一般情况下，基本属于空旷型和半空旷型场景，内部信号阻挡较少，电梯基本为覆盖盲区。工业厂房类园区的内部人员虽然非常多，但是人员使用手机的频率较低，对数据的需求不大。而宿舍的隔断很多，电磁传播环境较差，宿舍内部的人员非常多，而且人员使用手机的频率非常高，对数据的需求较大。

3. 总体覆盖思路

对于该类场景，其建设思路和科技创业园基本一样。

4. 覆盖策略

① 高容量需求的工业厂房类园区，其内部办公楼、实验室、食堂、图书资料楼、厂房等楼宇采用 PRRU 分布系统覆盖时，空旷型和半空旷型场景可以选择放装型 4T4R PRRU 远端吸顶安装，其他场景可以考虑采用室内分布型 4T4R PRRU 外接双极化天线吸顶安装，天线安装在房间内。

② 一般容量需求的工业厂房类园区，其内部办公楼、实验室、食堂、图书资料楼、厂房等楼宇采用传统无源分布系统双路覆盖，每隔 12 ~ 15m 安装一个全向天线。

③ 工业厂房类园区的宿舍楼是公网数据发生量最大的区域，选择放装型 2T2R 三点位 PRRU 远端，优先选择天线入室的方式，采用馈线伸入房间规避墙体的穿透损耗，适当降低入室天线的发射功率；如果天线不能入室安装，则建议将其安装在走廊上宿舍门的上方。

④ 走廊区域，传统无源分布系统可以考虑每隔 12 ~ 15m 安装一个全向天线以保证信号强度，如果采用室内分布型 2T2R 三点位的 PRRU 远端，则统筹考虑走廊覆盖，同样需要每隔 12 ~ 15m 安装一个天线。

⑤ 靠近窗边信号容易漏泄的区域采用定向天线从窗边往室内覆盖。

⑥ 电梯建议采用板状天线在电梯井内安装，每 3 层安装一副天线，或采用漏泄电缆分布系统覆盖，如果不允许电梯井内安装天线，则考虑在电梯厅安装定向板状天线朝电梯门方向进行覆盖，一般每层安装一副天线。

⑦ 地下室采用传统无源分布系统单路覆盖、漏泄电缆分布系统单路覆盖。

5. 小区及切换规划

工业厂房类园区根据园区内的不同结构和各个楼宇对数据的不同需求，可以采用室内外相结合的方式划分小区，利用工业厂房类园区内建筑物的物理特性和用户的使用习惯，减少小区之间的重叠覆盖区，小区规划要结合切换区规划和邻区规划。

6. 容量规划

工业厂房类园区的容量特点是用户多、分布密集、单机话务量大，终端数据业务的需求明显，而且人流及话务峰值分时段发生在宿舍生活区及工厂其他区域之间，存在明显的话务"潮汐"现象，可以利用这个现象进行网络容量规划。5G 典型业务包括视频会话、视频播放（IPTV）、在线游戏、数据下载、云存储、云桌面、OTT 等，具体容量计算参考"1.4 5G 场景业务模型"节的相关内容。5G 定制网则需要根据园区的要求，通过模型测算，确定具体的网络容量。

●● 3.12 居民住宅

近 20 多年来，国内房地产事业"井喷式"地发展促使了多样化的居民住宅建设。根据楼宇分布、楼层高度、结构特点等，居民住宅可以分为别墅小区、多层小区、高层小区等，还有在城市发展过程中，原城乡接合部的私人居民住宅区域成为城中村。

尽管居民住宅场景多样且复杂，但其覆盖建设都需从以下 4 个方面入手。

① 覆盖：居民住宅小区在建设室内分布系统时，需要结合室内外综合手段对整个住宅区域进行深度覆盖。具体的方案需根据楼宇的高度、布局和形态等信息进行选取。

② 容量：居民住宅小区的业务量与用户数量、用户行为相关，需结合居民住宅小区的住户数量、业务类型进行预测。

③ 切换：避免在人流量大的区域设置分区而导致大量用户频繁切换，需要考虑高层、电梯、地下停车场出入口等区域的切换。

④ 外泄：居民住宅小区的内部环境较为复杂，覆盖时需注意信号的外泄，避免对小区以外的区域造成影响，需从天线的选型、天线的安装位置等方面考虑。

对于居民住宅小区，由于业主对相关通信设施建设的安全和对健康问题的担心，室内分布系统的施工建设通常会遇到各种限制。因此，对于该类场景在采用室内分布系统建设的同时会结合大量的室内外综合覆盖方法进行深度覆盖。居民住宅小区类场景如图 3-45 所示。

多层居民住宅小区俯瞰示意　　　　　　　　　　　别墅小区俯瞰示意

图3-45　居民住宅小区类场景

高层居民住宅小区俯瞰示意　　　　　城中村俯瞰示意

图3-45　居民住宅小区类场景（续）

3.12.1　多层居民住宅小区

1. 场景特点

多层居民住宅小区的建筑基本为砖混材质的板楼，建筑物的高度一般在 7 层及以下；建筑物的长度明显大于宽度，基本为条形结构，这些建筑物有可能会根据地形建设成弧形或"L"形。由于建筑物的高度较矮，建筑物的密度相对较高，建筑物的规模较大，小区面积较大，每层容纳的住户较多，建筑物的分布相对规则，居民住宅小区没有电梯和地下室。多层居民住宅小区场景概况如图 3-46 所示。

图3-46　多层居民住宅小区场景概况

2. 信号覆盖特点

多层居民住宅小区内的电磁传播环境较差，前后楼层阻挡会导致部分区域出现信号弱覆盖和盲区覆盖等问题，并且楼顶建设宏基站的覆盖效果并不理想，底层信号覆盖受到周围楼宇的阻挡，出现弱覆盖。从多层居民住宅小区的建设特性分析，多层住宅小区大部分建设在马路边，沿街边的居民住宅楼宇的覆盖效果比较好，进入居民住宅小区内部，覆盖电平值会急剧下降，甚至会出现信号覆盖盲区，无法满足用户网络覆盖的需求。

3. 总体覆盖思路

对于该类场景，先核实是否具备 LTE 分布系统。

该类场景如果具备 LTE 分布系统，则核实其原有的建设方式。如果为居民住宅小区分布系统覆盖，对于中国移动，则可以在原有的分布系统上合路 TDD NR 2600MHz 的 5G 网络；对于中国电信和中国联通，则可以采用建设 FDD NR 2100MHz 的 5G 网络，需要将原有 LTE 的 RRU 替换为 NR 的 RRU，替换时需要注意，分布系统内是否有干线放大器和直放站。分布系统内如果有干线放大器和直放站，则需要同步更换可以满足 5G 网络需求的设备。

该类场景如果为 RRU 外接射灯天线覆盖，对于中国移动，则可以在原有的分布系统上合路 TDD NR 2600MHz 的 5G 网络；对于中国电信和中国联通，采用建设 FDD NR 2100MHz 的 5G 网络时，需要将原有 LTE 的 RRU 替换为 NR 的 RRU，替换时需要注意，分布系统内是否有直放站，分布系统内如果有直放站，则需要同步更换可以满足 5G 网络需求的设备。如果采用建设 TDD NR 3500MHz 的 5G 网络，则需要更换原有不支持 3500MHz 频段的器件和射灯天线。

该类场景如果不具备 LTE 分布系统，则需要新建 5G 分布系统，可以采用以下几种方式进行 5G 小区覆盖。

① 采用地面美化天线覆盖，按照每个单元一个天线的方式覆盖。这种方式需要物业的允许，施工人员需要挖开居民住宅小区内部的地面，施工中可能遇到较多的困难，投资也相对较高。

② 采用居民楼顶安装高性能射灯型美化天线进行覆盖。这种方式覆盖的主设备信源可以采用 "BBU+RRU" 的模式，天线采用 2T2R 的高性能射灯天线，从路边的那排楼宇开始向内覆盖，每栋楼房的楼顶安装天线，覆盖里面的楼宇。楼顶安装射灯天线覆盖方案示意如图 3-47 所示。

③ 采用 RRU 直连射灯天线时，可以选用多通道的 RRU，外接多副射灯天线，以扩大覆盖区域，降低安装天线的建设成本。例如，8T8R 的 RRU 可以接 4 副天线。RRU 直连射灯天线覆盖能力见表 3-2。

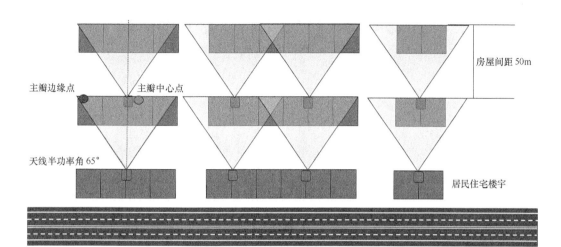

图3-47　楼顶安装射灯天线覆盖方案示意

表3-2　RRU直连射灯天线覆盖能力

RRU 类型	输出功率 / W	频段 / MHz	子载频数量 / 个	子载频功率 / MW	天线输入功率 / dBm	天线增益 / dB	天线口功率 / dBm	穿透损耗 / dB	阴影余量 / dB	50m 处的链路损耗 / dB	边缘场强 / dBm	主瓣边缘场强 / dBm
RRU (4T4R)	80	2100	2400	33.3	15.23	14.1	29.33			121.37	−92.04	−94.79
RRU (8T8R)	50	2100	2400	20.8	13.19	14.1	27.29	33.50	15	121.37	−94.09	−96.84
	50	2600	3276	15.3	11.84	15.1	26.94			123.23	−96.29	−99.04
	50	3500	3276	15.3	11.84	15.1	26.94			125.81	−98.87	−101.62

在表 3-2 中，RRU 的通道功率分别取 80W 和 50W，选用射灯天线的频段为 2100MHz 的天线增益为 14.1dB，RRU 的通道功率为 50W 时，3500MHz 的天线增益为 15.1dB。穿透损耗选择南方普通多层住宅砖体墙的穿透损耗，需要穿透一堵外墙和一堵内墙，阴影余量取 15dB，房屋间距为 50m。在 RRU 直接连接射灯天线的情况下，FDD NR 2100MHz、TDD NR 2600MHz 和 TDD NR 3500MHz 这 3 个 5G 网络的覆盖，无论是边缘场强，还是主瓣边缘场强，都能达到覆盖要求。

对于一些用户渗透率不高，数据需求不大的多层住宅小区，也可以采用 RRU 连接直放站或者光纤分布再连接射灯天线覆盖，可以进一步降低网络建设的成本。远端功率的选择较多，在上述同样的条件下，RRU 直接连接射灯天线覆盖能力见表 3-3。

表3-3　RRU直接连接射灯天线覆盖能力

光纤分布远端类型	输出功率 / W	频段 / MHz	子载频数量 / 个	子载频功率 / MW	天线输入功率 / dBm	天线增益 / dB	天线口功率 / dBm	穿透损耗 / dB	阴影余量 / dB	50m 处的链路损耗 / dB	边缘场强 / dBm	主瓣边缘场强 / dBm
直放站远端	20	2100	2400	8.3	9.21	14.1	23.31			121.37	−98.07	−100.81
	20	2600	3276	6.1	7.86	14.1	21.96			123.23	−101.27	−104.02
	20	3500	3276	6.1	7.86	15.1	22.96	33.50	15	125.81	−102.85	−105.60
光纤分布远端	5	2100	2400	2.1	3.19	14.1	17.29			121.37	−104.09	−106.84
	8	2600	3276	2.4	3.88	15.1	18.98			123.23	−104.25	−107.00
	10	3500	3276	3.1	4.85	15.1	19.95			125.81	−105.86	−108.61

在表 3-3 中，直放站远端采用 2×20W，外接射灯天线，FDD NR 2100MHz、TDD NR 2600MHz 和 TDD NR 3500MHz 这 3 个 5G 网络的边缘场景满足覆盖 SS-RSRP 高于 −105dBm 的要求，主瓣边缘场强也能满足要求。如果采用光纤分布系统远端，对于 FDD NR 2100MHz 的 5G 网络，则远端输出功率需要 5W，才能满足边缘场强要求；对于 TDD NR 2600MHz 的 5G 网络，则远端输出功率需要 8W，才能满足边缘场强要求；对于 TDD NR 3500MHz 的 5G 网络，则远端输出功率需要 10W，才能满足边缘场强要求。这些输出功率的主瓣边缘场强能够满足 5G 网络 SS-RSRP 的最低覆盖要求，即大于等于 −110dBm 的要求。从多层居民住宅小区的房屋特性分析，多层住宅小区的北边一般由上下楼梯间、厨房、卫生间和小房间组成，其数据需求没有客厅和南面房间的需求大，因此，多层住宅小区北边的 SS-RSRP 大于等于 −110dBm 也可以满足覆盖要求。

在多层居民住宅小区周围高层楼宇的楼顶加装高增益美化天线，从高往低覆盖。

在多层居民住宅小区边角新增美化路灯型一体化站来解决 5G 的深度覆盖。

对投诉较多且为优质客户的房间，考虑安装家庭级一体化皮基站。

多层居民住宅小区内部采用路灯杆安装天线覆盖两侧住宅楼宇。在这种情况下，需要选用大张角的天线，能够解决建筑物从上到下一定宽度的覆盖。路灯杆安装天线覆盖方案示意如图 3-48 所示。这种方式每副天线的覆盖面积有限，投资成本较高。

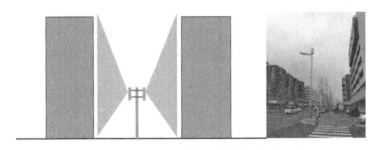

图3-48　路灯杆安装天线覆盖方案示意

3.12.2 别墅小区

1. 场景特点

别墅小区的建筑物一般低于 4 层，以 2 ～ 3 层为主，建筑物多为砖混结构，单个面积较大且内部纵深较长，区域内的楼宇排列相对整齐，楼宇之间的距离通常较远，区域内绿化较好，多以灌木类景观树木为主，一般没有电梯，有地下室，小区的用户数较少，但用户 ARPU 值较高。别墅小区场景概况如图 3-49 所示。

图3-49　别墅小区场景概况

2. 信号覆盖特点

别墅小区由于建筑物的楼层较低，所以室外覆盖相对容易。但别墅小区属于高档小区，物业条件限制较大，一般不允许建设室内分布系统，即使成功建设室内分布系统并投入使用，也会存在室内分布系统投资回收效益不高的问题。

3. 总体覆盖思路

对于该类场景，先核实是否具备 LTE 分布系统。该类场景如果具备 LTE 室内分布系统，则其建设思路和多层居民住宅小区基本一样。

该类场景如果不具备 LTE 分布系统，则需要新建 5G 分布系统，一般情况下，别墅小区采用室外覆盖室内的方式。对于物业可协调的别墅小区可采用分布式基站结合美化天线的方式，包括路灯杆、草坪灯杆等形式；对于物业难协调的别墅小区则可以考虑从外侧的高楼或路灯进行覆盖，或者利用别墅小区外围的室外基站，实现别墅小区道路、住宅楼住户内的室内覆盖，发挥室外基站容量大、站间切换有保障的优势。对于存在公共地下车库的区域，优先考虑建设室内分布系统进行覆盖。在较大型的别墅小区，可在别墅小区内部选择公共建筑，设置微型站加强别墅小区内部覆盖。另外，对投诉较多且为优质客户的房间，考虑安装家庭级一体化皮基站。别墅小区网络覆盖示意如图 3-50 所示。

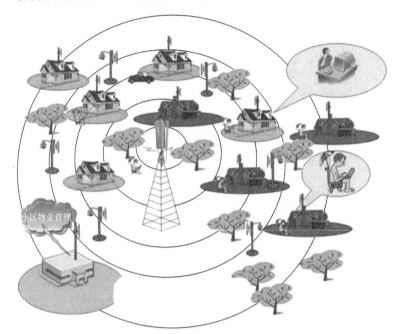

图3-50　别墅小区网络覆盖示意

3.12.3　高层居民住宅小区

1. 场景特点

高层居民住宅小区多为混凝土框架结构的塔楼，建筑物高度一般在 8 层及以上，35 层以上的建筑物为超高层。不同规模和档次的高层居民住宅小区的建筑物密度差别较大。高档居民住宅小区一般建筑物的密度不会太高；建筑物的规模较大，每层容纳的用户较多，配有电梯、地下停车场，绿化面积较大，入住率较高。同时，这些小区具有统一的物业管理，对施工规范要求也相对较高。

2. 信号覆盖特点

高层区域信号杂乱，没有主覆盖小区。电梯、地下车库等区域为覆盖盲区，由于高层居民住宅小区的建筑物较高，导致周围基站的信号被阻挡，位于高层居民住宅小区中央区域的部分楼宇及周边道路容易出现弱覆盖，甚至成为覆盖盲区。

3. 总体覆盖思路

对于该类场景，先核实是否具备 LTE 室内分布系统。该类场景如果具备 LTE 室内分布系统，则其建设思路和多层居民住宅小区基本一样。

该类场景如果不具备 LTE 室内分布系统，则需要新建 5G 室内分布系统，结合实际的建设难度，对该类小区的 5G 深度覆盖建设有以下几个方面建议。

① 考虑到高层居民住宅小区每层布线的工程量和建设难度，可以适当考虑采用"室内分布系统 + 上仰角射灯天线或路灯天线系统"相结合的覆盖方式，通过这种方式降低施工复杂度和提高建设效率。

② 使用室内分布覆盖电梯、电梯厅等室内公共区域和地下车库，采用"室内分布外打"的方式，利用 RRU 信号，外挂天线覆盖高层居民住宅小区的中高层区域。高层居民住宅小区场景概况如图 3-51 所示。

图3-51　高层居民住宅小区场景概况

③ 相邻的高层建筑之间也可以利用楼顶天线或"墙体外挂天线对打"的方式进行覆盖。

④ 地面射灯天线向上可以覆盖 5 ～ 6 楼的高度，因此，还需要在楼宇的高层增加天线，通过"上下天线对打"的方式解决整栋建筑的覆盖问题，具体包括在楼顶安装射灯天线、抱杆天线、排气管天线等。射灯天线安装示例如图 3-52 所示。

射灯天线　　　　　　　　　　射灯天线安装图 1　　　　　　　　　射灯天线安装图 2

图3-52　射灯天线安装示例

安装在高层的天线尽量采用垂直大张角天线来增大覆盖面的高度。

如果楼宇施工存在一定困难，则可以考虑建设美化路灯站点的方式，解决小区 5G 深度覆盖的问题。

大倾角天线、排气管天线和美化方柱天线示例如图 3-53 所示。

大倾角天线　　　　　　　排气管天线　　　　　　　美化方柱天线

图3-53　大倾角天线、排气孔天线和美化方柱天线示例

高层居民住宅小区的建筑物类型较多，总体包括环抱型、岛型、错落有致型等。其中，环抱型的特点：高层建筑物分布在高层居民住宅小区的周围，多层建筑物和活动区域分布在高层居民住宅小区的中央。岛型的特点：高层建筑物分布在高层居民住宅小区的中央，多层建筑物和活动区域分布在小区的周围。错落有致型的特点：高层建筑物、多层建筑物和活动区域没有具体分布的规律。对于这些具体类型的高层居民住宅小区需要统一规划，需要结合多种覆盖方式来建设。高层居民住宅小区多种方式结合覆盖示意如图 3-54 所示。

图 3-54（a）中分层覆盖适合高品质的高层居民住宅小区覆盖，室内采用低层室内分布系统和高层室内分布系统覆盖的方式，覆盖地下室、电梯和居民住宅平层。室外则由路灯杆天线覆盖底层，楼顶采用射灯天线覆盖高层，中间楼层采用"室内分布外打"的方式覆盖，从平层覆盖引信号接射灯天线覆盖中间楼层。

图 3-54（b）中上下覆盖适合普通品质的高层居民住宅小区覆盖，室内采用室内分布系统覆盖电梯和地下室，室外则由路灯杆天线覆盖低层，楼顶采用射灯天线覆盖高层。

图 3-54（c）中四周高、中间低覆盖适合普通品质的环抱型高层居民住宅小区覆盖，室内采用室内分布系统覆盖电梯和地下室，室外则由中间低层安装射灯天线仰角覆盖四周高楼的高层覆盖，中间低层则由四周高楼的楼顶采用射灯天线向下覆盖。

图 3-54（d）中四周低、中间高覆盖适合普通品质的岛型高层居民住宅小区覆盖，室内采用室内分布系统覆盖电梯和地下室，室外则由四周低层安装射灯天线仰角覆盖中间高楼的高层覆盖，中间低层则由中间高楼的楼顶采用射灯天线向下覆盖。

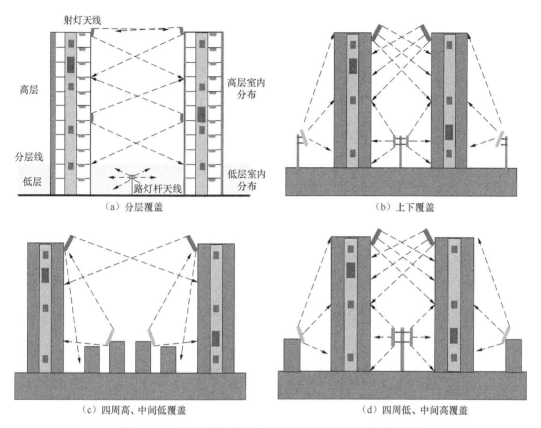

（a）分层覆盖　　　　　　　　　　　（b）上下覆盖

（c）四周高、中间低覆盖　　　　　　　（d）四周低、中间高覆盖

图3-54　高层居民住宅小区多种方式结合覆盖示意

3.12.4　城中村

1. 场景特点

城中村的场景特点是楼宇密集，道路狭窄，基础配套严重不足，居民区立体结构复杂，楼层高矮不一，无线传播环境复杂，物业管理较为混乱。城中村的居民一般多为中老年人和外来务工人员。城中村场景概况如图 3-55 所示。

2. 信号覆盖特点

该场景的信号覆盖特点：建筑物阻挡严重，穿透损耗大，室内外覆盖严重不足。由于城中村的楼宇密集，5G 宏基站信号经过

图3-55　城中村场景概况

多次阻挡，用户房屋内的信号急剧衰减，无法满足用户正常使用。同样由于城中村的楼宇密集，5G 基站的建设经常会遇到较大的困难。

3. 总体覆盖思路

对于该类场景，先核实是否具备 LTE 小区分布系统。

该类场景如果具备 LTE 小区分布系统，对于中国移动，则可以在原有的分布系统上合路 TDD NR 2600MHz 的 5G 网络；对于中国电信和中国联通，则采用建设 FDD NR 2100MHz 的 5G 网络，需要将原有 LTE 的 RRU 替换为 NR 的 RRU，替换时需要注意，分布系统内是否有干线放大器和直放站。分布系统内如果有干线放大器和直放站，则需要同步更换这些设备，选择满足 5G 网络的设备。

该类场景如果不具备 LTE 小区分布系统，则需要建设小区分布系统，信源可以采用"BBU+ RRU"，分布系统采用的是光纤分布系统。建设小区分布系统采用专门的小板状天线进行覆盖。光纤分布系统覆盖城中村设备安装位置如图 3-56 所示。

接入单元　　　　　　　扩展单元　　　　　　　远端单元　　　　　　　远端单元

图3-56　光纤分布系统覆盖城中村设备安装位置

由于光纤分布系统可以将 5G 信号通过光纤输送到远端，所以较大地增加了覆盖面积，而且作为小区分布系统，其安装也非常便捷。

① 接入单元（Access Unit，AU）可以就近安装在信源处，可以安装在 19 英寸的机柜内，也可以挂墙安装。

② 扩展单位（Extended Unit，EU）可以拉远到覆盖目标区域，可以在通信杆上安装，也可以贴墙安装。

③ 远端单元（Remote Unit，RU）可以采用放装型和室内分布型，一般情况下，建议采用室内分布型外接定向天线安装，不能安装天线时，可以考虑采用放装型，设备可以安装在楼顶，也可以安装在通信杆上，天线的覆盖方向朝向目标区域。

④ 接入单元和信源一起就近取电；扩展单元需要考虑取电的便捷性；远端单元由扩展单元远程供电。

●● 3.13 电梯和地下室

3.13.1 电梯

1.场景特点

电梯包括货梯、客梯以及观光电梯等。电梯井一般为钢筋混凝土结构，一部电梯拥有一个电梯井。电梯场景概况如图3-57所示。

图3-57 电梯场景概况

2.信号覆盖特点

电梯的电磁传播环境较差，由于有电梯门及墙体阻挡，所以电梯轿厢内部基本是弱覆盖区域，甚至是覆盖盲区。电梯井内，除了电梯，其他区域属于视距传播，但是电梯的轿厢穿透损耗较大，一般为 20 ～ 35dB，给 5G 网络覆盖的建设造成较大的困难。电梯内部的人流量与电梯所属的场景有关，总体而言，电梯内部的人员从低层到高层逐步减少。

电梯作为高层建筑物的主要通道，建设 5G 网络覆盖必须作为重点，选择哪种覆盖方式非常重要，接下来，我们介绍几种电梯覆盖的常用策略。电梯覆盖方式（一）如图 3-58 所示。

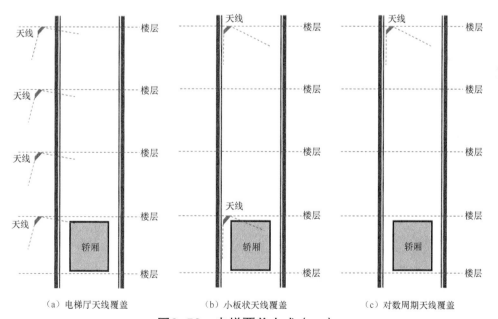

（a）电梯厅天线覆盖　　　　（b）小板状天线覆盖　　　　（c）对数周期天线覆盖

图3-58 电梯覆盖方式（一）

（1）电梯厅天线覆盖

电梯厅天线覆盖如图 3-58（a）所示，采用这种方式的原因，一般是由于电梯井内不允许安装天线或是由于新型室内分布无法外接室内分布系统天线造成的。

从覆盖角度分析，这种方式下天线需要穿透两层门及钢筋混凝土的墙体，损耗较大，覆盖范围有限，并且必须每层都安装天线，建设成本较高。从质量角度分析，如果是覆盖的楼宇较多，上下层有不同小区划分，则随着电梯的运行，会出现频繁的小区切换，造成网络质量下降。

因此，一般不建议使用这种方式。

（2）小板状天线覆盖

小板状天线覆盖如图 3-58（b）所示，这种方式的天线安装在电梯井道内，由于小板状天线存在波瓣宽度的问题，覆盖范围有限，所以一般情况下，建议 3 ～ 4 层安装一面天线，要求一个电梯井道的天线归属于一个小区。

（3）对数周期天线覆盖

对数周期天线覆盖如图 3-58（c）所示，这种方式的天线安装在电梯井道内，对数周期天线的波瓣宽度比小板状天线小，同样，天线增益也比小板状天线大，在电梯井内覆盖能力有所增强，一般情况下，建议 5 ～ 8 层安装一面天线，要求一个电梯井道的天线归属于一个小区。

（4）漏泄电缆覆盖

电梯覆盖方式（二）如图 3-59 所示。漏泄电缆对于电梯井、隧道有着较好的覆盖能力，其信号相对比较均匀。漏泄电缆覆盖如图 3-59（a）所示。一般建议漏泄电缆安装在电梯门的反面井道壁上，注意漏泄电缆的辐射方向朝电梯，结合漏泄电缆分布系统的特点，信号输入点选择大楼电梯的中间楼层效果最佳。

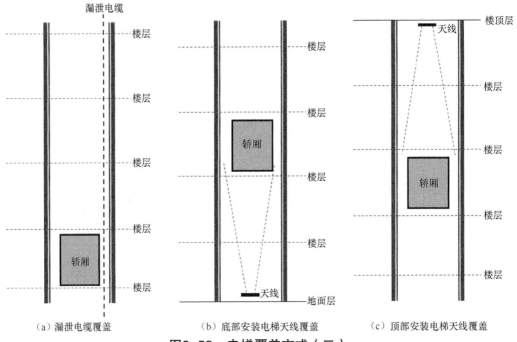

（a）漏泄电缆覆盖　　　　（b）底部安装电梯天线覆盖　　　　（c）顶部安装电梯天线覆盖

图3-59　电梯覆盖方式（二）

（5）电梯专用天线覆盖

电梯专用天线，简称电梯天线，也称为基坑天线，电梯天线实物示例如图 3-60 所示。电梯天线是专门为了覆盖电梯而设计生产的。电梯天线的安装位置可以分为电梯底部安装，从下往上覆盖，底部安装电梯天线覆盖如图 3-59（b）所示；电梯顶部安装，从上往下覆盖，顶部安装电梯天线覆盖如图 3-59（c）所示。

图3-60　电梯天线实物示例

在有电梯和地下室的楼宇，在地下室建设室内分布系统场景下，可以从室内分布系统中接一路信号，采用电梯天线从下往上覆盖。如果没有地下室而有电梯覆盖需求的点位，而且楼顶有基站、小基站、微 RRU 或顶层有室内分布系统的，则建议电梯天线从上往下覆盖。电梯天线的相关参数指标示例见表 3-4。

表3-4　电梯天线的相关参数指标示例

参数	技术指标		
工作频段 /MHz	820 ～ 960	1710 ～ 2690	3300 ～ 3800
极化方式	垂直极化		
增益 /dBi	13.5	16.5	18.5
水平面波束宽度 /（°）	33 ± 5	23 ± 5	18 ± 5
垂直面波束宽度 /（°）	33	23	18
前后比 /dB	≥ 17	≥ 23	≥ 25
交叉极化比 /dB	轴向：≥ 10		
驻波比	≤ 1.5		
三阶交调（@37dBm×2）	≤ -107		
功率容限 /W	100		
阻抗 /Ω	50		

（6）无线微型直放站覆盖

无线微型直放站分为普通型无线微型直放站和电梯型无线微型直放站两种。其中，普通型无线微型直放站主要用于解决小范围弱覆盖，电梯型无线微型直放站主要用于解决电梯弱覆盖，俗称"电梯宝"。"电梯宝"工作示意如图 3-61 所示。

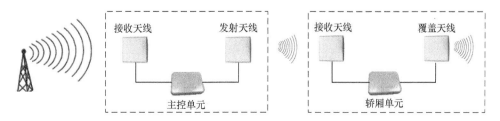

图3-61　"电梯宝"工作示意

其中，电梯型无线微型直放站（"电梯宝"）是一种专门用来覆盖电梯的设备。"电梯宝"的主控单元一般安装在楼顶的电梯机房内，通过主控单元的接收天线将施主站的无线信号接收进来，将经过带通滤波（过滤带外的噪声）后的信号放大，然后通过主控单元的发射天线把信号发射出去。"电梯宝"的轿厢单元一般安装在电梯的轿厢上方，通过轿厢单元的接收天线将主控单元发射天线发射出来的信号接收，经过带通滤波（过滤带外的噪声）后的信号放大，通过轿厢单元的覆盖天线将信号发射出去，实现轿厢内的覆盖。

在上行链路中，电梯型无线微型直放站接收其目标覆盖区域内的手机信号，经过轿厢单元和主控单元，然后把信号发射到基站，从而实现手机到基站的信号传送。

电梯型无线微型直放站的主控单元发射到电梯井道的信号，也可以根据电梯井道的数量将信号功分，分别连接发射天线，实现 1 个主控单元携带多个轿厢单元的布局。微型直放站安装示意如图 3-62 所示。

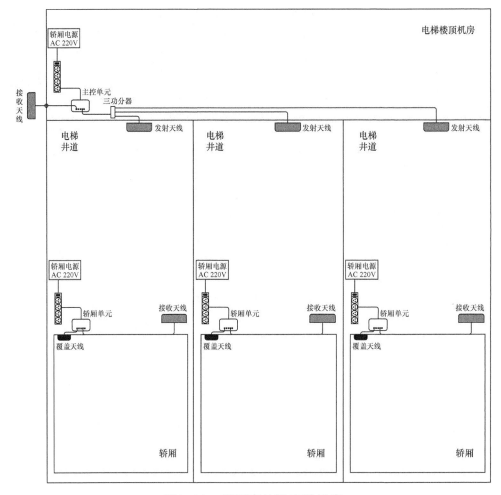

图3-62　微型直放站安装示意

在使用电梯型无线微型直放站时，需要注意的是，在轿厢上方连接电源需要物业方和业主方的许可，才能实施。

对于简单的电梯覆盖，也可以通过无线微型直放站连接对数周期天线覆盖电梯。具体的覆盖方式，电信运营商则可以根据勘察后的实际情况结合业主要求选择合适的电梯覆盖方式。

3.13.2 地下室

1. 场景特点

由于各种现代楼宇的建设一般会同时建设地下室，近年来，地下室的数量不断增多，该类场景的内部除了柱子，基本为承重墙体，因此，基本没有隔断。地下室场景的概况如图 3-63 所示。

图3-63　地下室场景概况

2. 信号覆盖特点

地下室的电磁传播环境较好，内部的隔断数量非常少，属于视距传播的空旷型场景。地下室内部的人流量较少，一般开车、停车的时候有人，其他时间段基本没有人，因此，数据流量需求很小。另外，地下室覆盖会涉及与汽车相关的物联网。

3. 总体覆盖思路

对于该类场景，先核实是否具备 LTE 室内分布系统。该类场景如果具备 LTE 室内分布系统，则其建设思路和电梯基本一样。

该类场景如果不具备 LTE 室内分布系统，则需要新建 5G 室内分布系统，具体地下室的覆盖策略包括以下几个方面。

① 对于需要和主体建筑物进行一体化覆盖的地下室，一般情况下，视主体建筑物的覆盖方法，将地下室融入整体覆盖方案中。

② 对于只须覆盖地下室的建筑物，可采用传统无源分布系统，根据地下室的大小，根据需求选择信源，面积小的地下室，信源可以采用直放站，面积大的地下室可以采用"RRU+ 直放站"的方式，也可以采用"RRU+ 光纤分布系统外接天线"的方式，天线根据覆盖区域的结构情况选择全向吸顶天线或者定向壁挂天线进行覆盖。地下室覆盖方式示意如图 3-64 所示。

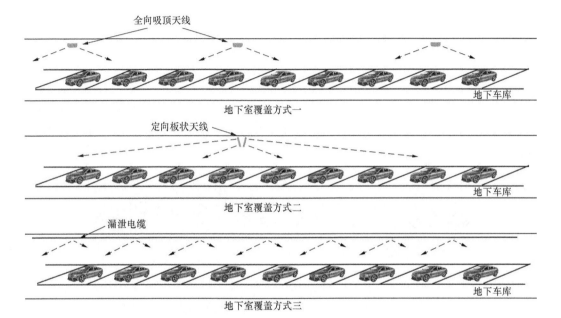

图3-64 地下室覆盖方式示意

采用定向板状天线覆盖方式的工程比较简单，单天线覆盖的距离较远，但是需要有馈线将信号输送到天线，遇到有隔断的区域则需要增加天线来满足覆盖要求。采用全向吸顶天线覆盖方式的覆盖信号最均匀，无论是信号输出处，还是分布系统末梢，全向吸顶天线的天线口输入电平基本一致，但是也需要馈线将信号输送到天线；采用漏泄电缆分布系统覆盖的信号比较均匀，只需类似馈线的布放方式布放漏泄电缆即可，即使遇到隔断，漏泄电缆穿过隔断可以继续覆盖，不需要天线。这种方式的性价比最高，其缺点是漏泄电缆的起点信号比较强，末梢信号则比较弱。

③ 由于地下室比较空旷且以覆盖为主，所以壁挂天线、吸顶天线、漏泄电缆均可以满足覆盖要求。

④ 有较大弯道出口的地方，采用传统无源分布系统覆盖时，天线一般采用小型板状天线，向外覆盖以尽量保证室内外信号的良好衔接和切换带的合理部署，其安装位置一般控制在弯道附近，采用漏泄电缆分布系统时，可以耦合一路信号覆盖出口，安装在出口处。

⑤ 对于较直的地下室进出口，可以结合现场的安装条件，如果采用传统无源分布系统覆盖，则可以采用板状天线或者吸顶天线进行覆盖；如果采用漏泄电缆分布系统，则可以在漏泄电缆末梢端增加一个板状天线或者吸顶天线进行覆盖。

●● 3.14 各类场景覆盖方式小结

通过对宾馆与酒店、商务写字楼、商场与超市、交通枢纽、文体中心、学校、医院、政府机关、电信运营商自有楼宇、大型园区、居民住宅、电梯和地下室 12 类场景以及内部细分子场景的建筑风格、功能特性、用户行为及业务特点等分析，同时，结合实际工作中丰富的室内分布工程经验，我们总结了每类场景具体的解决方法，并对本章提及的解决措施和建议进行了汇总。室内各场景深度覆盖解决方案汇总见表 3-5。

表3-5　室内各场景深度覆盖解决方案汇总

序号	大场景	子场景	主要覆盖手段
1	宾馆与酒店		➤ 采用 PRRU 室内分布系统覆盖数量、流量需求大的区域；采用无源室内分布系统数量、流量需求一般的区域。 ➤ 采用传统无源分布系统覆盖时，可以采用错层双路或者错层 4 路的方式进行覆盖。 ➤ 根据场景特性选择，BBU 集中放置在综合业务区还是下沉到宾馆与酒店内，RRU 和汇聚单元可以拉远布放在相应楼层弱电井。 ➤ 根据建筑物的特点选择定向天线或全向天线、吸顶或壁挂进行覆盖。 ➤ 宾馆与酒店，5G 网络选择双路覆盖
2	商务写字楼		➤ 采用 PRRU 室内分布系统覆盖数量、流量需求大的区域；采用无源室内分布系统数量、流量需求一般的区域。 ➤ 采用传统无源分布系统覆盖时，可以采用错层双路或者错层 4 路的方式进行覆盖。 ➤ 根据场景特性选择，BBU 集中放置在综合业务区还是下沉到写字楼内，RRU 和汇聚单元可以拉远布放在相应楼层的弱电井中。 ➤ 根据建筑物特点选择定向天线或全向天线、吸顶或壁挂进行覆盖。 ➤ 对于甲级及以上的写字楼，采用 4 通道 MIMO 进行覆盖，其他等级写字楼可以采用双通道覆盖
3	交通枢纽	机场	➤ 采用 PRRU 室内分布系统覆盖数量、流量需求大的区域；采用无源室内分布系统数量、流量需求一般的区域。 ➤ BBU 集中放置，设置 BBU 池，共享容量，RRU 和汇聚单元可以拉远布放在相应楼层弱电井，水平分区。 ➤ 部分空旷的数据流量需求大的区域采用赋形天线覆盖。 ➤ 对于重点的数据需求区域，采用 4 通道 MIMO 进行覆盖，例如，航站楼的 VIP 候机室、售票大厅、候机厅、商业区域、安检厅等，其他区域可以采用双通道覆盖
4		火车站	➤ 总体与机场相似。 ➤ 站台采用 RRU 外接小型天线下挂覆盖

序号	大场景	子场景	主要覆盖手段
5	交通枢纽	地铁站	➢ 可以采用多家电信运营商共建 POI 和天线分布系统，接入各自信源，覆盖地下通道、站厅、站台、设备间、地铁商业街、换乘通道、区间隧道等区域；5G 网络也可以采用各自的 PRRU 分布系统建设。 ➢ BBU 统一安装在通信机房内。 ➢ 对于地铁的地下通道、站厅、站台、地铁商业街、换乘通道的 5G 网络一般采用 4 通道的 MIMO 覆盖，办公室、设备间的 5G 网络采用双通道的 MIMO 覆盖
6		汽车站	与机场相似
7		轮渡码头	
8		隧道	➢ 采用多家电信运营商共建 POI 和天线分布系统，接入各自信源。 ➢ BBU 统一就近安装在各个机房内。 ➢ 采用共建 POI 的网络，隧道的 RRU，高铁场景则采用光纤将 RRU 拉远至隧道区间的洞室内。其他隧道场景采用光纤将 RRU 拉远至隧道区间的节点处。 ➢ 5G 网络采用双通道的 MIMO 覆盖
9		地下过道	➢ 数据业务需求高的地下过道，建议采用 PRRU 室内分布系统外接天线覆盖。 ➢ 数据业务需求低的地下过道，建议采用传统无源分布系统双路覆盖或者漏泄电缆分布系统双路覆盖。 ➢ 不带商业的地下过道，采用直放站外接传统无源分布系统单路覆盖、漏泄电缆分布系统单路覆盖，隧道短的地下过道，则可以采用无线直放站外接小板状天线覆盖
10	商场与超市	大型商场购物中心	➢ 采用 PRRU 室内分布系统覆盖数量、流量需求大的区域；采用无源室内分布系统数量流量需求一般的区域。 ➢ BBU 集中放置在综合业务区，RRU 和汇聚单元可以拉远布放在相应楼层的弱电井中。 ➢ 重要的覆盖区域选择 PRRU 分布系统 4 路覆盖，其他区域可以选择传统无源分布系统双路覆盖
11		商业综合体	与大型商场购物中心相似
12		聚类市场	➢ 采用 PRRU 室内分布系统覆盖数量、流量需求大的区域；采用无源室内分布系统数量、流量需求一般的区域。 ➢ BBU 集中放置在综合业务区，RRU 和汇聚单元可以拉远布放在相应楼层的弱电井中。 ➢ 采用传统无源分布系统覆盖时，可以采用错排双路或者错排 4 路的方式进行覆盖。 ➢ 重要的覆盖区域选择 PRRU 分布系统 4 路覆盖，其他区域可以选择传统无源分布系统双路覆盖
13		大型连锁超市	与聚类市场相似

续表

序号	大场景	子场景	主要覆盖手段
14	商场与超市	一般商场与超市	➤ 对于面积小、数据流量低的小超市，可以考虑无线直放站引入室外信号进行覆盖。 ➤ 面积比较大的一般商场与超市，可以考虑 1 ~ 2 个放装型 4T4R 的 PRRU 吸顶安装覆盖超市内部
15	文体中心	体育馆	➤ 采用 PRRU 室内分布系统覆盖数量、流量需求大的区域；采用无源室内分布系统数量、流量需求一般的区域。 ➤ BBU 集中放置，设置 BBU 池，共享容量，RRU 和汇聚单元可以拉远布放在相应楼层的弱电井中，水平分区。 ➤ 看台及中间比赛区域采用赋形天线覆盖。 ➤ 看台及中间比赛区域采用 4 通道 MIMO 进行覆盖，其他区域可以采用双通道覆盖
16		会展中心	➤ 采用 PRRU 室内分布系统覆盖数量、流量需求大的区域，采用无源室内分布系统数量、流量需求一般的区域。 ➤ BBU 集中放置，RRU 和汇聚单元可以拉远布放在相应楼层的弱电井中，水平分区。 ➤ 面积大且数据需求大的区域采用赋形天线覆盖。 ➤ 空旷及数据需求大的区域采用 4 通道 MIMO 进行覆盖，其他区域可以采用双通道覆盖
17		公共图书馆	与会展中心相似
18	学校	教学楼	➤ 大容量需求的高校，教学楼采用 PRRU 室内分布系统覆盖，一般容量需求的高校，教学楼采用无源室内分布系统覆盖。 ➤ 采用传统无源分布系统覆盖时，可以采用错层双路或者错层 4 路的方式进行覆盖。 ➤ 采用分布式基站作为信源，根据场景特性选择，BBU 集中放置在综合业务区还是下沉到校园内，RRU 和汇聚单元可以拉远布放在相应楼层的弱电井中。 ➤ 根据建筑物特点选定定向天线或全向天线、吸顶或壁挂进行覆盖。 ➤ 对于大容量需求的高校，采用 4 通道 MIMO 进行覆盖，对于容量需求一般的高校可以采用双通道覆盖
19		行政办公楼	与教学楼相似
20		图书馆	与会展中心相似
21		食堂	
22		体育馆	与文体中心的体育馆相似
23		宿舍楼	类同宾馆与酒店

续表

序号	大场景	子场景	主要覆盖手段
24		综合医院	
25		政府机关	与商务写字楼相似
26	电信运营商自有楼宇	办公大楼	
27		营业厅	与大型连锁超市相似
28	大型园区	科技创业园	➢ 数据需求大的园区，采用 PRRU 室内分布系统覆盖，一般数据需求的园区采用无源室内分布系统覆盖。 ➢ 采用传统无源分布系统覆盖时，可以采用错层双路或者错层 4 路的方式进行覆盖。 ➢ 根据场景特性选择 BBU 集中放置在综合业务区还是下沉到园区内，RRU 和汇聚单元可以拉远布放在相应楼层的弱电井中。 ➢ 根据建筑物的特点选择定向天线或全向天线、吸顶或壁挂进行覆盖。 ➢ 对于大容量需求的园区，采用 4 通道 MIMO 进行覆盖，容量需求一般的园区可以采用双通道覆盖。 ➢ 需要建设企业定制网的科技创业园，建议室内外同步覆盖，定制网和公网采用不同的频段进行覆盖，设备可以采用皮基站
29		工业厂房类园区	➢ 总体与科技创业园相似。 ➢ 宿舍楼和宾馆与酒店相似
30	居民住宅	多层居民住宅小区	➢ 采用地面美化天线覆盖，按照每个单元一个天线的方式覆盖。 ➢ 采用居民楼顶安装高性能射灯型美化天线进行覆盖。天线采用 2T2R 的高性能射灯天线，从路边那排楼宇开始向内覆盖，每幢房的楼顶安装天线。 ➢ 在小区周围高层楼宇的楼顶加装高增益美化天线，从高往低覆盖。 ➢ 在小区边角新增美化路灯型一体化站来解决 5G 的深度覆盖。 ➢ 对投诉较多且为优质客户的房间，考虑安装家庭级一体化皮基站。 ➢ 小区内部采用路灯杆安装大张角的天线覆盖两侧住宅楼宇
31		别墅小区	重点考虑室外与室内的协同覆盖
32		高层居民住宅小区	➢ 可以适当考虑采用"室内分布系统 + 上仰角射灯天线或路灯天线系统"相结合的覆盖方式。 ➢ 使用室内分布覆盖电梯、电梯厅等室内公共区域和地下车库，采用"室内分布外打"的方式，引 RRU 信号，外挂天线覆盖中高层。 ➢ 相邻的高层建筑之间也可以利用楼顶天线或"墙体外挂天线对打"的方式进行覆盖。 ➢ 通过"上下天线对打"的方式解决整栋建筑物的覆盖问题。 ➢ 高层天线尽量采用垂直大张角天线的方式增加覆盖面的高度。 ➢ 如果楼宇施工存在困难，则可以考虑建设美化路灯站点，用于解决小区 5G 深度覆盖问题
33		城中村	➢ 信源可以采用"BBU+RRU"，分布系统采用光纤分布系统，建设小区分布系统采用专门的小板状天线进行覆盖

续表

序号	大场景	子场景	主要覆盖手段
34	电梯和地下室	电梯	➤ 在电梯厅安装的室内分布天线覆盖。 ➤ 电梯井内采用小板状天线覆盖。 ➤ 电梯井内采用对数周期天线覆盖。 ➤ 电梯井内采用漏泄电缆覆盖。 ➤ 电梯井内采用电梯专用天线覆盖。 ➤ 电梯井内采用微型直放站覆盖
35		地下室	➤ 跟随主体建筑物的覆盖手段覆盖地下室。 ➤ 对于只须覆盖地下室的建筑物，可采用传统无源分布系统或漏泄电缆分布系统，还可以采用 RRU 加光纤分布系统外接天线的方式。 ➤ 天线根据覆盖区域的结构情况选择全向吸顶天线或者定向壁挂天线进行覆盖

5G 室内分布系统多系统设计

Chapter 4

第 4 章

　　我国当前存在 GSM、CDMA、TD-SCDMA、WCDMA、TD-LTE、LTE FDD、TDD NR、FDD NR 等多种无线通信网络制式。这几种无线通信系统工作在 700MHz、800MHz、900MHz、1800MHz、1900MHz、2100MHz、2300MHz、2600MHz、3500MHz、4900MHz 等多个无线通信频段上。随着新技术的发展，无线网络应用环境将更复杂，一家电信运营商拥有多制式、多段频率已成为常态，且一个覆盖区包含多系统、多网络、全频段的情况也愈发普遍；同时为了适应网络新技术的迭代，网络的重耕也比较频繁。例如，中国电信和中国联通原 2100MHz 频段，网络制式由 FDD LTE 重耕为 FDD NR。

•• 4.1 室内分布系统的共建共享

近年来，移动通信飞速发展、用户需求越来越广泛，网络建设的规模也越来越大，室内网络覆盖方面的问题日益凸显。大城市中大量的室外基站已经建设完成，且在不断扩容，室外网络建设已经达到相当大的规模。然而，在室内环境中，特别是在无室内分布系统建设的大型建筑物内，例如，饭店、写字楼、商场、地铁、机场、车站等，由于受到建筑物对室外信号屏蔽等诸多因素的影响，所以室内环境存在大量的信号盲区、覆盖弱区以及频率切换区。对于当前室内分布系统的建设而言，主要存在的问题集中在系统布线、机房建设、施工周期要求以及配套资源使用上。

（1）系统布线

各家电信运营商独立进行覆盖系统的建设，对室内分布系统均采用单独布放线缆的方式，从而导致管线的大量使用。

（2）机房建设

各家电信运营商只考虑自身需求，对机房未进行统一规划，造成机房资源需求增大。

（3）施工周期

各家电信运营商分别安排施工周期，对物业方存在较多的干扰，同时后期维护也存在较大争议的隐患。

（4）配套资源

部分建筑物由于某些特殊原因，在基础设施等配套资源上对各家电信运营商都有较高的要求。

工业和信息化部对节能减排的具体要求及对电信基础设施的共享考核，同时伴随中国铁塔股份有限公司的成立，室内分布系统在共建共享方面需要采取的措施及方案已经成为行业内重要的研究课题。尤其对于新建室内分布系统的共建区域，既要保证各家电信运营商网络制式的覆盖，又不能引起各网络制式之间出现干扰，同时还要求器件选型能够兼顾未来容量升级时可能出现的潜在问题。5G共建共享（节能减排、资源共享）如图 4-1 所示。

图4-1　5G共建共享（节能减排、资源共享）

到了 5G 时代，对于网络的共建共享提出了新的要求，出现了频段共享的情况，例如，中国广电和中国移动共享 700MHz 的 5G 网络频段。中国电信和中国联通则全面进入共建共享阶段，全国划分承建区，分别建设 5G 网络，并共享给对方使用，极大地降低了基础设施建设的成本。

●● 4.2 室内分布系统的干扰原理

在多系统合用室内分布系统时带来的各系统之间的干扰，需根据各系统之间的频率关系及发射 / 接收特性进行具体研究。从无线信号干扰产生的机理来看，干扰可以分为噪声影响、邻频干扰、杂散辐射、接收机互调、阻塞干扰。通常在分析合路系统干扰时，应首先明确各系统间的频率关系，上下行保护频段有多宽，是否存在同邻频干扰、互调或谐波关系，然后分析是否存在强干扰阻塞，最后对于码分多址系统应了解噪声增加的情况。另外，对于 TDD、FDD 系统来说，需要考虑上下行系统的影响，充分分析其共存的可能性。室内分布多系统合路干扰示例如图 4-2 所示。

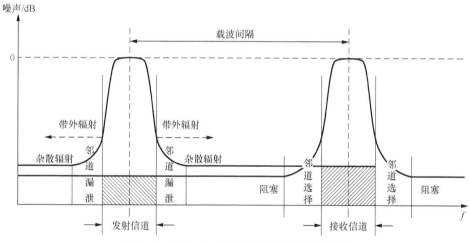

图4-2 室内分布多系统合路干扰示例

4.2.1 噪声干扰

噪声按照来源可以分为接收机内部噪声和接收机外部噪声两种。其中，接收机内部噪声包括导体的热噪声和放大器的噪声放大；接收机外部噪声是指来自接收机以外的非移动通信发射机的电磁波信号，又可以分为自然噪声和人为噪声两种。

1. 热噪声

热噪声属于白噪声，在整个频段均匀分布，随工作温度的变化而变化。另外，接收机在一定的工作带宽内工作，只有在有效带宽内的热噪声可以接收进来，因此，接收机内的热噪声大小随其工作带宽的变化而变化。由于接收机内都有非绝对零度的导体存在，所以热噪声是不可避免的噪声。热噪声是由导体中电子的热震动产生的电势引起的，它存在于所有电子器件和传输介质中，是温度变化的结果，但不受频率变化的影响。

该电势的计算如下。

$$e_n^{-2} = 4kTWR_i \qquad\qquad 式（4-1）$$

该电势所对应的噪声功率的计算如下。

$$N = \frac{\left(\dfrac{\sqrt{4kWR_i}}{2}\right)^2}{R_i} = kTW \qquad\qquad 式（4-2）$$

式（4-2）中，k 为玻尔兹曼常数，其值为 $1.3806488 \times 10^{-23}$ J/K；T 为绝对温度；W 为接收机有效带宽；R_i 为噪声源内部电阻。

NR 系统的带宽在 5 ～ 400MHz 可变，并且采用正交频分多址（Orthogonal Frequency Division Multiple Access，OFDMA）/ 单载波频分复用接入技术（Single Carrier Frequency Division Multiple Access，SC-FDMA）的方式，用户实际只占用系统带宽的一部分，因此，信道的热噪声水平也会随着占用带宽的变化而变化。

2. 放大器的噪声

放大器的噪声放大是接收机中的放大器受其器件的电流波动或表面杂质、半导体晶体不纯净等因素的影响导致的，使经过放大器信号的信噪比（S/N）恶化。

信噪比的恶化量采用噪声系数 NF 来表述，其定义为放大器的输入信噪比与输出信噪比的比值，具体计算如下。

$$NF = \frac{S_{in}/N_{in}}{S_{out}/N_{out}} \qquad\qquad 式（4-3）$$

3. 自然噪声

自然噪声主要包括风噪声、雷噪声、电噪声、大气噪声、太阳射电噪声以及各种自然现象产生的声音。

4. 人为噪声

人为噪声包含各种工业和非工业电磁辐射引入的噪声。例如，汽车点火系统的火花产生的噪声；电力机车或无轨电车等电轨接触处火花产生的噪声；微波炉、高频焊接机、高频热合机等高频设备产生的噪声；电动机、发电机和断续接触电力器械产生的噪声；高压输配电线及输电配电所的电晕放电产生的噪声。在移动通信系统所在的百兆赫兹至千兆赫兹频段内，人为噪声功率超过自然噪声功率，成为外部噪声的主体。

4.2.2 邻频干扰

如果不同的系统分配了相邻的频率，就会发生邻频干扰，由于收发设备存在滤波局限，所以工作在相邻频道的发射机就会漏泄信号到被干扰接收机的工作频段内，同时，被干扰接收机也会接收到工作频段以外其他发射机的工作信号，决定该干扰的关键特性指标是发射机的邻道漏泄比（Adjacent Channel Leakage Ratio，ACLR）和接收机的邻道选择性（Adjacent Channel Selectivity，ACS）。

4.2.3 杂散干扰

发射机中的功率放大器、混频、滤波等部分会在工作带宽以外很大的范围内产生辐射信号分量（不包括带外辐射规定的频段），包括电子热运动产生的热噪声、各种谐波分量、寄生辐射、频率转换产物以及发射机互调等。

对于杂散干扰和邻频干扰，其中，邻频干扰所考虑的干扰发射机漏泄信号是指被干扰接收机工作频段距离干扰发射机工作频段较近，但是二者的工作频段带宽相差不到 2.5 倍，即尚未达到杂散干扰所规定的频段相差间隔。相比之下，当两个系统的工作频段相差带宽在 2.5 倍以上时，滤波器非理想性将主要表现为杂散干扰。

在 5G 网络中，杂散干扰与 5G 基站带外发射有关。发射机的杂散干扰主要通过直接落入接收机的工作信道形成同频干扰而影响接收机。这种影响可以理解为抬高了接收机的基底噪声，使被干扰基站的上行链路变差，从而降低了接收机的灵敏度。

4.2.4 互调干扰

接收机互调干扰包括多干扰源形成的互调、发射分量与干扰源形成的互调、交叉调制干扰 3 种。

1. 多干扰源形成的互调

多干扰源形成的互调是被干扰系统接收机的射频器件非线性，在两个以上干扰信号分量的强度比较高时所产生的互调产物。

2. 发射分量与干扰源形成的互调

发射分量与干扰源形成的互调是双工器滤波特性不理想引起的被干扰系统的发射分量漏泄到接收端，从而与干扰源在非线性器件上形成互调。

3. 交叉调制干扰

交叉调制干扰也是由接收机非线性引起的。在非线性的接收器件上，被干扰系统的调幅发射信号与靠近接收频段的窄带干扰信号混合，从而产生交叉调制。

互调干扰主要包括三阶、五阶互调干扰。如果互调产物落在其中某一个系统的接收频段内，则会对该系统的接收灵敏度造成一定的影响，也应该按照同频干扰保护比的要求进行分析。

4.2.5　阻塞干扰

阻塞干扰就是以某系统的发射机的主载波作为干扰信号，分析对另一系统的接收机的影响，应该以接收机的抗阻塞干扰指标为依据进行分析。阻塞干扰并不是落在被干扰系统接收带宽内的，与接收方接收机的带外抑制能力有关，涉及 5G 的载波发射功率、接收机滤波器特性等，但由于干扰信号功率太强，所以将接收机的低噪声放大器（Low Noise Amplifier，LNA）推向饱和区，使其不能正常工作。被干扰系统可允许的阻塞干扰功率一般要求为：阻塞干扰功率要求控制在 LNA 1dB 压缩点的 10dB 以内。

4.2.6　交叉时隙干扰

交叉时隙干扰是 TDD 系统特有的。当 TDD 制式的 NR 基站配置的上下行时隙不同或者基站之间缺乏同步时，信号收发工作在同一时间同一频段，这就是交叉时隙干扰。交叉时隙干扰会导致网络性能下降，主要是由于下行传输干扰上行接收，下行传输功率远高于上行接收功率，为了保护上行链路免受下行链路干扰，其保护期被延长。

●●4.3　室内分布多系统干扰隔离分析

室内分布多系统干扰隔离分析主要是采用确定性计算方法，通过数值的计算比较得出多个系统共存时所需要满足的隔离度要求。本节的分析计算主要是基于多制式室内分布系统合路的不同系统间的隔离度，对于存在的多种类型干扰，其中，杂散干扰、互调干扰以及阻塞干扰这 3 类干扰对覆盖效果的影响较大。因此，本节在隔离度计算的过程中也是通过这 3 类干扰进行分析的。

针对系统间干扰隔离准则，干扰基站发射机对受干扰基站接收机的隔离总体上取决于系统间干扰准则的 4 个要求。系统间干扰准则见表 4-1。

表4-1　系统间干扰准则

准则	内容
1	从干扰发射机到受影响的接收机的杂散波功率在接收机底噪 10dB 以下
2	受影响的接收系统所接收到的全部干扰载波功率在1dB 压缩点的 10dB 以下
3	由干扰载波导致受影响接收机产生的每个 3 阶交调在接收机底噪 10dB 以下
4	受影响系统接收滤波器衰减的全部干扰载波功率在接收机底噪 10dB 以下，防止接收机不敏感或阻塞

注：根据相关资料，准则 2 受控于准则 4，即如果隔离满足准则 4，将自动满足准则 2。

4.3.1　移动通信系统频段

根据工业和信息化部相关频率规划的规定，不同网络制式移动通信系统的频谱划分见表 4-2。

表4-2　不同网络制式移动通信系统的频谱划分

电信运营商	双工方式	上行 /MHz	下行 /MHz	带宽 /MHz	现有网络制式
中国移动	FDD	885 ～ 904	930 ～ 949	2×19	GSM/LTE
		1710 ～ 1735	1805 ～ 1830	2×25	GSM/LTE
	TDD	1880 ～ 1920		40	TD-LTE
		2010 ～ 2025		15	TD-SCDMA
		2320 ～ 2370		50	TD-LTE
		2515 ～ 2675		160	TDD NR
		4800 ～ 4900		100	TDD NR
中国电信	FDD	825 ～ 835	870 ～ 880	2×10	CDMA/LTE
		1765 ～ 1785	1860 ～ 1880	2×20	LTE
		1920 ～ 1940	2110 ～ 2130	2×20	FDD NR
	TDD	3400 ～ 3500		100	TDD NR
中国联通	FDD	904 ～ 915	949 ～ 960	2×11	GSM/NR
		1735 ～ I745	1830 ～ 1840	2×10	GSM
		1745 ～ I765	1840 ～ 1860	2×20	LTE
		1940 ～ 1960	2130 ～ 2150	2×20	FDD NR
		1960 ～ 1965	2150 ～ 2155	2×5	WCDMA
	TDD	2300 ～ 2320		20	TDD-LTE
		3500 ～ 3600		100	TDD NR

电信运营商	双工方式	上行 /MHz	下行 /MHz	带宽 /MHz	现有网络制式
中国广电	FDD	$703 \sim 733$	$758 \sim 788$	2×30	FDD NR
	TDD	$4900 \sim 4960$		60	TDD NR
室内频段[1]	TDD	$3300 \sim 3400$		100	TDD NR

注：1. 室内频段为中国电信、中国联通和中国广电 3 家电信运营商共同使用的频段，只能用于 5G 网络的室内覆盖。

4.3.2　杂散干扰分析及隔离度计算

杂散干扰就是一个系统的发射频段外的杂散发射落入另一个系统的接收频段内可能造成的干扰。杂散干扰对系统最直接的影响就是降低了系统的接收灵敏度。具体而言，由于发射机输出的信号通常为大功率信号，在产生大功率信号的过程中会在发射信号的频带之外产生较高的杂散，并且这些杂散分布在非常宽的频率范围内。如果这些杂散落入某个系统接收频段内的幅度较高，受害系统的前端滤波器无法有效滤出，则会导致接收系统的输入信噪比降低，通信质量恶化。我们通常认为干扰基站落入受害系统的干扰低于受害系统内部热噪声 10dB 以下时，干扰可忽略。

通过杂散干扰分析可以计算出将干扰对系统的影响降低到适当的程度所需要的隔离度，即不明显降低受干扰接收机的灵敏度时的干扰水平。发射机的发射功率可能导致接收机阻塞，需要考虑满足接收机阻塞指标时所必需的隔离度，而杂散干扰可能导致接收机的灵敏度下降，此时需要考虑满足杂散干扰不影响系统性能的另一个隔离度要求。这样在一组系统中就会得到多个隔离度要求的指标，在实际应用中，选择最大的一个指标作为隔离度要求即可满足实际的工程需要，其简化计算如下。

$$I_{\text{requires}} = \text{MAX}\left(I_{\text{spurious}}, I_{\text{block}}, I_{\text{intermodulation}}\right) \qquad \text{式（4-4）}$$

式（4-4）中，I_{requires} 为隔离度要求，单位为 dB ；I_{spurious} 为杂散隔离度要求，单位为 dB ；I_{block} 为阻塞隔离度要求，单位为 dB ；$I_{\text{intermodulation}}$ 为互调隔离度要求，单位为 dB，考虑到互调干扰信号远小于阻塞信号的影响，因此，可直接把隔离度要求化简如下。

$$I_{\text{requires}} = \text{MAX}\left(I_{\text{spurious}}, I_{\text{block}}\right) \qquad \text{式（4-5）}$$

其中，基于杂散的隔离度计算公式如下。

$$I_{\text{spurious}} \geqslant P_{\text{spu}} - P_{\text{n}} - N_{\text{f}} - \text{IntMargin} - L_{\text{c}} \qquad \text{式（4-6）}$$

式（4-6）中，P_{spu} 为干扰源发射的杂散信号功率，单位为 dBm ；P_{n} 为被干扰系统接收机带内热噪声，单位为 dBm ；N_{f} 为接收机的噪声系数，基站的接收机噪声系数一般不会超过 5dB ；IntMargin 为系统干扰保护，根据接收机灵敏度恶化余量确定，一般可取 -6、-7、

−10 等值，单位为 dB；L_c 为合路器损耗，单位为 dB，当根据不同系统间的频率间隔采用相应的合路器时，其值会有所改变。

对于干扰发射杂散信号功率 P_{spu}，其具体计算如下。

$$P_{spu} = 协议基准值(杂散指标) - 10\lg\left(\frac{BW_{int}}{BW_{aff}}\right) \qquad 式（4-7）$$

式（4-7）中，协议基准值为所示的杂散电平值；BW_{int} 为杂散指标测量带宽（干扰系统），BW_{aff} 为系统工作信道带宽（被干扰系统）。杂散干扰发射信号计算示例（1）见表 4-3、杂散干扰发射信号计算示例（2）见表 4-4、杂散干扰发射信号计算示例（3）见表 4-5、杂散干扰发射信号计算示例（4）见表 4-6、杂散干扰发射信号计算示例（5）见表 4-7。

表4-3　杂散干扰发射信号计算示例（1）

被干扰系统	CDMA800			GSM900		
BW_{aff}/kHz	1250			200		
干扰系统	杂散电平 /dBm	BW_{int}/kHz	P_{spu}/dBm	杂散电平 /dBm	BW_{int}/kHz	P_{spu}/dBm
CDMA800	—	—	—	−67	100	−64
GSM900	−36	3000	−40	—	—	—
GSM1800						
TD-SCDMA	−98	100	−87	−98	100	−95
WCDMA						
FDD LTE						
TDD LTE						
FDD NR 700						
FDD NR 2100						
TDD NR						

表4-4　杂散干扰发射信号计算示例（2）

被干扰系统	GSM1800			TD-SCDMA		
BW_{aff}/kHz	200			1600		
干扰系统	杂散电平 /dBm	BW_{int}/kHz	P_{spu}/dBm	杂散电平 /dBm	BW_{int}/kHz	P_{spu}/dBm
CDMA 800	−47	100	−44	−85	1000	−83
GSM 900	−98		−95	−96	100	−84
GSM 1800	—		—			

续表

干扰系统	杂散电平/dBm	BW_{int}/kHz	P_{spu}/dBm	杂散电平/dBm	BW_{int}/kHz	P_{spu}/dBm
TD-SCDMA	-98	100	-95	—	—	—
WCDMA				-98	100	-86
FDD LTE						
TDD LTE						
FDD NR 700						
FDD NR 2100						
TDD NR						

表4-5　杂散干扰发射信号计算示例（3）

被干扰系统	WCDMA			FDD LTE		
BW_{aff}/kHz	5000			20000		
干扰系统	杂散电平/dBm	BW_{int}/kHz	P_{spu}/dBm	杂散电平/dBm	BW_{int}/kHz	P_{spu}/dBm
CDMA 800	-30	1000	-23	-47	1000	-34
GSM 900	-96	100	-79	-98	100	-75
GSM 1800						
TD-SCDMA	-98		-81			
WCDMA	—	—	—			
FDD LTE	-98	100	-81	—	—	—
TDD LTE				-98	100	-75
FDD NR 700						
FDD NR 2100						
TDD NR						

表4-6　杂散干扰发射信号计算示例（4）

被干扰系统	TDD LTE			FDD NR 700		
BW_{aff}/kHz	20000			30000		
干扰系统	杂散电平/dBm	BW_{int}/kHz	P_{spu}/dBm	杂散电平/dBm	BW_{int}/kHz	P_{spu}/dBm
CDMA 800	-47	1000	-34	-47	1000	-32

续表

干扰系统	杂散电平 /dBm	BW_{int}/kHz	P_{spu}/dBm	杂散电平 /dBm	BW_{int}/kHz	P_{spu}/dBm
GSM 900	-98	100	-75	-98	100	-73
GSM 1800						
TD-SCDMA						
WCDMA						
FDD LTE				-97	101	-72
TDD LTE	—	—	—	-96	102	-71
FDD NR 700	-98	100	-75	—	—	—
FDD NR 2100				-98	100	-73
TDD NR						

表4-7　杂散干扰发射信号计算示例（5）

被干扰系统	FDD NR 2100			TDD NR		
BW_{all}/kHz	40000			100000		
干扰系统	杂散电平 /dBm	BW_{int}/kHz	P_{spu}/dBm	杂散电平 /dBm	BW_{int}/kHz	P_{spu}/dBm
CDMA 800	-47	1000	-31	-47	1000	-27
GSM 900	-98	100	-72	-98	100	-68
GSM 1800						
TD-SCDMA						
WCDMA					101	
FDD LTE					102	
TDD LTE						
FDD NR 700					100	
FDD NR 2100	—	—	—	—	—	—
TDD NR	-98	100	-72	—	—	—

对于各系统工作信道带宽内的热噪声功率 P_n，其计算如下。

$$P_n = 10 \times \lg(k \times T \times B) \qquad 式（4-8）$$

式（4-8）中，k 为玻尔兹曼常数，其值 $k = 1.3806488 \times 10^{-23}$ J/K；T 为绝对温度，常温下取值为 $T=290$K；B 为信号带宽，单位为 Hz，将常量代入式（4-8）可以简化如下。

215

$$P_n = -174 + 10 \times 10 \lg B \qquad\qquad 式（4-9）$$

① GSM、DCS1800 系统工作信道带宽为 200kHz，因此，GSM、DCS1800 系统工作信道带宽内的热噪声功率的计算如下。

$$P_n = -174 + 10\lg\left(200 \times 10^3\right) = -121(dBm) \qquad 式（4-10）$$

② CDMA 系统工作信道带宽为 1.25MHz，因此，CDMA 系统工作信道带宽内总的热噪声功率的计算如下。

$$P_n = -174 + 10\lg\left(1.25 \times 10^6\right) = -113(dBm) \qquad 式（4-11）$$

③ WCDMA 系统工作信道带宽为 5MHz，因此，WCDMA 系统工作信道带宽内总的热噪声功率的计算如下。

$$P_n = -174 + 10\lg\left(5 \times 10^6\right) = -107(dBm) \qquad 式（4-12）$$

④ TD-SCDMA 系统工作信道带宽为 1.6MHz，因此，TD-SCDMA 系统工作信道带宽内总的热噪声功率的计算如下。

$$P_n = -174 + 10\lg\left(1.6 \times 10^6\right) = -112(dBm) \qquad 式（4-13）$$

LTE 系统典型工作信道带宽为 20MHz，LTE 系统工作信道带宽内总热噪声功率的计算如下。

$$P_n = -174 + 10\lg\left(20 \times 10^6\right) = -101(dBm) \qquad 式（4-14）$$

FDD NR 700MHz 系统工作信道带宽为 30MHz，因此，FDD NR 700MHz 系统工作信道带宽内总的热噪声功率的计算如下。

$$P_n = -174 + 10\lg\left(30 \times 10^6\right) = -99(dBm) \qquad 式（4-15）$$

FDD NR 2100MHz 系统典型的工作信道带宽为 40MHz，因此，FDD NR 2100MHz 系统工作信道带宽内总的热噪声功率的计算如下。

$$P_n = -174 + 10\lg\left(40 \times 10^6\right) = -98(dBm) \qquad 式（4-16）$$

TDD NR 系统典型的工作信道带宽为 100MHz，因此，TDD NR 系统工作信道带宽内总的热噪声功率的计算如下。

$$P_n = -174 + 10\lg\left(100 \times 10^6\right) = -94(dBm) \qquad 式（4-17）$$

根据 $I_{spurious}$ 的计算公式，多系统合路室内分布杂散隔离度计算示例（1）见表 4-8、多系统合路室内分布杂散隔离度计算示例（2）见表 4-9。一般情况下，因为协议值通常选取干扰最严重的链路进行计算，所以实际测试值会比协议计算值好。虽然结论比较严苛，但是对实际工程具有较强的指导意义。

表4-8　多系统合路室内分布杂散隔离度计算示例（1）

被干扰系统	CDMA800		GSM900		GSM1800		TD-SCDMA		WCDMA	
内部热噪声 P_n/dBm	-113		-121		-121		-112		-107	
干扰保护 IntMargin/dB	-10		-10		-10		-10		-10	
基站接收噪声系数 N_f/dB	5		5		5		5		5	
合路器损耗	当频率间隔 ≥ 500MHz 时，合路器损耗为 1dB；当 500MHz ≥频率间隔 >20MHz 时，合路器损耗为 1dB；当 20MHz ≥频率间隔 >10MHz 时，合路器损耗为 2dB；当 10MHz ≥频率间隔 ≥ 5MHz 时，合路器损耗为 4dB									

干扰系统	P_{spu}/dBm	杂散干扰隔离度	P_{spu}/dBm	杂散干扰隔离度	P_{spu}/dBm	杂散干扰隔离度	P_{spu}/dBm	杂散干扰隔离度	P_{spu}/dBm	杂散干扰隔离度
CDMA800	—	—	-64	61	-44	81	-83	33	-23	88
GSM900	-40	77	—	—	-95	30	-84	32	-79	32
GSM1800	-40	77	-95	30	—	—	-84	32	-79	32
TD-SCDMA	-87	30	-95	30	-95	30	—	—	-81	30
WCDMA	-87	30	-95	30	-95	30	-86	30	—	—
FDD LTE	-87	30	-95	30	-95	30	-86	30	-81	30
TDD LTE	-87	30	-95	30	-95	30	-86	30	-81	30
FDD NR 700	-87	30	-95	30	-95	30	-86	30	-81	30
FDD NR 2100	-87	30	-95	30	-95	30	-86	30	-81	27
TDD NR	-87	30	-95	30	-95	30	-86	30	-81	30

表4-9　多系统合路室内分布杂散隔离度计算示例（2）

被干扰系统	FDD LTE	TDD LTE	FDD NR 700	FDD NR 2100	TDD NR
内部热噪声 P_n/dBm	-101	-101	-99	-98	-94
干扰保护 IntMargin/dB	-10	-10	-10	-10	-10
基站接收噪声系数 N_f/dB	5	5	5	5	5
合路器损耗	当频率间隔 ≥ 500MHz 时，合路器损耗为 1dB 当 500MHz ≥频率间隔 >20MHz 时，合路器损耗为 1dB；当 20MHz ≥频率间隔 >10MHz 时，合路器损耗为 2dB；当 10MHz ≥频率间隔 ≥ 5MHz 时，合路器损耗为 4dB				

续表

干扰系统	P_{spu}/dBm	杂散干扰隔离度	P_{spu}/dBm	杂散干扰隔离度	P_{spu}/dBm	杂散干扰隔离度	P_{spu}/dBm	杂散干扰隔离度	P_{spu}/dBm	杂散干扰隔离度
CDMA800	−34	71	−34	71	−32	71	−31	71	−27	71
GSM900	−75	30	−75	30	−73	30	−72	30		30
GSM1800										30
TD−SCDMA									−68	30
WCDMA								27		
FDD LTE	—	—			−72	31				
TDD LTE			—	—	−71	32		30		
FDD NR 700	−75	30			—	—				
FDD NR 2100			−75	30	−73	30				
TDD NR							−72	30	—	—

4.3.3 互调干扰分析及隔离度计算

当有两个以上不同的频率作用于一个非线性电路或器件时，将由这两个频率相互调制而产生新的频率，如果这个新的频率正好落于某一个信道而被工作于该信道的接收机所接收，则构成对该接收机的干扰，成为互调干扰。互调干扰产生于器件的非线性度，在合路系统里主要关注于POI、合路器等设备器件的互调指标。一般情况下，可能产生的互调干扰集中在 3 阶互调和 5 阶互调。互调干扰示例如图 4-3 所示。

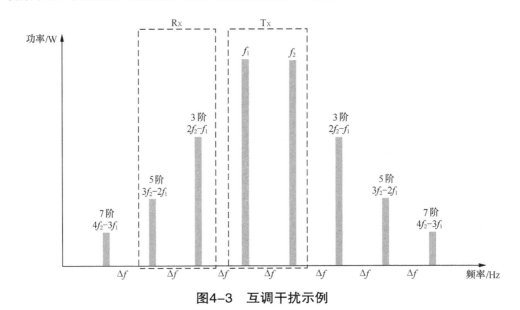

图4-3 互调干扰示例

典型的 3 阶和 5 阶互调分析见表 4-10。

表4-10　典型的 3 阶和 5 阶互调分析

系统	下行 Tx	上行 Rx	3 阶互调 / MHz	5 阶互调 / MHz	结论
中国广电 NR 700MHz	758 ～ 788	703 ～ 733	728 ～ 818	698 ～ 848	3 阶落入自身 Rx 的 728 ～ 733MHz 频段；5 阶落入自身 Rx 的 703 ～ 733MHz 频段和中国电信 CDMA 800 的 825 ～ 835MHz 频段
中国电信 CDMA 800MHz	870 ～ 880	825 ～ 835	860 ～ 890	885 ～ 900	5 阶落入中国移动 GSM 900 Rx 的 885 ～ 900MHz 频段
中国移动 GSM 900 MHz	935 ～ 954	890 ～ 909	916 ～ 973	897 ～ 992	5 阶落入自身 Rx 的 897 ～ 904MHz 频段和中国联通 GSM 900 的 904 ～ 915MHz 频段
中国联通 GSM 900MHz	954 ～ 960	909 ～ 915	948 ～ 966	942 ～ 972	3 阶、5 阶都不落入 Rx 频段
中国移动 GSM 1800MHz	1805 ～ 1830	1710 ～ 1735	1780 ～ 1855	1755 ～ 1880	3 阶落入中国电信 LTE 1800 的 1780 ～ 1785MHz 频段；5 阶落入中国联通 LTE 1800 的 1755 ～ 1765MHz 频段和中国电信 LTE 1800 的 1765 ～ 1785MHz 频段
中国联通 GSM 1800MHz	1830 ～ 1840	1735 ～ 1745	1820 ～ 1850	1810 ～ 1860	3 阶、5 阶都不落入 Rx 频段
中国联通 LTE 1800MHz	1840 ～ 1860	1745 ～ 1765	1820 ～ 1880	1800 ～ 1900	3 阶、5 阶都不落入 Rx 频段
中国电信 LTE 1800MHz	1860 ～ 1880	1765 ～ 1785	1840 ～ 1900	1820 ～ 1920	3 阶、5 阶都不落入 Rx 频段
中国电信 NR 2100MHz	2110 ～ 2130	1920 ～ 1940	2090 ～ 2150	2070 ～ 2170	3 阶、5 阶都不落入 Rx 频段

续表

系统	下行 Tx	上行 Rx	3 阶互调 / MHz	5 阶互调 / MHz	结论
中国 联通 NR 2100MHz	2130 ~ 2150	1940 ~ 1960	2110 ~ 2170	2090 ~ 2190	3 阶、5 阶都不落入 Rx 频段
中国联通 WCDMA 2100MHz	2150 ~ 2155	1960 ~ 1965	2145 ~ 2160	2140 ~ 2165	3 阶、5 阶都不落入 Rx 频段

对于互调干扰的分析而言，3GPP 标准中虽未给出发射机互调指标的具体数值，但是明确要求发射互调电平不得超过带外辐射或者杂散辐射的要求。因此，如果满足杂散干扰的隔离度要求，则互调干扰的隔离度要求也可同时满足，本小节不再对互调干扰进行详细分析。电信运营商在实际系统部署时，应尽量避免一个系统的 3 阶互调产物落入另一个系统的共址频段。

4.3.4 阻塞干扰分析及隔离度计算

当强干扰信号与有用信号同时进入接收机时，强干扰会使接收机链路的非线性器件饱和，产生非线性失真，使被干扰系统无法正常解调信号，从而产生阻塞干扰，基于阻塞干扰隔离度计算的公式如下。

$$I_{block} = P_{Tx} - E_{block} \qquad 式（4-18）$$

式（4-18）中，I_{block} 为阻塞干扰的系统隔离度要求，单位为 dB；P_{Tx} 为最大发射功率（干扰系统），单位为 dB；E_{block} 为阻塞指标要求，单位为 dB。在确定信源输出功率与根据相关标准明确各系统间的阻塞指标要求后，即可计算得到 I_{block} 的取值。系统间阻塞指标要求参考示例见表 4-11。

在分析阻塞干扰时，主要考虑发射机发射的信号对接收机的干扰，对于整个系统的阻塞干扰信号的抑制，通常使用多频合路器的通道隔离度来实现。举例来说，如果 FDD NR 2100MHz 系统要求的干扰小于 xdBm，多频合路器的隔离度为 ydBm，干扰信号的强度为 zdBm，则有 $y \geqslant z-x$。目前，5G 网络中，信源的输出功率基本上要求大于等于 40W。信源输出功率按照 40W 计算，对应计算出各系统之间阻塞干扰要求的隔离度。阻塞干扰隔离度计算示例（40W 信源功率）见表 4-12。

表 4-11 系统间阻塞指标要求参考示例

被干扰系统 /dBm

干扰系统	中国移动 GSM	中国联通 GSM	中国移动 DCS	中国联通 DCS	CDMA	WCDMA	TD-SCDMA	中国电信 FDD-LTE	中国联通 FDD-LTE	中国移动 TD-LTE	中国广电/中国移动 FDD NR	中国电信/中国联通 FDD NR	中国移动 TDD NR	中国电信/中国联通 TDD NR
中国移动 GSM	—	8	0	0	-30	16	16	16	16	16	16	16	16	16
中国联通 GSM	8	—	0	0	-30	16	16	16	16	16	16	16	16	16
中国移动 DCS	8	8	—	0	-30	16	16	16	16	16	16	16	16	16
中国联通 DCS	8	8	0	—	-30	16	16	16	16	16	16	16	16	16
CDMA	-13	-13	0	0	—	16	-15	16	16	16	16	16	16	16
WCDMA	8	8	0	0	-30	—	-15	16	16	16	16	16	16	16
TD-SCDMA	8	8	0	0	-30	-15	—	16	16	16	16	16	16	16
中国电信 FDD-LTE	16	16	16	16	16	16	-40	—	16	16	16	16	16	16
中国联通 FDD-LTE	16	16	16	16	16	16	-15	16	—	16	16	16	16	16
中国移动 TD-LTE	16	16	16	16	16	16	-15	16	16	—	16	16	16	16
中国电信/中国移动 FDD NR	16	16	16	16	16	16	16	16	16	16	—	16	16	16
中国电信/中国联通 FDD NR	16	16	16	16	16	16	16	16	16	16	16	—	16	16
中国移动 TDD NR	16	16	16	16	16	16	16	16	16	16	16	16	—	16
中国电信/中国联通 TDD NR	16	16	16	16	16	16	16	16	16	16	16	16	16	—

表4-12　阻塞干扰隔离度计算示例（40W信源功率）

干扰系统＼被干扰系统/dBm	中国移动 GSM	中国联通 GSM	中国移动 DCS	中国联通 DCS	CDMA	WCDMA	TD-SCDMA	中国电信 FDD-LTE	中国联通 FDD-LTE	中国移动 TD-LTE	中国广电/中国移动 FDD NR	中国电信/中国联通 FDD NR	中国移动 TDD NR	中国电信/中国联通 TDD NR
中国移动 GSM	—	38	38	38	59	30	38	30	30	30	30	30	30	30
中国联通 GSM	38	—	38	38	59	30	38	30	30	30	30	30	30	30
中国移动 DCS	38	38	—	46	76	30	46	30	30	30	30	30	30	30
中国联通 DCS	38	38	46	—	76	30	46	30	30	30	30	30	30	30
CDMA	59	59	76	76	—	61	61	30	30	30	30	30	30	30
WCDMA	30	30	30	30	61	—	86	30	30	30	30	30	30	30
TD-SCDMA	38	38	46	46	61	86	—	30	30	30	30	30	30	30
中国电信 FDD-LTE	30	30	30	30	30	30	30	—	30	30	30	30	30	30
中国联通 FDD-LTE	30	30	30	30	30	30	30	30	—	30	30	30	30	30
中国移动 TD-LTE	30	30	30	30	30	30	30	30	30	—	30	30	30	30
中国广电/中国移动 FDD NR	30	30	30	30	30	30	30	30	30	30	—	30	30	30
中国电信/中国联通 FDD NR	30	30	30	30	30	30	30	30	30	30	30	—	30	30
中国移动 TDD NR	30	30	30	30	30	30	30	30	30	30	30	30	—	30
中国电信/中国联通 TDD NR	30	30	30	30	30	30	30	30	30	30	30	30	30	—

4.3.5　干扰隔离小结

对于室内分布多系统合路中的多种通信制式而言，其无线接入方式可以分为两类：一类即 FDD，收、发分开的不同频率接入方式；另一类是 TDD，收、发同频的接入方式。

对于 FDD 各种通信制式，例如，CDMA、GSM、WCDMA、FDD LTE、FDD NR 系统之间可能产生阻塞、带外杂散、互调等干扰，然而通常可以用收、发分开的天馈分布系统进行有效抑制。

需要注意的是，对于 TDD 通信方式，例如，TD-SCDMA、TDD LTE、TDD NR 不能将收、发同频的射频信号分开传递，因此，只能接入合路设备的下行或者上行，并受到邻频的 FDD 发射信号阻塞干扰，同时，TDD 用户终端上行信号也将干扰邻频的 FDD 接收。

●●4.4　多系统的合路设计

为了保障室内分布多系统合路的设计质量和使用功效，通常建议遵循一定的设计准则，从而保证实际系统建成后发挥良好的性能。

① 根据电信运营商的建设需求，在充分核算多系统、多频率干扰隔离的基础上，选择合理的多系统路由方案；同时，要求方案具备一定的扩展性和灵活性，对系统后期的扩容、升级和技术演进进行适当的预留。

② 根据不同系统的网络指标要求，不同频段的传输损耗差异，对各系统进行合理的功率匹配与覆盖均衡设计。

③ 多系统合路时，除了合理配置各系统间隔离度，在系统设计时，可对系统进行物理上的优化设计，通过天线间空间隔离、增加滤波器等多种方法进行干扰的抑制。

④ 室内分布系统器件应满足多系统共用的频段、输入功率等要求，特别是靠近信源的前级器件，应根据指标要求选择不同品质的器件。另外，主干线路建议采用 POI 合路，不宜采用合路器；在室内分布系统末端进行无线局域网（Wireless Local Area Network，WLAN）热点覆盖时，可采用满足性能指标要求的合路器。

4.4.1　路由方案

开展多系统合路方式进行室内分布系统的建设时，建议采用的路由建设方式有单缆方案、单输入单输出（Singe-Input Single-Output，SISO）双缆方案以及多输入多输出双缆方案。

1. 单缆方案

单缆方案即上下行合缆，主要适用于合路的多路信源互调干扰较小或者可以规避的情形。该方案的优点是可以节省成本，几乎可以节省一半的天线、馈线和无源器件。其缺点是扩展性和系统性能较差，一旦引入存在互调干扰的系统，对被干扰系统的性能影响较大，需要将 POI 和部分无源器件更换成存储器内嵌处理器（Processor In Memory，PIM）和功率容限更优的产品。单缆方案如图 4-4 所示。

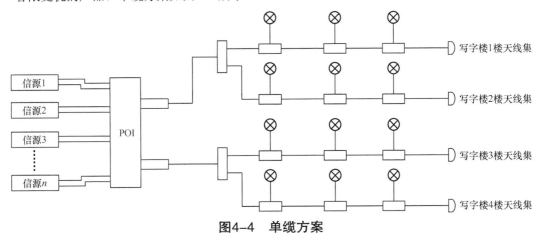

图4-4　单缆方案

2. SISO 双缆方案

SISO 双缆方案对于只有 FDD 系统合路的场景，室内分布系统采用双路，一路专用于发射，另一路专用于接收，两路系统间可通过空间隔离，使上行链路接收到的下行发射链路产生的 3 阶互调产物大大减弱，大幅降低系统的 PIM 要求。

SISO 双缆方案对于存在 TDD 系统接入的场景，需要根据具体的接入频段来分析是否存在 3 阶互调的影响，以确定时分双工系统放在接收通道还是发射通道。如果可通过选择频分双工系统通道来规避 3 阶互调的影响，一般对系统的 PIM 要求不高。如果无法避免 3 阶互调的影响，则对系统的 PIM 要求较高。

SISO 双缆方案如图 4-5 所示。

3. 多输入多输出双缆方案

多输入多输出（Multiple-Input Multiple-Output，MIMO）双缆方案对于 LTE、NR 系统，包括 TD-LTE、FDD LTE、TDD NR、FDD NR 等，可采用 2T2R MIMO 技术，提高系统容量和用户速率；对于非 LTE、NR 的频分双工系统，例如，GSM、CDMA、WCDMA 等，可以采用收发分离的模式。然而，一旦有时分双工系统接入，3 阶互调的影响几乎无法避免，对系统的 PIM 要求较高。MIMO 双缆方案如图 4-6 所示。

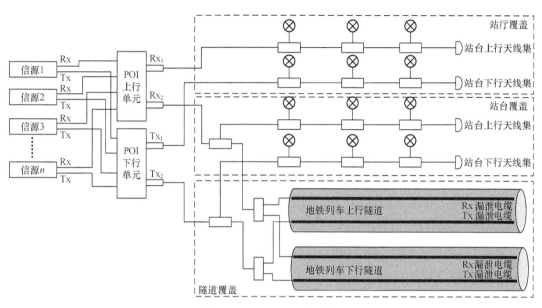

图4-5　SISO双缆方案

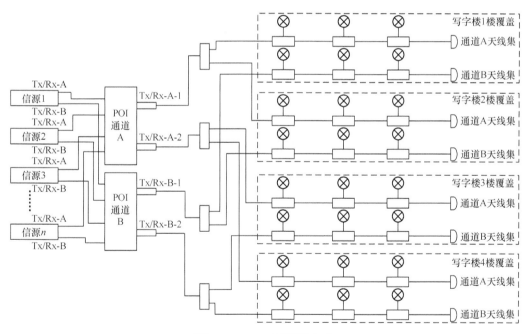

图4-6　MIMO双缆方案

4. 路由方案对比

路由方案对比见表4-13。在多系统接入的情况下，应选择双缆方案，利用其抗干扰能力强、系统扩展性高，同时具备提供 MIMO 2×2 的能力。对于 MIMO 2×2 能力，这里特指采用两条缆后所达到的双收双发（2T2R）功能。

表4-13　路由方案对比

路由方案	干扰	MIMO	扩展性	成本	优点	缺点
单缆方案	高	不支持	低	低	• 在网络制式较少，无明显干扰影响的情况下，建设成本较低	• 只能在极其有限的频率组合下使用，适用性差 • 在多系统接入的情况下，存在难以规避的干扰，对系统性能影响较大 • 建成之后不具备改造成双缆的可能性，扩展性差
双缆方案	低	支持	高	高	• 一般可通过合理的通道分配，降低干扰的影响，网络性能稳定 • 具备提供 MIMO 2×2 的能力，可大幅提高系统容量和用户速率 • 系统的扩展性高，适用范围广	• 需要两条分布系统路由，建设成本较高

4.4.2　覆盖场强

各制式通信系统频段不同，存在无线传播损耗、有线传输损耗的差异。因此，在天线馈入功率设计时有必要充分考虑各系统为了满足最低覆盖要求时所需要达到的技术指标。

当利用场强预测方法进行多制式系统合路的覆盖设计时，所使用的传播损耗模式为自由空间附加损耗模型，即改进型的 Keenan-Motley 模型。该模型是在 Keenan-Motley 模型增加了不同类型墙壁和楼层间的穿透损耗，并将阴影衰落余量加进来，从而得出更加精细的模型。

$$L = L_0 + \sum_{i=1}^{l} k_{fi} L_{fi} + \sum_{j=1}^{J} k_{wj} L_{wj} + \sigma \qquad \text{式（4-19）}$$

式（4-19）中，k_{fi} 表示穿透第 i 类地板的层数；k_{wj} 表示穿透第 j 类墙壁的层数；L_{fi} 表示第 i 类地板的穿透损耗；L_{wj} 表示第 j 类墙壁的穿透损耗；I 表示地板的种类数；J 表示墙壁的种类数；σ 表示阴影衰落余量。本节不计算穿透楼板的覆盖能力，因此式（4-19）可以简化如下。

$$L = L_0 + \sum_{j=1}^{J} k_{wj} L_{wj} + \sigma \qquad \text{式（4-20）}$$

覆盖场强的计算首先考虑的是信源输出功率，每种网络制式的信源输出功率和参考信号不相同。其中，对于 GSM 而言，由于没有导频功率的概念，因此，天线口功率与输出总功率相同；对于 CDMA 和 WCDMA 而言，分别取天线口功率为总功率的 20% 和 10%，以 dB 为单位进行计算。

$$\text{CDMA信源导频功率} = 10 \lg \left(\frac{\text{CDMA总功率}}{\text{载扇数}} \times 20\% \right) \text{(dBm)} \qquad \text{式（4-21）}$$

$$WCDMA信源导频功率=10\lg\left(\frac{WCDMA总功率}{载扇数}\times10\%\right)(dBm) \quad 式（4-22）$$

LTE 是取每个子载波的参考功率 RSRP 进行计算的，对于共有 1200 个子载波的单载波 20MHz 带宽配置而言，其计算公式如下。

$$LTE信源子载频参考信号RSRP=10\lg\left(\frac{LTE总功率}{1200}\right)(dBm) \quad 式（4-23）$$

NR 是取每个子载波的参考功率 SS-RSRP 进行计算的，NR 的单载波带宽配置比较灵活，可以根据实际情况配置。例如，TDD NR 可以配置 100MHz 带宽，而 FDD NR 则有 700MHz 频段的 30MHz 带宽和 2100MHz 的 40MHz 带宽，其计算公式如下。

$$NR信源子载频参考信号SS\text{-}RSRP=10\lg\left(\frac{NR总功率}{子载频数}\right)(dBm) \quad 式（4-24）$$

根据 3GPP 规定，国内电信运营商的几种 NR 配置，子载波间隔不同，其配置的 RB 数各不相同。几种 5G 网络子载频计算见表 4-14。

表4-14　几种5G网络子载频计算

网络制式	FDD NR 700MHz	FDD NR 2100MHz	TDD NR 2600MHz	TDD NR 3500MHz	TDD NR 4900MHz
子载波间隔 /kHz	15	15	30	30	30
带宽 /MHz	2×30	2×40	100	100	100
RB 数 / 个	160	216	273	273	273
子载频数 / 个	1920	2592	3276	3276	3276

多制式覆盖场强计算参考示例见表 4-15，表 4-15 为常见四大电信运营商的 9 种制式，以及其穿透损耗、衰落余量、天线增益等取值。根据各种制式的最低覆盖门限要求，结合上述计算公式可推出各系统的天线口功率，然后再参考天线口功率与天线口输出总功率的关系，即可得出满足覆盖门限要求时各种制式所需的输出总功率指标。

表4-15　多制式覆盖场强计算参考示例

网络制式	GSM 900	CDMA 800	WCDMA 2100	FDD LTE 1800	TDD LTE 2300	FDD NR 700	FDD NR 2100	TDD NR 2600	TDD NR 3500
网络频段 /MHz	950	875	2155	1870	2350	773	2130	2565	3550
信源输出总功率 /W	5	20	20	40	80	80	160	160	160

网络制式	GSM 900	CDMA 800	WCDMA 2100	FDD LTE 1800	TDD LTE 2300	FDD NR 700	FDD NR 2100	TDD NR 2600	TDD NR 3500
载频数 / 子载频数	—	4	1	1200	2400	1920	2592	3276	3276
信源输出参考功率 /dBm	36.99	30.00	33.01	15.23	15.23	16.20	17.90	16.89	16.89
100m1/2 英寸馈线损耗 /dB	6.85	6.46	11.25	10.10	11.78	6.23	11.25	12.06	14.09
天线口输入功率 /dBm	30.14	23.54	21.76	5.13	3.45	9.97	6.65	4.83	2.80
天线增益 /dB	2.00	2.00	3.00	3.00	3.00	2.00	3.00	3.00	3.00
覆盖距离 /m	20.00	20.00	20.00	20.00	20.00	20.00	20.00	20.00	20.00
空间损耗 /dB	58.03	57.31	65.14	63.91	65.89	56.23	65.04	66.65	69.48
需要达到最低门限要求 /dBm	−80.00	−85.00	−85.00	−105.00	−105.00	−105.00	−105.00	−105.00	−105.00
砖墙穿透损耗 /dB	10.26	10.21	12.23	11.77	12.69	10.07	12.23	13.32	16.75
阴影余量 /dB	15.00	15.00	15.00	15.00	15.00	15.00	15.00	15.00	15.00
边缘场强 /dBm	−51.15	−56.98	−67.61	−82.55	−87.13	−69.34	−82.61	−87.14	−95.43
链路损耗余量 /dB	28.85	28.02	17.39	22.45	17.87	35.66	22.39	17.86	9.57

　　基于表 4-15 中的数据，在距离室内分布天线口 20m 处，FDD NR 700MHz 边缘场强最大，而 TDD NR 3500MHz 的边缘场强最小，但是不能只看边缘场强的大小，需要考虑各个网络的最低门限要求，从链路损耗余量观察，FDD NR 700MHz 的覆盖能力最强，具备 35.66dB 的余量，而 TDD NR 3500MHz 网络的余量只有 9.57dB。因此，在考虑同时满足 9 种制式网络覆盖要求的情况下，如果采取共系统合路建设时，那么覆盖受限的是 TDD NR 3500MHz 网络。

　　总体而言，在室内分布多系统方案设计过程中，需要参照各家电信运营商覆盖门限要求计算出受限系统，然后以受限系统为模型进行天线设计。

4.4.3　干扰控制

　　室内分布多系统合路设计中，充分考虑到不同通信制式系统间或不同电信业务经营者之间相邻或相近的频段干扰协调，以及保障多系统合路的网络性能，在实际工程中，需要科学合理地控制干扰，通常建议采取以下措施。

① 进行空间隔离，物理空间上的隔离大小取决于各干扰需要的最大隔离度。

② 通过配置合路器各端口的隔离度，实现系统间的隔离。

③ 合理降低干扰源的功率，使系统间减少干扰的相互影响。

④ 通过减弱杂散干扰的方式，可以考虑在发射机端增加滤波器，抑制杂散及发射交调产物，降低干扰。

⑤ 对于接收机的阻塞、交调干扰，可以在被干扰系统端增加滤波器，抑制带外强信号的功率，降低干扰。

⑥ 对于接收的交调干扰，可以通过网络优化手段，避免3阶交调产物落入被干扰频段。

其中，保证合路器系统间隔离度及加装隔离滤波器已成为室内分布系统多系统共存时抑制干扰的有效办法。对于当前建设的室内分布系统，系统间的干扰主要可以通过POI进行抑制，选取符合各系统隔离度要求、频段和插入损耗的POI是规避干扰的前提。要想减少系统间干扰的相互影响，必须满足系统间最小隔离度要求。通常情况下，POI对于系统间的隔离度指标会大于80dB，基于前述的系统间隔离度理论计算值，大多数系统间的干扰能够得到有效抑制，但仍存在部分系统间隔离度不够理想的问题，这时就需要采用额外的隔离，一般是新增隔离滤波器。另外，由于POI制作时的系统间隔离度与频率间隔有很大关系，所以如果频谱资源相对比较宽裕的话，则可以灵活配置载波以获得保护频带，从而加大POI系统间隔离度。

4.4.4 设备器件

综合考虑室内分布多制式系统建设的实际场景，上述描述的各种方法已经能够在很大程度上降低干扰对网络性能的影响。但是在实际工程中和网络运维过程中，还需要重点关注分布系统中所使用的各种设备器件的指标参数、选型以及维护。因为设备器件的性能也会对多制式合路系统的运行效果产生重要影响，所以通常设备器件会存在指标参数不达标和故障老化的问题。

① 合路器等设备的隔离度指标不达标，导致室内分布系统多制式合路时相互间隔离度不足，从而各系统之间干扰严重。

② 信源设备发射机带外杂散指标不达标，导致杂散干扰信号发射功率增加，进而提升了各室内分布系统各制式对系统间隔离度及物理上空间隔离度的要求。

③ 合路器、天线、接头等无源器件互调参数达不到指标要求，或者跳线、馈线等线缆接头氧化，使室内分布系统非线性因素增加，导致各系统间互调干扰加剧。

④ 电感、电容等小器件故障或者损坏，例如，信源发射装置内的滤波器等，由于滤波

器的性能降低使对带外杂散干扰信号的抑制能力减弱，无法有效控制室内分布各系统间的干扰。

对于上述提及的设备器件问题，我们通常建议采用以下措施来处理。

施工建设准备前期，建设单位及监理单位对工程中将要使用的设备器件进行相关的检验审核，设备器件只有检验审核通过后才能入场安装布放。对设备器件的质量要进行严格把控，例如，关注设备器件的隔离度指标、互调抑制指标、功率容限要求等，同时，选用宽频段无源器件和天线，并使用合适线径的馈线以兼容各制式的通信系统，保障分布系统的工作性能。

根据网络监控数据，定期开展必要的巡检维护以便于发现覆盖区域的网络异常，并积极进行故障排查，及时更换老旧的故障设备器件，维护和提升目标覆盖区域的网络整体性能，提高用户体验感知。

●● 4.5　多系统共存未来演进

随着中国铁塔股份有限公司的成立及建设资源节约型、环境友好型社会的要求，工业和信息化部提出的减少电信重复建设，提高电信基础设施利用率的要求，促使今后室内分布系统的建设会更多地采用多系统共存方式。为了能更好地利用资源，在建设前期就需要对未来网络发展进行前瞻性研究。

在具体建设时，应充分考虑电信运营商各系统的接入需求、频率范围；在具体策略方面，适当考虑电信运营商网络扩容、技术演进等需求。针对多系统的共存，需要保证各级器件、线缆能适应未来网络发展频段需求。另外，由于多系统的接入会导致系统间的互调、交调，从而产生未知的干扰，所以需要在无源器件的选择方面进行综合考量。

5G 室内分布系统优化

Chapter 5

第5章

随着室内移动用户数量的增长和相关业务的迅猛发展，在提升室内深度覆盖、吸收热点业务量的同时，需要保障室内分布系统网络的质量和用户感知。室内分布系统建设涉及多个环节，同时室内信源、有源设备、无源器件、天馈系统以及优化参数的设置又会对室内分布系统网络的质量造成影响。因此，需要对 5G 室内分布系统网络进行优化，优化的工作贯穿室内分布系统的建设期和建成期，具体可以分为建设期的工程优化和建成期的日常优化。

本章旨在通过对现有常见室内分布系统问题进行研究，提出室内分布系统建设期和建成期的各类问题并加以讨论和分析，提出优化建议和排查方法，为室内分布系统优化提供解决方案，以提升室内分布系统优化效率。

●● 5.1　室内分布系统优化原则

① 室内分布系统优化贯穿室内分布系统的建设期和建成期,每个阶段进行的室内分布系统优化的侧重点不同。

② 应根据不同的室内分布系统场景确定不同的优化方案及优化重点。

③ 需结合周边室外基站的情况一并优化,做到室内外协同优化。

④ 室内分布系统优化过程中,应先优化弱覆盖、越区覆盖,再优化导频污染。

⑤ 室内分布系统优化最终的目的是加强网络整体深度覆盖,给予用户更好的体验。

●● 5.2　室内分布系统优化类型

按照不同的建设阶段,室内分布系统优化分为建设期的工程优化和建成期的日常优化两种。

(1)建设期的工程优化

建设期的工程优化是与无线网络工程建设同步进行的,或在工程建设完成之后短时间内进行的优化工作,包括但不限于现场测试及勘察、参数调整、天馈调整等工作内容;其目的是通过对硬件安装的检查、基础数据的校验、无线参数及系统参数的检查和优化,确保工程的实施效果满足工程设计的预期效果,同时尽量降低工程实施对现网运行造成的影响。

建设期的工程优化应从设备安装开始,一般到初验后 6 个月,直至满足终验验收指标要求为止。工程优化结束后,除了提交工程优化各阶段涉及的报告外,还应提交站点对应的准确的工程参数等信息,包括但不限于站点经纬度、小区涉及的基本信息(例如,PCI、gNB ID、Cell ID 等)、方位角、机械下倾角、站点天馈周边及覆盖环境照片等。

(2)建成期的日常优化

建成期的日常优化一般针对以下内容进行。

① 针对建成后的弱覆盖区域。

② 针对网络质量(低接通率、高掉话率、高干扰)。

③ 针对用户感知(速率快慢)。

④ 针对业务吸收或业务感知(零流量、低流量、高倒流)。

⑤ 针对 4G/5G 互操作。

5G 室内分布系统日常优化,针对上述内容采用对应的优化调整方案进行优化,提升用户对 5G 网络的感知。

按优化内容分类，室内分布系统优化主要分为覆盖优化、干扰优化、切换优化、成功率优化、业务优化等。

室内分布系统优化前应进行分布系统核查。室内分布系统的天馈系统较复杂，有的室内分布系统夹杂干线放大器、直放站等有源器件，很容易引起接入、切换、性能指标偏差。因此，优化前应确定室内分布系统工艺是否会影响关键性优化指标。

（1）天馈工艺核查

核查室内分布天馈系统，特别是检查信源侧的第一级天馈系统的工艺，在制作馈线头过程中，毛刺过多或受潮进水等，在大功率输入时，容易引起局部微放电造成频谱扩张，导致 SS-RSRP 异常。因此，需对天馈系统进行工艺检查，杜绝出现工艺不合格的现象。

（2）有源器件核查

室内天馈系统中作为信源信号的中继放大的有源器件会对系统引入新的噪声。因此，在优化时，应杜绝有源系统的串接行为以减少反向噪声；同时，要控制有源器件的数量，还要控制和调节好反向增益，使前向链路和反向链路[1]保持平衡的同时，反向噪声最小。

（3）无源器件性能劣化核查

较差的无源器件经不住功率放大器较高的峰值功率冲击，容易损坏，其互调、隔离度、带外抑制性能均不能达到多载波系统的要求。因此，我们建议室内分布系统的天馈主干部分采用高品质无源器件，必要时，应对重要的器件进行检测。

●● 5.3 建设期的工程优化

5.3.1 工程优化的流程

工程优化的流程一般分为工程网络优化、验收、割接 3 个部分。

（1）工程网络优化

工程网络优化一般由设备厂商提供，具体提供的督导服务主要包括如下内容。

① 制订测试计划、进度安排。

② 配合建设方审核和调整工作计划、进度安排，确定优化目标和考核指标。

③ 配合制定测试规范。

④ 资料准备，提供无线网络配置各项参数、各类项目统计方式及详细说明。

⑤ 配合提供跨厂商之间的工作协调。

---

1. 前向链路：基站到移动台方向的链路，又称为下行链路；反向链路：移动台到基站方向的链路，又称为上行链路。前反向链路是对于基站来说的，而上下行链路是对于手机来说的。

⑥ 技术指导：对建设方人员进行工程优化技术指导，包括室内分布系统的测试和优化技术指导。

⑦ 测试车辆、仪器软件，具体包括测试软件、全球定位系统（Global Positioning System，GPS）/北斗双模、测试终端、测试工具、逆变器、扫频仪、高精度地图（市区精度不低于 5m）等，网络优化塔工。

⑧ 网络测试及分析：室外分布站点按验收规范进行全面路测及分析；室内分布站点按验收规范对建筑物的所有楼层进行完整的测试及分析。

⑨ 室外分布站点网络调整，制定网络调整方案并实施。

⑩ 非独立组网（Non-Stand Alone，NSA）相关的 4G 锚点站的单站优化、簇优化、全网优化。

⑪ 干扰排查：系统内及系统外做好干扰排查和解决问题的方案。

⑫ Massive MIMO 优化、Massive MIMO 评估分析、优化方案制定、优化实施与验证等。

⑬ NR 室内外协同分析，对室内分布系统漏泄的情况进行评估优化，给出无线电频率（Radio Frequency，RF）调整建议；根据现网配置调整优化室内外邻区配置关系等。

⑭ 有源室内分布网络优化，制定有源室内分布优化方案，包括但不限于有源设备远端单元位置、发射功率、小区参数、周边宏基站调整等，并负责实施其中参数调整的部分（例如，发射功率、小区参数调整等）。

⑮ 有源室内分布网络优化工程调整，根据有源室内分布系统优化方案，完成相关的工程实施（例如，有源设备远端单元位置调整、周边宏基站调整等）。

⑯ 网络优化效果评估：首先，输出单验报告、簇优化报告、分区优化报告、全网优化总结报告、问题记录详表、工程参数信息；然后，双方签字确认。

⑰ 优化资料存档，各项工程资料及网络测试分析报告整理并存档。

（2）验收

第一部分工程网络优化完毕后进行验收。

① 验收组织成立。

② 定义验收标准、测试条目和故障分类。

③ 验收测试：按照约定时间完成验收测试。

④ 验收实施，包括工程初验和终验。

⑤ 验收资料整理及验收证书。

⑥ 工程验收资料移交及签收。

（3）割接

第二部分验收完毕后进行割接。

① 割接组织成立。

② 近期现网指标采集、健康检查、制定割接方案。

③ 割接方案审核。

④ 割接实施及割接后 24 小时值守。

工程优化一般的流程如图 5-1 所示。

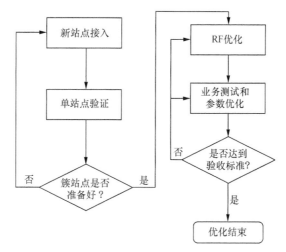

图5-1 工程优化一般的流程

当业务测试和参数优化完成、割接完毕并达到验收标准，最终通过验收，工程优化结束。工程优化期间的 RF 优化是无线站点开通优化的主要阶段之一，其目的是在优化覆盖的同时控制越区覆盖和减少"乒乓切换"，保证下一步业务参数优化时无线信号的分布是正常的。RF 优化主要包括参考信号接收功率（Reference Signal Received Power，RSRP）覆盖问题优化、覆盖因素干扰问题优化和覆盖因素切换问题优化。本书后续章节针对 RF 优化的内容会做进一步说明，这里不再展开论述。

5.3.2 工程优化的要求

工程优化的过程应满足相关验收规范的要求。

工程优化主要分为单站优化、分簇优化、分区优化、网络边界优化、室内覆盖优化、全网优化。针对室内分布系统，单站优化可与室内覆盖优化同时进行。

1. 单站优化

任何新入网运行的基站都必须先进行单站验证以确认其正常工作，在单站验证前应确保站点无任何告警。

在每个 5G 站点安装、上电及开通后，要求在新站开通后 3 天内对新站开通区域进行路测（Drive Test，DT）和必要的室内呼叫质量拨打测试（Call Quality Test，CQT），进行前端测试数据的管理及统一解析验证工作，以测试验证数据为基础及时纠正数据库中的错误。例如，邻小区错误、重要参数错误、天馈错误等，及时解决新增基站硬件故障，保证割接区域的网络安全与稳定。

单站优化主要包括的工作如下。

① 验证各小区的天线安装情况是否与设计方案一致。

② 验证各小区的基本覆盖区域是否与规划数据一致。

③ 验证各小区内的主要业务功能［包括下上行数据业务、互联网分组探测器（Packet Internet Groper，PING）、演进分组系统回落到长期演进语音承载（Evolved Packet System Fallback Voice over Long Term Evolution，EPS Fallback VoLTE）语音业务及固定路由（Fixed Routing，FR）功能、电路域回落（Circuit Switched Fall Back，CSFB）3G 语音业务等］是否能实现。

④ 验证小区基础数据是否与规划数据一致，是否符合集团下发的编号规则。

⑤ 验证小区主要参数设置是否与规划数据一致。

⑥ 验证小区的覆盖性能、移动性能、业务性能是否与规划数据一致。

⑦ 异厂商、异系统参数配置是否与规划数据一致。

⑧ NSA 网络下，验证 5G 基站与其 4G 基站的锚点功能是否正常。

⑨ 对于共享小区，需验证共享双方 5G 用户主要业务感知是否对等、是否满足验收规范要求。

⑩ 对于共享小区，需验证共享双方 5G 终端在该小区下开机选网、重选等功能是否与规划数据一致。

⑪ 如果该小区处于共享区域边界，则需核查该小区锚点配置及邻区列表，验证共享双方 4G/5G 用户在该小区与周边邻区间的移动性是否与规划数据一致。

⑫ 应依据相关工程验收规范中室外覆盖单站验收及室内覆盖系统验收要求进行入网验收数据的收集管理，并形成验收报告。

2. 分簇优化

对于基站簇的划分，综合考虑基站地理位置、基站建设进度、测试路线选择以及测试耗时估计等因素后，每个基站簇由 10 到 20 个基站组成（一般情况下，基站簇由 15 个基站组成）。分簇优化应在簇中基站开通 90% 以上时才可展开，否则，当有很多未开通的基站开通之后，还需重新优化整个簇，造成浪费。

分簇优化完成后，会针对若干簇构成的区域进行优化测试，一般是多个簇构成一个连续的区域，对于部分规模较小的城市，通常将分簇优化和分区优化结合后实施。

当基站簇中 90% 以上的基站开通后，即可开始针对该簇的整体测试和优化工作。分簇优化与单站优化注重的功能性有所不同，分簇优化更多地关注于查找簇内覆盖盲区、干扰严重、越区覆盖、切换故障等。其目的是优化各个小区服务的范围，既提高覆盖面积，又降低干扰，使该簇中的网络性能达到较好的水平。

分簇优化包括的主要工作如下。

（1）覆盖问题优化

基于覆盖分析，通过参数、RF 调整优化等手段，解决弱覆盖、覆盖漏洞、越区覆盖、无主导服务小区、重叠覆盖率过大等问题。

（2）干扰问题优化

干扰问题优化主要是配合 5G 系统内干扰、系统间干扰和外部干扰排查，重点关注上行干扰、下行干扰、重叠覆盖、越区覆盖等问题，在保证网络基础覆盖的前提下降低网络整体干扰水平。确定干扰源和干扰原因之后，配合制定干扰解决方案，由建设方确定解决干扰问题各方的职责划分。

（3）Massive MIMO 优化

根据不同的覆盖场景，通过场景化单边带（Single Side Band，SSB）配置、RF 调整等方法分别对广播波束及业务波束进行协同优化，结合无线环境提升 RANK[1] 比例，提升用户感知；优化广播波束，保证用户随时随地接入感知；优化业务波束，提升上下行数据业务感知；优化 Massive MIMO，提升网络容量与效能。

（4）协议控制信息冲突优化

核查协议控制信息（Protocol Control Information，PCI)/ 物理随机接入信道（Physical Random Access CHannel，PRACH）冲突比例及复用距离，通过 PCI 优化调整，解决 PCI 冲突问题，降低网络干扰，避免因 PCI 冲突带来的切换掉话等问题。

（5）接入性优化

通过接入问题分析，优化调整 5G 系统的接入参数配置，解决接入失败、接入时延较长等问题。

（6）移动性问题优化

通过移动性问题分析，优化调整 5G 系统内邻区关系、5G 与 4G 的邻区关系，通过路测数据分析软件比较邻区信息和路测数据，对每个小区提供邻区增加、删除或保留的建议。开展邻区核查工作，重点关注单向邻区及过少邻区问题、X_2 接口及 X_n 接口漏配或配置异常等问题，提升用户的移动性感知。

对于独立组网（Stand Alone，SA）的网络，优化移动性相关参数，避免出现切换失败、频繁切换等问题；对于 NSA 的网络，除了相关的移动性参数优化，还应重点关注 5G NR

---

1. RANK 是空分复用流数，在时频资源不变的情况下，RANK 越高，实际吞吐率越高。

辅小区的添加、删除策略和门限优化,并尽量降低锚点切换次数,减少因锚点频繁切换导致的用户感知下降。

(7)保持性优化

通过掉线/掉话问题分析,优化调整 5G 系统的相关参数配置,解决掉线/掉话问题。

(8)吞吐率优化

通过速率等指标分析,优化调整 5G 系统的相关参数配置,有效提升系统的吞吐率。

(9)业务端到端优化

在面向基础网络质量提升,开展日常优化工作的同时,需要面向用户维度、终端维度、网元维度开展业务感知评估,针对识别的业务感知问题,具备与终端厂商、开卡部门、网元维护部门进行联合问题定界、定位的能力和解决业务感知问题的能力。同时,在网络架构演进过程中,需要从业务感知的角度,结合研讨技术、实施方案,确保在网络架构的演进过程中,提升网络架构演进带来的业务感知。在新空口承载语音(Voice over New Radio,VoNR)成熟并规模商用之前,需要重视 5G 语音用户在 NSA 与 SA 网络下的语音感知表现,同上述数据业务,做好端到端感知监控、评估、优化。

定位问题如果涉及核心网,则需要提供相应的核心网技术支撑,配合查找和解决问题。

对于 SA 网络,在 VoNR 部署之前,用户采用 EPS Fallback VoLTE 方式回落 4G 处理语音业务,需优化 5G 与 4G 之间的互操作相关参数,有效提升语音业务性能。对于语音和数据并发业务,需进行网络设备功能升级及必要的参数优化,避免出现流程冲突,保证语音和数据业务感知。

(10)多网协同优化

NSA 网络下,除了进行 5G 网络优化,还应对 4G 锚点进行优化,从 5G 邻区 /4G 锚点配置、锚点性能及移动性保障、上下行分流策略等方面对 4G 与 5G 进行协同优化,在 5G 连续覆盖的前提下进一步提升用户感知;SA 网络下,应进行 5G 网络同频异频之间、4G 与 5G 异系统之间互操作测试和优化;NSA 与 SA 双栈网络下,应进行 NSA 及 SA 系统间的协同优化。涉及异厂商设备的情况,由建设方划分职责范围,无条件配合相关优化工作。

(11)共建共享联合优化

针对中国电信和中国联通共建共享新场景,需要统一双方承建区域及边界的配置参数及移动性策略,保证双方用户平权、感知对等,做好双方联合优化,联合验收工作。

(12)其他

随着新设备的增加、升级或替换,涉及因 5G 工程造成 2G、3G、4G、5G 网络质量变化,施工方应承担相应的责任;不涉及现网天馈改造的区域应保证 2G、3G、4G、5G 网络质量不低于工程实施前;涉及现网天馈改造的区域应承担相应的网络优化工作,确保 2G、3G、4G、5G 网络各项指标及用户感知满足本地网商用运营的需求。对于 NSA 与 SA 共建共享区域，原则上 5G 基站、网络应满足共享各方 5G 用户的业务感知需求，且共享区域边界满足移动性需求。如果涉及异厂商互操作问题，则应无条件地按照相关要求与异厂商进行协同优化。

3. 分区优化

连续的簇如果基本开通并完成了分簇优化，就需要对这一连续区域进行路测优化。路测优化区域的划分应综合各地的实际情况，结合基站的地理位置、基站的建设进度、测试路线选择及测试耗时估计等进行划分。

分区优化在分簇优化的基础上更加注重簇与簇之间边界地区的覆盖、干扰、切换等问题。

分区优化前，需要进行分区网络性能的评估，通过网络覆盖数据采集、运行维护中心（Operation Maintenance Center，OMC）数据采集等数据源，制定优化方案及优化计划。

分区优化包括的主要工作如下。

① 簇与簇之间配合优化。

② 分析采集到的数据，找出网络问题，提出优化方案并实施。

③ 小区配置参数优化调整。

④ 对分区覆盖进行优化。

⑤ 对分区移动性进行优化。

⑥ 对分区网络性能进行优化。

分区优化后，评估网络质量，输出片区网络质量评估报告、片区优化报告，具体包括如下内容。

① 片区优化完成后进行数据采集。

② 优化前后对比测试数据。

③ 片区优化完成后编写网络质量评估报告。

④ 编写片区优化报告。

4. 网络边界优化

（1）不同 5G 厂商交界优化

① 不同 5G 厂商交界优化主要检查异厂商网络边界的相关性能指标，通过测试验证发现可能存在的互操作功能、数据、参数等问题，通过协同 RF 优化、参数调整、数据完善等手段，提升边界区域性能指标。

② 负责交界处不同厂商之间的协调。对于存在不同厂商交界的区域需要进行跨厂商优化。双方交界基站基本建设完成前双方需要交互数据，提前做好 PCI、邻区、基于无线

电接入网的通知区域（Radio Access Network based Notification Area，RNA）、跟踪区域码（Tracking Area Code，TAC）、全球标识符（NR Cell Global Identifier，NCGI）等规划。

③ 涉及不同厂商交界区域，两个厂商均需要进行 DT，测试区域以边界基站为中心，向各自区域延伸 3～5 倍站距（该区域平均站距）。测试过程中，如果出现异厂商互操作异常等问题，则需要由两个无线设备厂商及核心网厂商的工程师组成一个联合网优小组对边界进行覆盖和业务优化，需要各方一起配合来分析定位问题。

不同厂商交界区应重点关注的优化内容如下。

① 边界的越区覆盖控制，在解决边界的越区覆盖问题时，需要警惕是否会产生覆盖空洞。

② 边界的邻区优化，添加必要的邻区、删除错误或者冗余的邻区。

③ 边界的 PCI 复用问题包括 PCI 冲突、混淆，以及干扰。

④ 边界的 RNA、TAC 规划问题。

⑤ 边界的 PRACH 规划和碰撞问题。

⑥ 异厂商单、双 NCGI 及邻区配置错误导致的边界移动性问题。

⑦ 边界的切换问题，通过切换参数的调整，优化切换过早、过晚等问题。

（2）共建共享下，共享与非共享区域边界 / 共享双方承建区域边界优化

共享区域边界优化主要检查共享与非共享区域边界、承建方与共享方边界的相关性能指标，通过工程参数核查、测试验证、天馈优化等手段发现并解决可能存在的 eNB ID[1]/TAC 冲突、共享双方业务感知不对等、锚点及邻区配置错漏、移动性策略配置不合理、网络参数配置错误等问题，通过协同 RF 优化、频率优先级配置调整、锚点邻区关系核查调整等优化方式，提升边界区域性能指标。

涉及上述两种边界区域，需要分别进行 DT 双向测试，测试区域为以边界基站为中心，向共享区域内外延伸 3～5 倍站距（该区域平均站距）。

共建共享区域边界应重点关注的优化内容如下。

① NSA 网络共享区域边界 eNB ID/TAC 冲突问题。

② NSA 网络共享区域边界的移动性问题，例如，5G 用户空闲态重选、连接态切入 / 切出等问题。

③ NSA/SA 共享区域内，双方 5G 用户业务感知不对等的问题。

④ 边界锚点配置及邻区优化，添加必要的 4G 锚点及邻区，删除错误或冗余的锚点或邻区。

⑤ 基于不同公共陆地移动网（Public Land Mobile Network，PLMN）/ 终端类型的差异化策略配置优化。

---

1. eNB ID 是 eNodeB Identifier 的缩写，具体是指标识一个公共陆地移动网中的 eNB。

⑥ 基于业务的定向切换策略配置。

（3）共建共享下，省间边界优化

测试区域如果涉及省间边界基站，则需关注省间边界移动性问题。

5. 室内覆盖优化

对于覆盖室内的室内分布站点，应保证基站信源正常工作，包括基本参数配置正确、主要出入口邻区配置完好，需进行覆盖测试、干扰测试、基本业务功能和性能测试，并通过移动性测试，包括室内外切换、室内分布内部小区之间切换，以及 5G 与 4G 之间的互操作测试。

涉及室内分布系统等非设备的问题，由建设方协调第三方厂商及主设备厂商处理室内分布系统所需要的相关优化工作，例如，漏泄测试优化、覆盖测试优化和性能测试优化等，主设备厂商需提供建议和技术支持，包括现场定位问题和支持。

6. 全网优化

在全网优化前，需要对全网的网络质量进行评估，通过所有片区网络优化后网络质量评估报告、所有片区网络优化报告及网络监控指标，分析全网的网络现状，明确全网优化目标，确定全网优化计划。具体评估的内容如下。

① 覆盖性能评估分析。

② 接入性能评估分析。

③ 保持性能评估分析。

④ 移动性能评估分析。

⑤ 完整性能评估分析。

网络评估之后，进行全网优化调整。网络优化和调整将是全网优化阶段的一项重要工作。全网优化是一项科学全面的工作方法和工作流程，通过深入检查网络的无线性能，诊断出网络存在的主要问题，对症下药，从而提高网络的性能指标，改善用户的网络体验。

通过对 OMC 统计数据、DT/CQT 等测试数据进行分析，并与验收指标对比后找到不满足要求的项目，对其进行有针对性的分析，包括覆盖问题、接入问题、保持性问题、移动性问题、完整性问题等，针对这些问题提出相应的解决方案。具体工作内容如下。

① 片区间配合优化及室内外协同优化。

② 分析采集到的数据，找出网络问题，提出优化方案并实施。

③ 全网邻小区配置参数采集及优化调整。

④ 系统参数优化。

⑤ 业务参数优化。

全网优化完成后，需要进行全网网络质量的评估，输出全网网络质量评估报告、全网网络优化报告。具体工作内容如下。

① 全网优化完成后质量评估数据采集：可采集的数据源包括但不限于网络基础工程参数信息、测量报告（Measurement Report，MR）数据、Counter（计数器）数据、网络关键绩效指标（Key Performance Index，KPI）数据、路测数据等。

② 优化前后网络性能指标对比：网络性能指标应至少包括覆盖类、接入类、保持类、移动类、业务性能等指标，对共建共享区域，需同时关注共享、承建双方用户感知。

③ 全网网络优化后编写质量评估报告。

④ 编写全网网络优化报告。

●●5.4 建成期的日常优化

日常优化可以解决网络建成后出现的问题，主要包括以下几个部分。

① 解决弱覆盖需求；提高网络质量需求（针对低接通率、高掉话率、高干扰）。

② 提高用户感知需求（速率快慢）。

③ 业务吸收或业务感知需求（针对零流量、低流量、高倒流）。

④ 4G/5G 互操作需求。

日常优化通过解决以上问题，可以有效提升网络质量，提升用户感知。具体解决方式主要包括覆盖优化、干扰优化、切换优化、业务类型优化等，后续章节会详细说明，在此不再赘述。

日常优化的基本流程主要包括问题分析、优化调整和效果验证 3 个部分。

1. 问题分析

对室内分布系统相关数据进行分析，重点关注覆盖、接入、切换、质量等相关指标，协助优化调整方案的制定。对于优化过程中发现的室内分布系统的自身硬件问题，协调室内分布系统各厂商进行处理。

2. 优化调整

室内分布系统如果需要进行优化调整，则需要进行优化测试调整工作。优化测试调整主要分为测试准备、数据采集、数据分析和优化调整方案实施 4 个步骤。

优化调整方案制定好后，将已制定的优化方案提交相关人员实施，具体实施包括对设备硬件进行重启或更换；对覆盖范围进行增补或调整；对出现"自激"或者干扰的设备进

行输入功率、放大系数等参数调整，增加衰减或对天线安装方式进行调整；对室内外基站、
邻区及切换等参数进行调整。

3. 效果验证

对已实施完成的优化调整观察其指标、告警信息的变化情况，需要时进行现场复测，
确认问题是否解决。

在实际的效果验证阶段主要关注以下问题。

① 室内覆盖干扰问题：主要包括弱覆盖、无覆盖、高底噪、干扰等。

② 速率问题：存在无法上网、速率较低或者不稳定的现象。

③ 切换问题：如果是高层区域，则考虑高层和低层不同小区之间的切换、高层室内外
切换；如果是低层区域，则考虑低层室内外信号（门口）的切换，电梯或者地下车库切换；
室内同一平面同频小区之间的切换；异频异系统之间的切换。

④ 室内信号外泄问题：室内信号外泄会对网络性能带来影响，如果造成网络性能恶化，
则需要分析室内信号外泄的原因。

⑤ 室外信号入侵：室外信号入侵会给室内分布系统用户带来影响。

●●● 5.5 优化内容分类

按优化内容分类，室内分布系统优化主要可以分为覆盖优化、干扰优化、切换优化、
成功率优化、业务优化等。

室内分布系统优化的最终目标是覆盖区无邻区漏配、无弱覆盖、无"乒乓切换"，重叠
覆盖度区域少，保障网络基础覆盖水平、有效抑制干扰，提升业务上传与下载速率，满足
无线网络性能与业务功能，保障网络质量和用户感知。

5.5.1 覆盖优化

无线网络覆盖是网络业务和性能的基础，通过开展无线网络覆盖优化工作，可以使网
络覆盖范围更合理、覆盖水平更高、干扰水平更低，为业务应用和性能提升提供重要保障。

覆盖问题会导致网络质量差，用户速率慢。覆盖优化主要针对弱覆盖、覆盖空洞、无
主覆盖、越区覆盖等。

1. 覆盖优化的标准

5G 网络覆盖目前主要采用的是无线指标。5G 网络覆盖的无线指标见表 5-1，根据这些
指标进行评估。

表5-1　5G网络覆盖的无线指标

无线指标	定义	目标值（根据5G NR频段带宽进行调整）
无线覆盖率	$SS\text{-}RSRP \geqslant -105\text{dBm}$ & $SS\text{-}SINR \geqslant -3\text{dB}$ 的样点占总采样点的百分比	根据运营商要求，一般为 95% 以上
	平均 RSRP	不同场景要求不同
单用户下行平均速率	单用户下行 NR PDCP[1] 层平均速率	不同的 NR 带宽速率不同
单用户上行平均速率	单用户上行 NR PDCP 层平均速率	不同的 NR 带宽速率不同
重叠覆盖度（单导频覆盖）	服务小区 $RSRP-$ 邻区 $RSRP$ 的差值的绝对值$\geqslant$ 6dB	大于 70%，重点区域大于 85%

注：1. PDCP（Packet Data Convergence Protocol，分组数据汇聚层协议）。

　　无线覆盖率用同步信号 SS-RSRP/SS-SINR 进行覆盖评估。室内分布系统覆盖具体指标要求，各家电信运营商有所不同。一般考虑 $SS\text{-}RSRP \geqslant -105\text{dBm}$ & $SS\text{-}SINR \geqslant -3\text{dB}$ 的区域为覆盖达标区域，低于此值的为弱覆盖区域，对于部分要求高的区域可以定义 RSRP 低于 -100dBm 的区域为弱覆盖区。一般弱覆盖会导致接入困难、速率低、性能差等问题。信号与干扰加噪声比（Signal to Interference plus Noise Ratio，SINR）越高，网络覆盖、容量、质量可能越好，用户体验也可能越好。

　　单用户下行平均速率及单用户上行平均速率的目标要求与接入 NR 系统的带宽有关，带宽越大，单用户下行平均速率、单用户上行及峰值速率的要求越高。

　　对于重叠覆盖度，如果服务小区 $RSRP-$ 邻区 $RSRP$ 的差值$\geqslant$ 6dB，则邻区对于服务小区的影响较少，因此，这种情况就不认为是重叠覆盖区。

　　重叠覆盖度标准：如果服务小区 $RSRP-$ 邻区 $RSRP$ 的差值的绝对值$\geqslant$ 6dB，则可以认为是单导频覆盖，单导频覆盖（重叠覆盖度0）的比例为 70%，即如果服务小区 $RSRP-$ 邻区 $RSRP$ 的绝对差值$<$ 6dB，则认为是重叠覆盖，要求其比例小区 30%。

2. 覆盖优化的流程

　　为了保障网络覆盖优化工作的高质量和高效开展，同时尽可能降低对现网的影响，优化工作需要严格遵循一定的工作流程。覆盖优化的流程如图 5-2 所示。

3. 覆盖优化的措施

　　覆盖优化的整体原则：优化过程中先优化弱覆盖、越区覆盖，再优化导频污染。
典型问题的优化措施及思路见表 5-2。

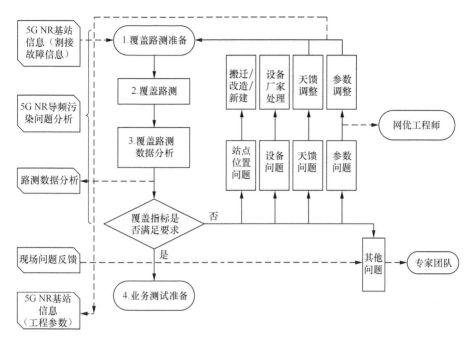

图5-2　覆盖优化的流程

表5-2　典型问题的优化措施及思路

序号	问题现象	措施	优化思路
1	NR 小区弱覆盖		结合相邻小区进行覆盖优化调整，加强覆盖
2	越区覆盖	天馈调整 / 功率调整 / 站点整改	控制小区覆盖区域
3	无主覆盖小区		增强主导小区的覆盖，同时降低干扰小区的覆盖
4	SINR 优化	解决弱覆盖、重叠覆盖度高的区域、无主覆盖以及切换类问题	减少邻区干扰

（1）NR 小区弱覆盖

一般定义 $SS\text{-}RSRP < -100\text{dBm}$ 的采样点区域为弱覆盖，也可以根据电信运营商的要求进行调整。弱覆盖会导致接入困难、速率低、性能差等问题。

优先筛选出弱覆盖采样点，现场进行天线勘查，结合相邻小区进行覆盖优化调整，加强覆盖，优化后需要保证该小区平均电平达到 -90dBm 以上，相关优化措施如下。

① 安装于室外的天线调整，需调整天线方位角和下倾角，如果禁止采用天线旁瓣覆盖主覆盖区，则可通过"下倾上抬"的方法以增强覆盖。

② 室内分布系统故障排查：通常室内分布系统的天馈系统会因人为受损，造成室内分布系统不完整。另外，室内分布系统的有源设备也会出现故障，造成其覆盖区域内无信号。

因此，需要确认该系统是否能正常工作，建议逐个测试天线的信号强度，确认其是否与经验值一致。

③室内分布系统结构优化

发现天馈分布不合理的情况应及时调整，保证拟覆盖区域的信号强度，或对天线类型进行更换，例如，使用单面定向天线控制漏泄，使用双面定向天线增强室内覆盖等。

④功率调整：在 RRU 等信源功率、有源室内分布的远端功率允许的范围内，最大化配置。

⑤站点整改：对于分布系统，因建筑格局等原因导致的分布系统不完善、天馈无法调整造成的弱覆盖区域，需及时推动站点整改，避免因分布系统不完善、天馈无法调整等因素出现弱覆盖。

⑥增补站点：无分布系统的弱覆盖区需增加分布系统，无分布系统的建筑格局需额外增加分布系统站点覆盖。

需要重点关注解决某一弱覆盖区域后，是否会出现新的弱覆盖区域或重叠覆盖度高的区域。

（2）越区覆盖

越区覆盖是指某些基站的覆盖区域超过了规划设计的范围，NR 小区覆盖不合理，在非本基站的覆盖区域内形成不连续的主导区域，出现"乒乓切换"的现象、SINR 差等问题。

越区覆盖问题的主要优化措施如下。

①安装于室外的天线需进行天线方位角和下倾角的优化调整，例如，确定天线主瓣方向未偏移，下压天线下倾角，缩小覆盖范围，保证覆盖范围的合理性。

②分布系统漏泄控制

建筑物的室内分布系统覆盖需要注意漏泄控制，通过天线口功率控制、天线安装位置、下倾角、建筑物的遮挡等手段尽量减少对周围环境的越区覆盖。

合理设计天线口功率控制漏泄。由于室内分布综合方案一般都是覆盖小范围的弱覆盖区域，所以对于功率的链路预算应特别关注，需防止因天线口功率设置不当导致越区覆盖。通过合理设计天线口输出功率，有效控制覆盖范围，以防止信号漏泄导致越区覆盖的问题。利用建筑物阻挡控制漏泄，可以利用弱覆盖楼宇的周围高层建筑作为遮蔽阻挡信号漏泄。

③站点整改：对于天馈无法调整造成的越区覆盖，可以采取站点整改的措施。

④功率调整：对于越区覆盖的小区，一般情况下通过相关天馈调整进行控制。考虑到后期业务的应用，原则上禁止采取降低功率的措施来缩小该小区的覆盖范围。

（3）无主覆盖小区

无主覆盖小区是指区域内没有明显的主导小区或者主导小区更换过于频繁，导致信号频繁切换，进而降低系统效率，增加掉话的风险。

无主覆盖小区定义为邻区与主服务小区的 RSRP 差值 < 6dB，并且小区数 ≥ 3 个。

一般需通过 RF 优化调整，增强主导小区的覆盖，同时降低干扰小区的覆盖，具体措施如下。

① 主导小区判断与覆盖增强：基于距离原则同时结合现场测试（如果主覆盖小区存在阻挡，则需要寻找次优路径小区作为主覆盖小区）情况，判断此区域的主覆盖小区。如果主覆盖小区电平低于 −100dBm，则按照"弱覆盖"优化思路提升覆盖，即优先通过调整方位角，保证主瓣方向覆盖，通过调整下倾角加强覆盖。

② 非主覆盖小区干扰规避：对于非主覆盖小区，需要通过方位角和下倾角，避免覆盖不合理导致的重叠覆盖度带来的干扰。

③ 功率调整：对于主覆盖和非主覆盖小区，原则上可以加大小区发射的功率，但禁止降低功率，对于无法优化调整或通过后台电子倾角调整依然无法解决问题，则可适当降低功率。

④ "乒乓切换"抑制开关优化：通过"乒乓切换"抑制开关参数优化，减少"乒乓切换"。

（4）SINR 优化

弱覆盖、重叠覆盖、越区覆盖均会造成 SINR 差，在 SINR 优化提升的过程中，先要解决弱覆盖、重叠覆盖度高区域、无主覆盖及切换类问题，重点进行 SINR 梳理及优化调整，对于重点区域，要求平均 SINR 达到 15dB 以上，一般区域要求达到 9dB 以上。

一般 SINR 差主要由于邻区干扰导致，具体优化措施如下。

① 干扰小区确定与调整：确定主覆盖小区内的干扰小区，针对干扰小区现场勘察，确定方位角是否合理，同时适当下压机械下倾角，收缩干扰小区的覆盖范围，尽可能降低对主覆盖小区的干扰。

② 控制小区的越区覆盖，具体措施与越区覆盖相同。

③ 切换带 SINR 优化：要求相邻小区 RSRP− 服务小区 RSRP 在 ±3dB 采用点不得超过 5 个，相邻小区 RSRP− 服务小区 RSRP 在 ±5dB 采用点不得超过 10 个，尽量降低切换带重叠覆盖度过高对 SINR 的影响。

④ 网络参数优化：例如，由于 2.1GHz FDD NR SSB 是在相同的时域、频域发送，所以邻区的 SSB 对于服务小区的干扰较大，导致终端接收 SS-SINR 相对较差，实际网络优化时，需要进行 SSB 时域错开等功能优化。

5.5.2　干扰优化

根据干扰的来源，干扰主要包括系统内干扰、系统外干扰和硬件故障 3 种类型。

1. 干扰的类型

（1）系统内干扰

系统内干扰一般主要是由系统参数配置、越区覆盖等引起的。

系统参数配置导致的系统内干扰主要表现在帧失步、数据配置错误，例如，时钟不同步、帧结构配置、系统的频率、PCI、上下行配比等参数配置错误会导致同系统之间干扰增大，具体表现为 SINR 等参数远低于预期，应确保基站的配置统一合理，避免因数据配置错误引起的系统内干扰。干扰的类型如图 5-3 所示。

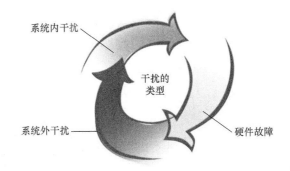

图5-3 干扰的类型

越区覆盖导致的系统内干扰：越区覆盖是指某小区的服务范围过大，在间隔一个以上的基站后仍有足够强的信号电平使手机可以驻留、切入或对远处小区产生严重干扰。越区覆盖主要是由于室外基站的天线方位角、下倾角等设置不合理，出现实际小区服务范围与小区规划服务范围严重背离的现象。这种现象带来的影响包括干扰、掉话、拥塞、切换失败等。这是属于下行干扰的范畴，目前，主要检测手段是通过终端上报下行 RSRP 和 SINR 的对比来进行确认。

（2）系统外干扰

5G 系统常用的频率较多，受到系统外干扰的可能性也较大。例如，微波通信干扰或者其他相邻频段系统的干扰。

其他通信设备的干扰，例如，军方通信、大功率电子设备、非法发射器等。

其他通信系统频段的干扰，例如，不同电信运营商 LTE 异频段、同频段的干扰，这些系统和 5G 系统之间都有可能产生相互干扰。

系统外干扰又可以分为杂散干扰、阻塞干扰和互调干扰 3 种类型。

杂散干扰：杂散是指干扰源在被干扰接收机工作频段产生的加性干扰，包括干扰源的带外功率漏泄、放大的底噪、发射互调产物等，使被干扰接收机的信噪比恶化。

阻塞干扰：当较强的干扰信号与有用信号同时加入接收机时，强干扰会使接收机链路的非线性器件饱和，产生非线性失真。当有用信号在信号过强时，会出现振幅压缩现象，严重时会出现信号阻塞。

互调干扰：当两个或多个干扰信号同时加到接收机时，由于非线性的作用，这两个干扰的组合频率有时会恰好等于或接近有用信号频率而顺利通过接收机。其中，3 阶互调最严重。

（3）硬件故障

设备故障：如果 RRU 及有源分布系统的设备因生产原因或在使用过程中性能下降，可能会导致设备放大电路"自激"，产生干扰。

自系统杂散和互调干扰：如果基站 RRU 及有源分布系统的设备或功率放大器的带外杂散超标，或者双工器的收发隔离过小，都会形成接收通道的干扰。天线、馈线等无源设备也会产生互调干扰。

天馈避雷器干扰：由于天馈避雷器老化或质量问题导致基站出现互调信号，无线信号杂乱，影响正常的频率计划，从而使无线环境恶化。

2. 干扰优化流程

当某基站覆盖范围内的业务异常，怀疑这个问题可能是由干扰造成的，首先需要判断的是，这是上行链路干扰还是下行链路干扰。如果有干扰，则会影响小区容量，严重时会导致掉话和接入失败。

一般干扰问题处理流程如图 5-4 所示。

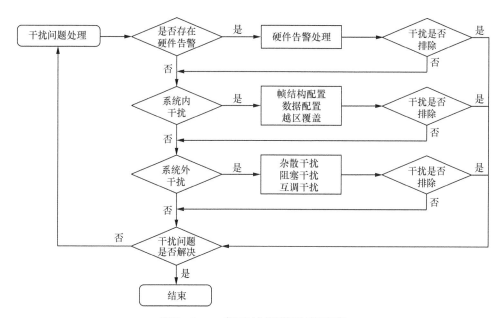

图5-4　一般干扰问题处理流程

3. 干扰优化措施

要解决干扰问题，改善通话质量，首先就是要发现干扰，然后采取适当的方法定位干扰，最后是排除干扰或降低干扰。

发现干扰的方法如下。

（1）发现上行干扰

通过检查各个小区的底噪进行判断，如果某一小区的底噪过高，并且没有与之匹配的高话务量存在，则确认存在上行干扰的问题，分析具体干扰的原因并解决该问题。

（2）发现下行干扰

通过路测（DT）SINR 值进行定位，发现干扰。

如果 RSRP 覆盖良好，但是 SINR 低于一定门限，则可能存在下行干扰的问题，将 SINR 恶化区域标识出来，检查恶化区域的下行 RSRP 覆盖；如果下行 RSRP 覆盖较差，则认定为覆盖问题，在覆盖问题分析中加以解决。对于 RSRP 覆盖良好而 SINR 较差的情况，确认为下行干扰问题，分析干扰原因并加以解决。

发现存在干扰问题，按照由简到难的原则首先检查硬件是否故障，例如，检查小区故障、硬件告警、天馈线等。

对于系统内干扰，主要从帧结构配置、数据配置、越区覆盖等几个方面来排查，制定相应的干扰排除方案。

对于系统外干扰，主要包括杂散干扰、阻塞干扰、互调干扰，优先增加两个系统间的空间隔离度。如果干扰来自其他电信运营商的系统，则需要协调其他电信运营商采用增加空间隔离度、增加频率间隔（重新频率规划等）等方式进行规避。如果无法增加系统间空间隔离度，则根据干扰的类型有针对性地消除干扰。

如果是阻塞干扰，则需要提高系统的抗阻塞能力，可以在信源 RRU 机顶口增加抗阻塞滤波器；如果是杂散干扰，则需要提高干扰系统的带外抑制能力，在干扰系统设备机顶口增加窄带滤波器；如果是互调干扰，则需要提升器件或馈线的性能。如果干扰是由跳线接头引起的，则需要更换跳线接头；如果干扰是由天线引起的，则需要更换互调抑制指标更好的天线。

5.5.3 切换优化

1. 切换问题分析

切换问题定义：在 2 秒内存在两次及以上切换可以定义为频繁切换，如果频繁切换的小区切换关系存在小区 A → 小区 B → 小区 A 的场景，则称之为"乒乓切换"。

切换问题在分布系统信号与室外信号的交界位置、公路铁路地铁隧道口位置较为频繁，严重影响用户业务体验。

一般情况下，切换区的长度和切换区里各个信号的强弱变化导致切换问题的发生。如果切换区太小，那么在车速过快的情况下，可能没有足够的时间完成切换流程，从而导致切换失败。如果切换区太大，则有可能过多占用系统资源。另外，如果切换区里各个信号强弱变化太频繁，不是普遍的一个信号慢慢变弱，另一个信号慢慢变强，则切换也会频繁发生，产生"乒乓效应"。这种现象一方面会过多占用系统资源，另一方面也容易增加掉话的概率。

2. 切换优化措施

5G 典型切换问题的优化措施及思路见表 5-3。

表5-3　5G典型切换问题的优化措施及思路

序号	问题现象	措施	优化思路
1	NR 小区"乒乓切换"	切换门限调整	提高切换的难度，减少切换次数
2	NR 特定小区切换点不符合预期	小区对切换参数调整	改变特定小区的迟滞，不影响整体路线切换
3	NR 小区切换关系混乱，切换到不该切换的小区	邻区关系调整（禁止切换、删除邻区关系等）	针对邻区关系混乱的情况，切换不符合预期，通过邻区关系调整，尽量简化

由表 5-3 可知，解决切换问题的主要措施是切换参数优化和邻区优化。

① 切换参数优化包括切换门限配置不合理等。

② 邻区优化的重点是关注漏配邻区的问题。漏配邻区会导致切换掉话。通过路测数据分析软件和统计分析，对每个小区提供邻区增加、删除、保留等方案。

解决切换问题的思路如下。

对于切换问题，关键在于控制切换区的位置和长度，尽量保证在切换区中参与切换的信号强度变化平稳。对于切换区的位置和长度，应该在规划设计时就考虑这些参数。优化时要根据实际的环境加以调整，考虑完成一次切换所需的平均时间和一般在此区域的车速来确定切换区的长度。切换区的位置应该尽量避免设置在拐角处，因为拐角处本身的阻挡会带来额外的传播损耗，并造成信号的迅速衰减，从而减小切换区的长度。如果无法避免的话，则应该尽量保证拐角处的信号强度有足够的余量来应对拐角的损耗，不要把切换区放在十字路口、高话务地区及 VIP 服务区。

对于室外天线可以通过调整天线的方向角和下倾角来改变切换区的位置和信号分布。如果切换区太小，则可以减少下倾角或适当调整天线方向；如果切换区中的信号变化太频繁，则可以考虑适当调整下倾角和方向角以保证单一小区信号强度平稳变化。

对于室内分布系统，小区切换区域的规划应遵循以下原则。

① 切换区域应综合考虑切换时间要求及小区间干扰水平等因素设定。

② 室内分布系统小区与室外宏基站的切换区域规划在建筑物的出入口处。

③ 电梯的小区划分：将电梯与低层划分为同一小区，电梯厅尽量使用与电梯同一小区信号覆盖，确保电梯与平层之间的切换在电梯厅内发生。

5.5.4　成功率优化

成功率优化主要是指网络指标的成功率优化，例如，连接成功率优化、切换成功率优化。5G 连接成功率主要包括 NR 接入成功率、VoNR 呼叫成功率、NR 数据业务掉线率等。切换成功率主要包括室内外切换成功率、室内切换成功率等。

1. 连接成功率优化

连接成功率优化主要是针对低接通率、高掉话率现象进行优化，保证用户易于接入，不易掉出。

（1）针对低接通率分析

低接通率表明用户无法正常接入网络，室内覆盖中，有时会出现接入困难的现象，一般是覆盖有问题，或者存在干扰。具体主要原因包括弱覆盖、切换区不合理及干扰。

如果无以上问题，则需要进行拥塞分析，确认业务容量是否超过了硬件本身支持的能力。解决拥塞问题主要包括以下几种方法。

① 载波资源不够，需要及时扩容。5G 载波可接入用户受限，主要因为每载波小区可连接用户及激活用户数许可有上限，接入的用户数过多，导致用户接入困难，单用户接通率下降；每载波小区吞吐量受限，分配到单用户流速下降，可针对拥塞小区进行载波扩容，使用第二载波或者采用载波聚合的方式提高容量，或者进行"小区分裂"，分流用户，使用不同的小区资源。

② 传输资源扩容。如果发现一片区域内基站业务拥塞，就要考虑传输资源扩容。例如，更换传输承载网的设备使之满足无线网络发展的需求。

③ 无线网管、核心网资源扩容。无线网管及核心网相关管理服务器应能根据用户的发展情况进行相应的规模性扩展。一般情况下，无线网管和核心网应预留部分资源以应对当年甚至未来几年业务发展的需求。

（2）针对高掉话率分析

掉话率是网络优化的重要指标，掉话的原因较多，处理方法较复杂。一般情况下，掉话率高主要有 3 个方面原因：由覆盖引起的掉话、由切换引起的掉话和由干扰引起的掉话。我们建议可以从以下几个方面进行优化。

① 分析掉话原因，例如，无线链路失败，用户侧无响应等。

② 查看告警和干扰，如果有告警和干扰，则及时排查故障和处理干扰。

③ 切换问题导致掉话，通过完善邻区关系和调整切换参数、调整天线参数解决。

④ 高层小区覆盖和低层室内分布漏泄引起的掉话，可以通过调整室内分布天线的位置来解决。

⑤ 完善邻区关系。

⑥ 传输问题：表现为传输误码率高，检查各传输设备的连接是否松动或者损坏。

⑦ 硬件问题检查，检查主设备硬件是否故障或者室内分布器件是否老化等。

⑧ 4G/5G 协同优化，避免 4G/5G 切换引起掉话。

2. 切换成功率优化

切换是无线网络中常见的现象，切换处理不当会引起切换成功率下降，切换成功率下降会导致用户掉话、接入困难、网络资源被占用、业务体验差。切换问题产生的原因主要包括告警、干扰、覆盖问题、切换参数设置、邻区关系、互操作等。

本小节重点关注的切换包括以下内容。

① 低层室内外信号的切换。

② 高层和低层不同小区之间的切换。

③ 电梯或者地下车库的切换。

④ 室内同一平层同频小区之间的切换。

根据以上切换的重点，影响切换成功率的关键是室内外切换成功率、室内切换成功率。

提高切换成功率可以通过采用室内外协同优化的方式来提升。重点在于室内外良好小区的重选和切换设计。典型的两类切换优化的具体介绍如下。

① 室内外小区出入口切换（室内外切换）

部分室内分布系统所在的室内大厅空旷，室外信号在出入口形成强覆盖，因此，需要对室内外小区的切换带和切换参数进行调整。室内向室外的切换可以调整切换门限，室内小区设置为更高级别，以便室外用户进入室内后迅速驻留到室内小区。

② 电梯内外的切换（室内切换）

一般室内分布系统设置的电梯和平层属于不同小区，用户进出电梯将导致信号切换。需要提高电梯内覆盖信号，使电梯内信号较强，不需要关闭电梯门来减少电梯外小区信号，就可以将信号切换到电梯中。当用户离开电梯厢，信号很快衰减，顺利切换到外部小区。

需要注意的是，电梯内外如果采用异频组网，则不能把切换区设置在电梯内，会导致掉话率很高。

5.5.5　业务优化

5G 最重要的业务是数据流量业务。为了使用户获得更好的数据体验，需要对 5G 数据流量业务进行优化。

影响 5G 业务吸收或业务感知主要包括以下指标。

① 5G 零流量、低流量。

② 5G 高倒流。

③ 5G 分流比。

④ 5G 驻留比。

⑤ 分布系统速率优化。

1. 5G 零流量、低流量优化

零流量或者低流量小区标志着资源浪费、网络空载严重，应根据实际情况进行排查优化。

对小区零流量及低流量排查，优先查看设备是否存在故障，如果设备无异常，则进一步确认该小区覆盖室内分布系统的用户是否太少，对于用户数量确实较少的室内分布系统减少容量操作，例如，降低设备配置。

同时，参数的设置对流量也有一定的影响。最低接入电平如果设置得太高，则容易导致用户接入的流量过低。当室内分布天线布局发生变化时，有效覆盖面积的大小也会影响接入用户的吞吐量。

提高流量的具体措施如下。

① 及时处理设备故障。

② 天线布局不合理时，调整天线分布，吸收话务量。

③ 小区接入参数设置。

④ 小区区域用户过少，努力发展用户。

如果该小区流量过高，则常见的减少小区流量的方法如下。

① 及时处理设备故障。

② 天线布局不合理时，调整天线分布，分散话务量。

③ 业务拥塞时，进行扩容或者分流用户，合理调整负荷参数。

2. 5G 高倒流优化

5G 倒流：5G 用户产生的总流量中，通过 4G 网络产生的流量为倒流流量。

我们希望 5G 用户产生的流量只在 5G 网络中发生，但是如果通过 4G 网络发生一部分流量，这样就造成 5G 网络资源的浪费。实际情况是 5G 流量持续增长，5G 终端倒流 4G，是 4G 流量增长的主要原因，而 4G 流量增长使 5G 分流比提升。因此，5G 倒流流量越低越好，应采取措施进行 5G 高倒流小区的优化。

5G 倒流流量一般分为室外宏基站产生的倒流流量和室内分布系统产生的倒流流量。室外宏基站产生倒流流量，一是有 4G、无 5G 基站产生倒流，二是有 4G、有 5G 基站，因深度覆盖不足，导致室内用户接入时在室外基站产生倒流。另外，还有部分本身是分布系统无 5G 覆盖，深度覆盖不足出现倒流。

根据某电信运营商相关数据，5G 用户大量流量回落 4G，回落流量主要集中在城区场景，部分热点农村也出现倒流。城区 5G 回落流量中一半以上在室内产生，集中在室内和深度覆盖场景。5G 倒流流量场景分布如图 5-5 所示。

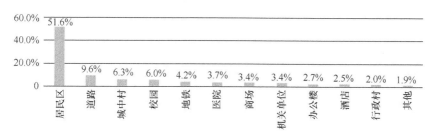

图5-5　5G倒流流量场景分布

回落场景排名第一的为居民区，弱覆盖全网离散分布，流量倒流场景主要为居民区、城中村、校园、写字楼。5G 高倒流场景主要集中在市区室内场景，主要原因是室内浅层 / 深层覆盖不足，需进一步提升。

针对 5G 高倒流问题，除了推动在弱覆盖、无覆盖区的 5G 站点建设，其他网络优化主要通过 RF 优化、功率提升、干扰排查、参数完善优化等方法来处理。

3. 5G 分流比优化

4G/5G 网络长期共存，必须有效提高 5G 分流比，降低 4G 网络负荷，提升 5G 网络效益，促进高质量发展。提高 5G 分流比是实现 4G/5G 网络高质量发展的关键。

5G 分流比的定义如下。

$$5G\ 分流比 = \frac{5G流量}{4G流量 + 5G流量} \qquad 式（5\text{-}1）$$

从 5G 用户历程出发，发展成为真正的 5G 用户需经过 5G 终端换机、打开 5G 开关、5G 网络驻留等环节，因此，需要识别关键环节，端到端把控提升 5G 分流比。各个环节中 5G 终端发展、打开 5G 开关由电信运营商市场策略影响，但 5G 网络驻留会受 5G 网络自身的影响。

（1）5G 分流比较低的原因

① 室外覆盖广度不足：有效面积覆盖率低，5G 用户在 5G 非覆盖区域内通过 4G 基站产生的流量占比较高，用户难以形成持续使用 5G 网络的习惯。已覆盖区域存在结构性缺站，5G 用户在 5G 已覆盖区域内回落至 4G 基站的流量占比高，导致 5G 流量高倒流到 4G 网络。

② 室内深度覆盖不佳：在 5G 室外站附近，存在大量 5G 终端回落至 4G，产生 4G 流量，主要发生在室内。其原因是 5G 室内分布覆盖不足。室内的高热话务并未吸收，例如，在居民区，5G 覆盖不足，4G 流量大。

③ 网络质量因素：干扰、弱覆盖、4G/5G 参数配置、策略配置、邻区配置，站点告警/故障等都影响 5G 分流比。

④ 产业链、用户行为影响：终端、套餐渗透率、5G 开关、用户行为等影响 5G 分流比。

（2）提升分流比措施

① 规划阶段应在 4G 高流量区域、高 ARPU 值区域、4G/5G 高端终端密集区域合理布置 5G 基站，尽可能去分流 4G 流量。

② 合理制定 4G/5G 互操作参数，在确保用户在 5G 网络的感知好于 4G 网络的前提下，尽可能驻留在 5G 网络。

围绕"尽快回""慢点走"的思路，进行参数集优化，具体说明如下。

①"尽快回"：前期回落到 4G 的用户，满足前提条件尽快切回 5G。

②"慢点走"：在满足前提条件下，用户尽量驻留在 5G。

关于如何提高 5G 驻留比的优化方法，我们将在下一小节详细介绍。

4. 5G 驻留比优化

5G 驻留比指标与网络覆盖及质量等因素强相关，一方面影响 5G 网络分流效果，另一方面也影响用户的 5G 网络感知。

5G 驻留比统计类型分为时长驻留比与流量驻留比，计算公式如下。

$$5G\ 时长驻留比 = \frac{驻留5G时长}{驻留5G时长 + 驻留4G时长 - 语音回落时长} \qquad 式（5\text{-}2）$$

$$5G 流量驻留比 = \frac{驻留5G上下行流量}{驻留5G上下行流量 + 驻留4G上下行流量} \qquad 式（5-3）$$

（1）影响 5G 驻留比的主要因素

影响 5G 驻留比的主要因素见表 5-4。

表5-4　影响5G驻留比的主要因素

影响因素类别	影响因素	影响因素说明
网络因素	5G 基础覆盖	5G 基础覆盖 / 深度覆盖直接影响 5G 驻留比
	参数优化	4G/5G 互操作参数，5G 功率参数等
	基站告警	基站存在影响业务的告警
	干扰	外部干扰、系统内干扰
	基站节能	节能措施导致覆盖收缩影响驻留比
终端因素	终端兼容性	部分 5G 终端兼容性问题，接入、掉线存在异常，影响驻留比

① 5G 基础覆盖：目前阶段 5G 基站较 4G 基站少，且高频段（中国移动为 2.6GHz，中国电信和中国联通为 3.5GHz），覆盖能力弱于 4G 中低频段基站（1.8GHz/800MHz/900MHz），覆盖方面还存在一些问题。

② 参数优化：4G/5G 互操作参数对终端的驻留也存在一些影响，4G/5G 互操作策略会收缩 5G 真实的覆盖范围。

③ 基站告警：部分告警会严重影响小区性能，导致用户无法正常接入 5G 网络，或者射频模块无法正常工作。

④ 干扰：系统外干扰、系统内干扰使网络质量变差，影响 5G 驻留比。

⑤ 基站节能：几乎所有的节能特性都会对小区覆盖产生影响，从而影响驻留比。

以典型的节能措施通道关断为例，当通道关断后，公共信道 SSB 的发射功率提升约为 3 ~ 6dB，保证覆盖尽可能与关断前一致，降低节能后覆盖收缩导致的性能影响。但在实际小区中，远点覆盖边界区域可能下降 1dB 左右，导致接入成功率和掉话率波动；近点优于波束形状变化及信道功率补偿因素，信号强度可能提高 1 ~ 3dB，并可能提升波束间干扰的比例。

⑥ 终端兼容性：部分 5G 终端兼容性问题，影响 5G 驻留比。

（2）驻留比提升优化措施

整体原则：站点状态优化、参数优化、覆盖增强和端管协同，多点协同，提升 5G 驻留比。

① 小区告警，故障排除，需要定期进行告警清除，避免告警影响驻留比。

② 干扰优化，优化系统内外干扰，提升网络质量。

③ 互操作参数优化。

4G/5G 互操作整体策略为：所有支持 5G SA 网络的终端应优先驻留 5G，并尽可能地驻留 5G，减少与低制式网络直接的互操作。

空闲态：调整空闲态的 5G 用户驻留策略（4G/5G 间的小区重选流程）；支持 SA 的终端，尽可能驻留在 5G 网络，开启基于覆盖的 4G/5G 重选和基于绝对优先级的 4G/5G 重选。

连接态：调整连接态的驻留策略（4G/5G 间的异系统切换与覆盖重定向流程）；4G/5G 开启基于覆盖的切换 / 重定向，保障业务连续性；4G/5G 开启基于覆盖的切换（有条件的区域）/ 重定向，基于业务的切换 / 重定向，SA 用户尽量接入 5G 网络。

需要注意的是，调整后可能引起无线接通率、切换成功率下降，掉线率上升。

④ 覆盖优化：提升 5G 覆盖是提升 5G 驻留比的重点。首先应识别筛查覆盖导致的高倒流 5G 站点，识别该站点的 5G 覆盖问题，采用最合适的优化规划策略。根据不同覆盖场景，优化设备覆盖参数，优化小区覆盖性能。

在深度覆盖不足导致的 5G 倒流场景，如果主设备 RRU 功率有剩余，则可以通过提升 RRU 功率提升小区深度覆盖。

如果还存在 5G 弱覆盖或者覆盖空洞，则可以考虑新增站点（分布系统）完善覆盖。

5. 分布系统速率优化

速率问题直接关系到用户在使用数据业务时的体验感知，因此，被作为室内分布网络优化中的重要指标。如果确认室内分布小区的速率较低，则需要从以下几个方面进行优化。

（1）告警故障

网管查询该小区流量、速率，确认是否出现影响业务告警以致室内分布的上传速率、下载速率低于标准。重点检查设备各类告警，例如，传输、功率、全球导航卫星系统（Global Navigation Satellite System，GNSS）失锁等告警。

（2）进行干扰分析

干扰分析的优化详见 5.5.2 小节，通过合理的优化手段进行优化。

（3）分布系统核查

通过现场测试对分布系统覆盖情况进行核查，是否存在室内分布信号太弱或无信号导致用户无法正常接入的情况。如果存在上述情况，则进行覆盖优化，具体覆盖优化分析详见 5.5.1 小节。室内分布系统还需重点关注无源器件是否正常。

（4）参数设置

通过网管对基本参数和优化参数进行核查，例如，小区参考信号功率、上下行子帧配比、特殊子帧配比、小区系统带宽、分配的 RB 数、小区 MIMO 切换模式属性等，调整不合理的参数设置，避免导致室内分布小区上下行速率受到影响。

•• 5.6 RF 优化

RF 优化特指无线射频信号的优化，其目的是在优化信号覆盖的同时，控制越区覆盖和减少"乒乓切换"，保证良好的接收质量，具备正确的邻区关系，保证下一步业务优化时无线信号分布正常。

在建网初期的初始调整阶段，网络优化应当以 RF 优化为主，性能优化为辅；而在网络性能提升和持续优化阶段，网络优化应当以业务优化为主，RF 优化仅是辅助手段。

RF 优化包含多种优化内容，主要包括覆盖问题优化、覆盖因素干扰问题优化和覆盖因素切换问题优化等。

5.6.1 RF 优化原则

（1）先重后轻原则

一般应先解决"面"的问题，再解决"点"的问题，由主及次进行优化。

（2）覆盖调整审慎原则

对于覆盖不好掌控，特别是复杂的场景，需基于熟悉的环境、准确的数据与工程计算基础来进行优化。

（3）方案目的明确原则

对于优化方案期望达到的效果和可能产生的影响要有清晰的认知，采用仿真等辅助工具预测验证优化结果，明确是否可以达到优化目的。

（4）测试验证原则

所有覆盖调整皆应复测验证（或边调边测），结合后台系统指标，验证优化结果。

（5）RF 优化与系统优化相结合原则

该原则是指需要结合硬件状态与后台系统参数配置进行优化。

（6）室内外兼顾原则

优化的覆盖目标应室内外兼顾，以此目标确定优化方案。

（7）一次到位原则

RF 优化调整应尽量一次性到位，因为天馈整改的时间成本和投资成本较高，所以应尽量减少天馈整改。如果有必要整改，则应明确必要的调整方案，做到有的放矢，减少反复不定而带来的工作量。

5.6.2 RF 优化流程

RF 调整优化通常包括测试准备、数据采集、问题分析和调整实施等几个步骤。RF 调整优化详细工作流程如图 5-6 所示。

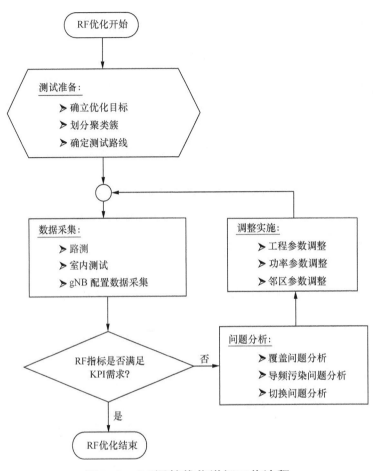

图5-6　RF调整优化详细工作流程

5.6.3　RF 优化内容

RF 优化包含多种优化内容，主要包括覆盖问题优化（一般是指 RSRP 高低）、覆盖因素干扰问题优化（一般是指 SINR 信号质量）和覆盖因素切换问题优化等。

接下来，我们针对这 3 个方面问题，分别阐述 RF 优化中应解决的问题和可以采取的优化方案。

1. 覆盖问题优化

覆盖问题主要是指弱覆盖、越区覆盖和无主导小区。

（1）解决弱覆盖

解决弱覆盖一般可以采取增加基站发射功率、调整天馈线的方式。如果原来有室内分布系统，则需要另外增加室内分布系统的天馈来解决。对于电梯井、隧道、地下车库或地下室、高大建筑物内部的信号盲区可以利用 RRU、室内分布系统、漏泄电缆、定向天线等来解决。

（2）解决越区覆盖

解决越区覆盖一般是指某些基站小区的覆盖区域超过了规划的范围，在其他基站的覆盖区域内形成不连续的主导区域。

越区覆盖的小区会对邻近小区造成干扰，从而导致容量下降。在解决越区覆盖小区问题时需要警惕是否会产生新的弱覆盖区域，尤其要小心对可能产生覆盖空洞的工程参数调整。对于室内分布系统，如果产生越区覆盖，除了重新规划小区，还可以在不影响小区业务性能的前提下，降低载频发射功率。

（3）解决无主导小区覆盖

一片区域内服务小区和邻区的接收电平相差不大，不同小区之间的下行信号在小区重选门限附近的区域，区域接收电平一般较差，导致服务小区的 SINR 不稳定。在空闲态，由于信号质量差容易出现切换或者掉话，所以主导小区重选或者更换频繁连接态的终端。无主导小区覆盖也可以认为是一种弱覆盖。

解决方案：增强某一强信号小区（或近距离小区）的覆盖，削弱其他弱信号小区（或远距离小区）的覆盖。根据实际情况，选择能够对该区域覆盖最好的小区进行工程参数调整。

2. 覆盖因素干扰问题优化

覆盖因素干扰问题一般体现在网络指标 SINR 值，SINR 值较低。

（1）SINR 问题解决思路

PCI 规划不合理；天线方位角不合理、天线下倾角不合理；基站选址、天线挂高不合理；小区布局不合理。

（2）SINR 问题解决方案

PCI 优化：通过路测、话统数据有针对性地对 PCI 进行修改和优化。

天馈调整：对于天线方位角不合理、天线下倾角不合理，通过调整天线的方位角、下倾角来改变干扰区域的各干扰信号强度，从而改变信号在该区域的分布状况。调整的原则是增强主覆盖扇区的电平，减弱其他扇区的电平。

增加主导覆盖：干扰是由于多个小区共同覆盖造成的，解决该问题的一个直接的方法就是提高一个小区的功率，降低其他小区的输出功率，形成一个主覆盖。

调整功率：当天线下倾角增大到一定程度，再增大天线下倾角会导致天线方向图畸变时，为了缩小覆盖范围，可以减小导频功率，功率调整可以和天线调整配合使用。

3. 覆盖因素切换问题优化

覆盖因素切换问题主要是指由于覆盖原因导致的切换失败问题。一般是指切换区域弱覆盖、过覆盖等问题。

分析切换失败时，源小区和目标小区是否存在越区覆盖、弱覆盖，对其接收质量和接收电平性能进行测量等。

切换问题主要检查的是 RSRP，通过 UE 路测，检查切换区的测量结果。

① 确认期望的切换源小区和目标小区的 RSRP 是否为最大的两个值。

② 源小区和目标小区的 RSRP 在切换点的绝对值是否合理，即不能在信号太弱的情况下再发起切换，具体取值根据网络整体 RSRP 强度来确定。

5.6.4　RF 优化总结

结合 RF 优化工作内容，RF 优化可以解决覆盖、质量、切换 3 个方面的网络问题。

1. 覆盖

无线信号覆盖的优化方向通常可以分为弱覆盖（覆盖空洞）、越区覆盖、上下行不平衡、无主导小区。其中，优化弱覆盖是为了保证网络的连续覆盖；优化越区覆盖是为了使实际覆盖与规划一致，解决孤岛效应导致的切换掉话问题；优化上下行平衡则是从上行链路和下行链路损耗是否平衡角度出发，解决因为上下行覆盖不一致的问题；优化无主导小区是为了使网络中每个小区都具有主导覆盖区域，防止出现因为无线信号波动产生的频繁重选和切换问题。

2. 质量

网络的质量通常和覆盖是密切相关的，当网络覆盖过低时，会导致较差的接收质量，此时通常采用解决弱覆盖的方式来完成。当网络覆盖理想时，会存在干扰问题导致的接收质量差问题，通常对于这类高电平低质量的干扰需要区分上下行来分析和解决。

3. 切换

RF 阶段的切换优化的最重要工作之一是邻区优化，用于保证网络内所有用户在空闲状态或通话状态下都能够及时重选或切换到最佳的服务小区，从而保证整个网络覆盖的连续性。另外，还包括切换合理性的优化，确认是否存在延迟切换、"乒乓切换"、非逻辑切换等。这类问题最终实际上可以归结为覆盖、干扰和切换参数优化。

RF 优化包括准备工作、数据采集、问题分析、调整实施 4 个阶段。其中，数据采集、问题分析、调整实施需要根据优化目标要求和实际优化现状反复进行，直至网络情况满足优化目标 KPI 的要求为止。

RF 优化可以解决和改善覆盖问题，为日常优化打下良好的基础，是不可替代的重要的优化步骤。

•• 5.7 室内分布系统场景的优化选择

室内分布系统优化通常按照目标区域的开放程度或者容量需求进行场景的划分，不同的室内分布场景，优化选择的重点有所不同。

5.7.1 按环境开放程度划分

室内覆盖环境的开放程度，对其规划和优化有着很大的影响。按照开放程度，室内覆盖场景可以划分为封闭场景、半封闭场景、半开放场景和开放场景。

（1）封闭场景

一般情况下，室内环境封闭，室外信号难以到达室内。例如，地下室、电梯、地铁和隧道等场景。封闭场景的优化重点是保证最低信号的覆盖强度，不要产生弱覆盖区。一般此类场景无切换和干扰问题。

（2）半封闭场景

室内环境相对封闭，但是室外信号可以通过窗户覆盖到室内的小片区域中。例如，商务写字楼、大型购物商场、宾馆与酒店。半封闭场景也可能产生弱覆盖区及窗口区域的切换问题。

（3）半开放场景

这类场景或拥有大量的玻璃幕墙，或室内楼层较高且空旷。例如，高端写字楼大厦，在大量的玻璃幕墙内外，室内外信号可以轻易相互影响。例如，某些会展中心，单天线视距覆盖范围广，可能出现信号覆盖区域过大的情况。半开放场景的优化重点是对室外站点和室内分布系统合理规划，对小区参数合理设置，减少室外信号或者相邻小区信号的干扰。

（4）开放场景

开放场景的分布系统，例如，广场、露天体育馆、各类空旷大厅等。分布系统天线的增益高，位置好，视距覆盖距离大。通常一个小区配置较少的天线数量，因此，必须严格进行天线覆盖控制。开放场景分布系统有可能与其他周边基站产生干扰，影响通话与速率，应与周边基站进行协同优化。另一个优化的重点是严格控制单副天线的覆盖区域，保障每个小区的接入用户的体验，确保大容量话务的充分吸收。

5.7.2 按容量需求划分

室内覆盖环境按照容量需求进行优化时，可分为重覆盖场景、重容量场景、覆盖和容量兼顾场景 3 种。

1. 重覆盖场景

这类场景主要是对信号覆盖的质量比较敏感，依靠室外信号无法完成对室内的覆盖，因此，需要引入专门的室内覆盖系统。例如，电梯、地下室，甚至部分居民小区内部。对于重覆盖的场景，优化的重点是弱覆盖甚至覆盖盲区，重点是采用各种手段引入外部信号，提高覆盖水平。

2. 重容量场景

这类场景对容量的需求大，是电信运营商重点建设的对象，也是网络规划的重点。例如，大型场馆、服务区、机场、车站等人群集散中心。这类场景一般建成分布系统后覆盖基本没问题，但是可能应对突发事件容量受限，出现单用户无法接入、上网速率慢等情况。网络优化的重点是合理优化各小区的覆盖范围，尽可能增加小区容量，同时，减少多小区之间的干扰。

3. 覆盖和容量兼顾场景

多数室内分布系统楼宇都属于这一类型。例如，高档酒店、高级写字楼、办公场所、大型商场等，针对这种场景，优化除了兼顾弱覆盖及小区容量，还应注意合理设计高低层的切换和邻区设计，规避高层信号出现"乒乓切换"。

●● 5.8 多系统间协同优化

5.8.1 多系统间协同

（1）4G/5G 协同

对于电信运营商来说，4G 网络承载着大量的用户及接入业务，因此，4G 系统将长期与 5G 并存。4G/5G 协同优化，涉及一些关键指标，例如，5G 分流比和 5G 驻留比。应尽可能采用不同的优化策略，使 4G 用户往 5G 网络迁移，提高 5G 分流比和驻留比。但也不是所有资源都需要 5G 承载，应建立资源分配机制，保证 4G/5G 动态资源分配合理。4G/5G 协同发展对于优化区域网络覆盖体系、提高投资效率、加快 5G 网络部署有着积极的作用。

（2）高频中频低频协同

目前，电信运营商的 5G 频率主要分为高频、中频、低频。其中，高频用于容量需求，中频、低频用于覆盖需求。

以中国电信为例，3.5GHz 作为 5G 价值容量层，定位于市区的主频段，部署区域包括全部的地级市市区、高流量的发达县城的城区。3.5GHz 部署区域满足一定的业务密度、基站密度、人口密度要求，以保障网络资源利用率和投资效益等相关要求。2.1GHz 作为 5G

容量覆盖层，定位于低成本扩大 5G 覆盖区域的主频段，部署于中等业务密度的普通县城、重点乡镇，在欠发达普通城市的市郊，也可以采用 2.1GHz 部署。该区域内的基站相对稀疏，业务密度相对中等，采用低成本的建设方式，保障投资效益。

中国移动以 4.9GHz 作为价值容量层，2.6GHz 作为辅助容量层面兼顾重点区域覆盖，700MHz 作为底层覆盖网络。

未来 5G 发展还将采用毫米波频段，进一步解决高速率业务场景的需求。

另外，还可以利用载波聚合功能整合不同的 5G 频段，提升用户的速率体验和覆盖体验。载波聚合的主辅小区间可以更灵活地做好负载均衡，以充分利用各载波的空闲资源，实现资源利用率最大化。当开启负载均衡时，终端不需要在小区间切换，只须调度多载波或调度跨载波，即可减少由切换带来的信令开销，避免用户体验下降。当载波聚合功能用在频段间隔比较大的两个频段时，其价值更多体现在高低频协同上，既可以利用高频段的大带宽为用户提供高速率，又可以利用作为主载波的中低频段的较强传播特性以扩大用户覆盖范围。

电信运营商采用高频中频低频协同打造差异化网络，满足多场景多业务的覆盖需求。高频低频多层组网是未来 5G 网络建设的趋势。面对日益丰富的终端业务和用户的差异化需求，传统的依靠频点优先级和信号强度来进行频网选择的方案无法发挥高频低频多层组网的优势。只有综合考虑空口能力、终端能力、网络状态、业务需求等多个方面因素，并利用智能化手段预测多层目标网络的用户体验预期，才能实现用户与网络的最优匹配。

5.8.2 宏微协同

宏微混合组网是 5G 网络部署必不可少的方式。其中，宏基站主要用于搭建整体网络架构，微基站主要用于补充覆盖、吸收局部区域话务热点。

在整体部署时，需要关注宏基站与微基站之间的协同，应在部署前充分分析微基站建设的必要性；在微基站部署前，应先对该处 4G 网络的覆盖情况进行分析、周边宏基站的规划和建设情况做好调研等，综合考虑各种因素，以免盲目部署而引起同频组网时，宏基站与微基站小区之间出现严重的干扰问题。

具体在部署时，微基站小区之间、室内微基站小区与室外宏基站小区之间，尽量利用建筑物外墙、室内墙体、楼板等进行物理隔离，或者使用定向天线错开覆盖范围。

另外，从技术上看，宏微协同还可以采用增强型小区间干扰协调（enhanced Intel-Cell Interference Coordination，eICIC）技术、宏微协同多点传输（Coordinated Multiple Points，CoMP）技术、宏基站与微基站小区合并技术、宏微融合技术等提升边缘用户的速率和整网的频谱效率。

5.8.3 室内外协同

对于室内覆盖，应优先考虑采用室外宏基站直接覆盖，并通过网络优化达到覆盖目的；在室外宏基站不能解决室内覆盖的情况下，采用建设室内分布系统来解决。

在网络建设阶段，室内外协同覆盖应进行目标区域的统一规划，明确实施步骤，与周边网络规划建设同步阶段性实施。室内外综合覆盖规划建设要与区域内室外基站和室内覆盖系统同步规划建设。室内外协同应注意以下几个方面的内容。

① 对现有室外基站天线进行调整，减少路面小区覆盖重叠区。

② 室外和中低层楼宇规划为同一小区覆盖，兼顾考虑主干道的覆盖。

③ 高层建筑高低分层划分小区，考虑未来可能扩容的需求。

④ 路面和街道采用微基站，精确控制覆盖范围。

⑤ 对于不必要建设分布系统的建筑物高层弱覆盖楼层，可以通过天线上仰来解决。

⑥ 容量规划主要以室内容量需求为主、室外容量需求为辅。

⑦ 室内外协同覆盖，室内外小区信源统一规划，以达到减少干扰、控制切换比例的目的。对片区内干扰和片区外干扰加以区分，前者应通过调整规划方案加以解决，后者应通过优化现网站点加以解决。

进行室内外协同优化，应尽可能满足以下需求。

① 尽可能保证室内良好的网络覆盖特性。

② 要保证室内覆盖系统网络容量和室外网络容量不受影响。

③ 需设置合理的切换和切换区域，保证切换时不给整个网络带来负面影响。

④ 保证无线信号整体网络干扰最小化，包括室内覆盖系统干扰最小化和室外网络干扰最小化，从而满足用户的感知度要求。

5.8.4 传统的分布系统和有源室内分布的协同

传统的分布系统即电缆式无源分布系统，它不需要供电，相对故障率较低，系统扩容方便，但电缆传输损耗较大，覆盖范围有限，适用于覆盖面积适中，传输距离不是很长的场景，其造价低，对多系统合路的支持较好，是目前 4G 网络首选的覆盖方式，但是 5G 网络的天线设置基本是 4T4R，故传统的分布系统不能有效达到 5G 多流的要求，只能解决部分 5G 的覆盖要求。

有源室内分布主要为主设备厂商生产的 PRRU 分布系统；对于 5G 网络，PRRU 分布系统直接支持 4T4R，可以分为放装型和室内分布型。放装型：天线直接集成在 PRRU 内部，一旦安装，就可以支持 4 通道。室内分布型则需要外接天线，但是目前室内分布系统天线没有支持 4 通道的天线，而且在空间上不允许安装 4 路天馈，因此，要分布系统具备支持 4 通道功能，目前只能采用放装型。放装型 PRRU 分布系统施工方便、损耗小、应用灵活，但不支持多系统合路，适用于特定场合的覆盖，对于需要 2G、3G、4G、5G 混合分布的场景，则需要考虑使用传统分布系统。

5.9　室内分布系统优化改造

随着 5G 网络建设的全面铺开，现有 3G/4G 室内分布系统需要适用 5G 的技术要求，因此，需要对现有室内分布系统进行优化改造。

主要面对已建分布系统进行 5G 优化改造，需综合考虑网络性能、改造难度、资源情况、投资成本等因素，有针对性地选择最佳建设改造模式。相关优化改造的详细说明参见 2.4.2 "5G 室内分布系统改造" 节的相关内容。

5.10　优化效果验证

在上述优化方案和优化流程中，针对室内分布系统进行测试和优化时需要注意以下内容。

首先，对测试线路的选择。对测试线路的选择不仅要覆盖室内测试环境，还要对室内与室外的切换性能进行测试，因此，在测试和优化过程中要综合考虑室内和室外的切换性能和衔接性能。对室内测试线路的制定和选择要在尽量少和尽量避免重复的前提下遍历所有天线，以保证获得所有天线的测试结果并根据优化要求进行优化。

其次，对测试范围的选择。在进行室内分布系统优化测试时需要综合考虑不同环境和场景对系统的要求，尽量对重点覆盖区域或需要重点通信保障的场所进行全方位所有楼层测试和优化；对于一般场景可隔层测试和优化；对于地下停车场或边缘区域等室内环境也需要进行测试和优化，以保证整个室内环境的系统质量，避免出现断点或切换空白区域等。

最后，对优化环境的选择。为了保证优化质量，在进行优化时，应该保证该站点周边宏基站均处于开通状态，这样可以提升测试数据的准确性和精确度，保证优化方案有效。

优化效果验证应进行以下测试，以满足相关要求。

1. 无线网络性能验证测试

该测试主要验证 5G 无线网络性能是否合格，例如，RSRP，SINR、掉话率、接通率、切换成功率等是否满足要求。根据测试结果制定相应的解决方案，改善和优化无线网络性能。

2. 业务功能验证测试

该测试主要验证网络速率是否达标。根据测试结果制定相应的解决方案，改善和优化业务功能性能。

5G 室内分布系统造价成本

Chapter 6
第6章

　　了解室内分布系统的造价组成，有助于目标覆盖区域采取合适的室内分布系统覆盖方式，以相对较低的造价建设符合目标覆盖要求的室内分布系统，从而提升室内分布系统建设的性价比。本章将通过 4 类弱断场景建设各类 5G 室内分布系统，分析工程造价、单位造价等方面因素，选择各类场景合适的覆盖方式，最后对各类室内分布系统进行能效分析，为进一步提升节能减排提供参考。

●● 6.1 工程项目建设成本结构

室内分布系统作为改善移动通信网络在建筑物内信号覆盖效果的主要解决方案,具有系统组成复杂、工程实施难度高、建设成本浮动大、后期维护优化难等特点。为了保障室内分布系统工程建设的顺利开展和有序管理,首先应充分了解工程项目的各个组成要素,本节从系统工程总成本造价的各个要素分析入手,进而对室内分布工程项目进行剖析。

室内分布系统的建设成本可以从通信概预算的费用组成分析,具体分为设备费、材料费、安装工程费、工程建设其他费等;从分布系统本身类别分析,可以分为信源投资和分布系统投资两大类,每类包括设备费、材料费、安装工程费、工程建设其他费等。室内分布系统工程项目建设成本费用组成如图 6-1 所示。

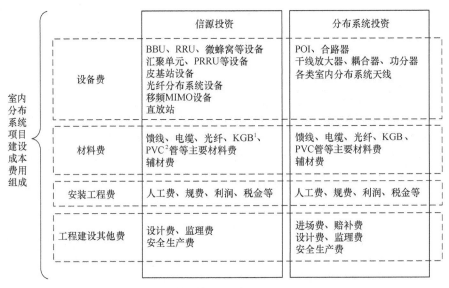

1. KGB 是国标扣压式导线管,是一种电气线路最新型保护类导管。
2. PVC(PolyVinylChloride,聚氯乙烯)。

图6-1 室内分布系统工程项目建设成本费用组成

根据不同的室内分布系统建设方式,其信源投资的设备费也不同,例如,无源分布系统的信源主要包括 BBU、RRU、微蜂窝、直放站;其他分布系统则各自有各自的信源。对于室内分布系统建设成本中的进场费、赔补费等,根据概预算的要求,在工程建设其他费中计取,在室内分布系统建设工程中,将这两项费用计列在室内分布系统部分的工程建设其他费中。

••6.2 试点场景分析

室内分布系统建设的主要场景除了小区分布系统覆盖，一般室内场景可以根据内部隔断分为空旷型场景、半空旷型场景、半密集型场景（办公室密集场景）和密集型场景（宾馆密集场景）4 类，每种类别的场景有各自的特点，具体分类说明详见"1.2.2 根据场景内隔断的数量细分"节的相关内容。

针对这 4 类场景，分别选取某大学宿舍、某办公楼、某开放式办公楼、某商场与超市进行试点。建设场景的点位选择如图 6-2 所示，4 个场景的覆盖面积分别为 20100m²、25000m²、22100m²、25984m²。

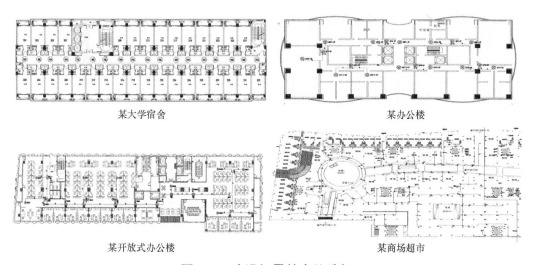

某大学宿舍　　　　　　　　　　　　　　某办公楼

某开放式办公楼　　　　　　　　　　　　某商场超市

图6-2　建设场景的点位选择

根据这些试点的场景特点，对每个试点进行各类室内分布系统设计，以 TDD NR 3.5GHz 的 5G 网络为例，具体每种室内分布系统设计的说明如下。

① 传统无源室内分布系统：信源采用 2T2R RRU；新建双路分布系统，采用的是双极化分布系统天线。

② 漏泄电缆室内分布系统：信源采用 2T2R RRU；新建双路分布系统，采用的是 7/8 英寸的漏泄电缆。

③ PRRU 分布系统分两种情况：一种采用 4T4R 的放装型 PRRU 远端；另一种采用 2T2R 三点位的 PRRU 远端，采用双极化分布系统天线。

④ 皮基站分布系统：采用 4T4R 的放装型远端，建设 4 路分布系统。

⑤ 光纤分布系统：信源采用 2T2R RRU，新建双路分布系统，采用 2T2R 的放装型远端。

⑥ 移频 MIMO 分布系统：由于需要具备原有 LTE 分布系统才可以建设，所以在本节中，

首先假设具备 LTE 分布系统，信源采用室内分布型 4T4R 的 PRRU，新建双路分布系统。

通过设计，统计室内分布系统的工程量并进行投资预算，分析其费用的结构组成，选择投资合理的室内分布系统进行建设。接下来，我们根据 4 种隔断场景，对各类分布系统的投资情况进行具体分析。

●●6.3 分场景造价分析

6.3.1 密集型场景造价分析

密集型场景隔断最多，无线传播环境最为恶劣，本文选择一个具有代表性的建筑物作为试点。该试点面积为 20100m²，是一个大学宿舍，根据覆盖场景的内部结构特点，设计各类分布系统。密集型场景各种分布系统主要工程统计见表 6-1。

表6-1　密集型场景各种分布系统主要工程统计

分布系统种类	通道数/个	BBU/台	RRU/个	分布式第一级[1]/个	分布式第二级[2]/个	分布式第三级[3]/个	移频覆盖单元/个	器件[4]/个	室内分布天线/副	1/2英寸馈线/m	7/8英寸馈线/m	7/8英寸漏泄电缆/m	光缆/m	光电复合缆/m
PRRU 分布系统（放装型）	4	6	—	—	34	270	—	—	—	—	—	—	1785	5500
PRRU 分布系统（室内分布型）	2	4	—	—	24	132	—	—	272	480	—	—	1260	5000
传统无源分布系统	2	1	4	—	—	—	—	534	285	3010	—	—	400	—
移频 MIMO 分布系统	2	1	—	9	2	9	285	—	—	36	—	—	100	450
漏泄电缆分布系统	2	1	2	—	—	—	—	138	—	816	—	3036	200	—
皮基站分布系统	4	—	—	5	38	270	—	—	—	—	—	—	1995	5500
光纤分布系统	2	1	2	4	38	270	—	—	—	—	—	—	1995	5500

注：1. 分布式第一级表示移频 MIMO 分布系统的移频管理单元，或者皮基站分布系统的接入单元，或者光纤分布系统的主单元。

2. 分布式第二级表示 PRRU 分布系统的汇聚单元，或者皮基站分布系统的中继单元，或者光纤分布系统的扩展单元。

3. 分布式第三级表示 PRRU 分布系统的远端单元，或者皮基站分布系统的远端单元，或者光纤分布系统的远端单元。

4. 器件表示分布系统中用的合路器、功分器、耦合器、负载等无源设备。

对各种设计方案进行投资预算，密集型场景各种分布系统投资预算统计见表 6-2。

表6-2　密集型场景各种分布系统投资预算统计

序号	分布系统类型	设备费造价/万元	分布系统造价/万元	造价合计/万元	每平方米造价/元
1	PRRU 分布系统（放装型）	267.71	—	267.71	133.19
2	PRRU 分布系统（室内分布型）	101.00	7.95	108.95	54.20
3	传统无源分布系统	16.01	28.06	44.07	21.93
4	移频 MIMO 分布系统	88.24	—	88.24	43.90
5	漏泄电缆分布系统	8.10	13.26	21.36	10.63
6	皮基站分布系统	124.82	—	124.82	62.10
7	光纤分布系统	116.93	—	116.93	58.17

注：1. 主设备信源包括 BBU、RRU、汇聚单元及远端单元 PRRU，其单价参考某电信运营商的集采价格。

2. 分布系统的设备、材料，其单价参考某电信运营商的招标价格。

3. 运杂费、运保费、安装工程费、勘察设计费、监理费参考某电信运营商的招标价格。

4. 移频 MIMO 分布系统的各个网元的设备价格，参考某电信运营商的集采价格。

5. 漏泄电缆、皮基站分布系统、光纤分布系统相关的网元的设备材料价格，参考各个厂商提供的参考价格，本书采用其均价。

6. 本书涉及案例的各类设备及材料价格，均可参考本表注中的相关说明，后续不再提示。

根据表 6-2 的统计，对于目前 5G 网络使用的六大类分布系统，除了无源分布系统和需要外接室内分布系统天线的室内分布型远端的有源分布系统，其他有源分布系统的造价均属于室内分布系统信源设备类造价，而无源分布系统则由室内分布系统信源设备类造价和室内分布系统造价两个部分组成。

密集型场景各类分布系统造价对比如图 6-3 所示。

图6-3　密集型场景各类分布系统造价对比

结合图 6-3 与表 6-2，对于密集型场景的各类分布系统建设，采用放装型远端的 PRRU

分布系统的造价最高，高达 267.71 万元，对于一个 20100m² 的场景，每平方米造价高达 133.19 元，而采用漏泄电缆分布系统，其造价为 21.36 万元，每平方米造价只有 10.63 元。在不考虑容量的情况下，漏泄电缆分布系统的造价大约只有 PRRU 分布系统（放装型）的 1/13，极大地提升了分布系统建设的性价比。

整个室内分布系统造价由信源设备费、分布系统设备费、材料费、安装工程费、工程建设其他费等组成。密集型场景各类分布系统造价见表 6-3。

表6-3　密集型场景各类分布系统造价

序号	分布系统类型	信源设备费 / 万元	分布系统设备费 / 万元	材料费 / 万元	安装工程费 / 万元	工程建设其他费 / 万元	合计 / 万元
1	PRRU 分布系统（放装型）	247.34	—	2.44	5.09	12.82	267.69
2	PRRU 分布系统（室内分布型）	90.63	1.11	3.15	8.25	5.82	108.96
3	传统无源分布系统	14.35	17.10	2.42	7.37	2.83	44.07
4	移频 MIMO 分布系统	75.45	—	5.53	3.05	4.21	88.24
5	漏泄电缆分布系统	7.17	0.22	8.40	3.98	1.59	21.36
6	皮基站分布系统	110.95	—	2.40	4.80	6.68	124.83
7	光纤分布系统	104.25	—	2.38	4.87	5.42	116.92

由表 6-3 可知，室内分布系统的造价主要由信源设备费组成，密集型场景各类分布系统造价信源设备费占比如图 6-4 所示。

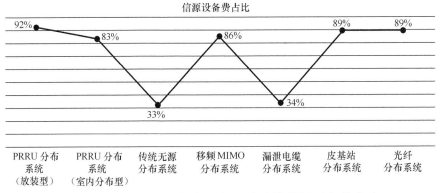

图6-4　密集型场景各类分布系统造价信源设备费占比

由图 6-4 可以看出，占比最高的为 PRRU 分布系统（放装型），高达 92%，分布系统设备费、材料费、安装工程费及工程建设其他费占比只有 8%；占比最低的为传统无源分布系统，只有 33%，其次占比较低的为漏泄电缆分布系统，其占比为 34%。

6.3.2 半密集型场景造价分析

半密集型场景也称为"写字楼型场景"，该场景的隔断相对较多，无线传播环境比较恶劣，本文选择一个具有代表性的建筑物作为试点。该试点的面积为 25000m²，是一个普通办公写字楼，根据覆盖场景的内部结构特点，设计各类分布系统。半密集型场景各种分布系统主要工程统计见表 6-4。

表6-4　半密集型场景各种分布系统主要工程统计

分布系统种类	通道数/个	BBU/台	RRU/个	分布式第一级/个	分布式第二级/个	分布式第三级/个	移频覆盖单元/个	器件/个	室内分布天线/副	1/2英寸馈线/m	7/8英寸馈线/m	7/8英寸漏泄电缆/m	光缆/m	光电复合缆/m
PRRU 分布系统（放装型）	4	4	—	—	20	140	—	—	—	—	—	—	1000	3840
PRRU 分布系统（室内分布型）	2	4	—	—	20	120	—	—	240	2570	—	—	1000	2760
传统无源分布系统	2	1	4	—	—	—	—	472	240	6100	298	—	400	—
移频 MIMO 分布系统	2	1	—	8	1	8	240	—	32	—	—	—	100	480
漏泄电缆分布系统	2	1	2	—	—	—	—	158	—	480	—	4000	200	—
皮基站分布系统	4	—	—	3	20	140	—	—	—	—	—	—	1010	3840
光纤分布系统	2	1	1	2	20	140	—	—	—	—	—	—	1010	3840

对各种设计方案进行投资预算，半密集型场景各种分布系统造价预算统计见表 6-5。

表6-5　半密集型场景各种分布系统造价预算统计

序号	分布系统类型	设备费造价/万元	分布系统造价/万元	造价合计/万元	每平方米造价/元
1	PRRU 分布系统（放装型）	139.37	—	139.37	55.75
2	PRRU 分布系统（室内分布型）	90.98	7.70	98.68	39.47
3	传统无源分布系统	16.01	31.42	47.43	18.97
4	移频 MIMO 分布系统	77.21	—	77.21	30.89
5	漏泄电缆分布系统	8.10	17.08	25.18	10.07
6	皮基站分布系统	65.19	—	65.19	26.08
7	光纤分布系统	60.98	—	60.98	24.39

根据表 6-5 的统计, 对于目前 5G 网络使用的六大类分布系统, 除了无源分布系统和需要外接室内分布系统天线的室内分布型远端的有源分布系统, 其他有源分布系统的造价均属于室内分布系统信源设备类造价, 而无源分布系统则由室内分布系统信源设备类造价和室内分布系统造价两个部分组成。

半密集型场景各类分布系统造价对比如图 6-5 所示。

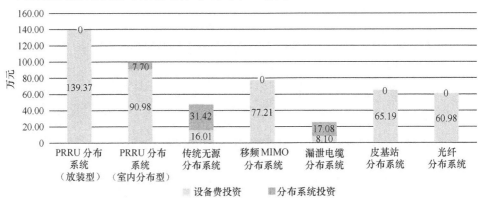

图6-5 半密集型场景各类分布系统造价对比

结合图 6-5 与表 6-5 可知, 对于半密集型场景的各类分布系统建设, 采用放装型远端的 PRRU 分布系统造价最高, 高达 139.37 万元, 对于一个 25000m² 的场景, 每平方米造价高达 55.75 元, 而采用漏泄电缆分布系统, 其造价为 25.18 万元, 每平方米造价只有 10.07 元。在不考虑容量的情况下, 漏泄电缆分布系统的造价大约只有 PRRU 分布系统 (放装型) 的 1/6, 极大地提升了分布系统建设的性价比。

整个室内分布系统造价由信源设备费、分布系统设备费、材料费、安装工程费、工程建设其他费等组成, 半密集型场景各类分布系统造价见表 6-6。

表6-6 半密集型场景各类分布系统造价

序号	分布系统类型	信源设备费 / 万元	分布系统设备费 / 万元	材料费 / 万元	安装工程费 / 万元	工程建设其他费 / 万元	合计 / 万元
1	PRRU 分布系统 (放装型)	128.25	—	1.42	3.03	6.67	139.37
2	PRRU 分布系统 (室内分布型)	82.39	0.98	3.04	6.96	5.31	98.68
3	传统无源分布系统	14.35	16.59	4.45	8.89	3.16	47.44
4	移频 MIMO 分布系统	63.83	—	6.73	2.87	3.78	77.21
5	漏泄电缆分布系统	7.17	0.26	10.66	5.20	1.89	25.18
6	皮基站分布系统	57.53	—	1.25	2.82	3.60	65.2
7	光纤分布系统	53.92	—	1.23	2.87	2.96	60.98

由表 6-6 可知，室内分布系统的造价主要由信源设备费组成，半密集型场景各类分布系统造价信源设备费占比如图 6-6 所示。

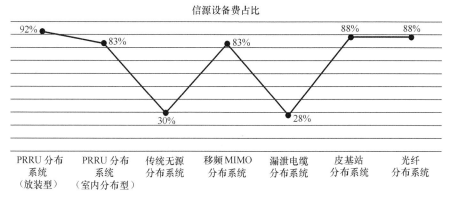

图6-6 半密集型场景各类分布系统造价信源设备费占比

由图 6-6 可知，信源设备费占比最高的为 PRRU 分布系统（放装型），高达 92%，分布系统设备费、材料费、安装工程费及工程建设其他费占比只有 8%；信源设备费占比最低的为漏泄电缆分布系统，占比为 28%，其次该值较低的为传统无源分布系统，只有 30%。

6.3.3 半空旷型场景造价分析

半空旷型场景内部有一定的隔断，但是隔断的数量比较少，无线传播环境比较好，本小节选择一个具有代表性的建筑物作为试点。该试点面积为 22100m²，是一个开放式的办公写字楼，根据覆盖场景的内部结构特点，设计各类分布系统，半空旷型场景各种分布系统主要工程统计见表 6-7。

表6-7 半空旷型场景各种分布系统主要工程统计

分布系统种类	通道数／个	BBU／台	RRU／个	分布式第一级／个	分布式第二级／个	分布式第三级／个	移频覆盖单元／个	器件／个	室内分布天线／副	1/2英寸馈线／m	7/8英寸馈线／m	7/8英寸漏泄电缆／m	光缆／m	光电复合缆／m
PRRU 分布系统（放装型）	4	2	—		12	65							630	4190
PRRU 分布系统（室内分布型）	2	2	—		12	88			157	3520	—	—	630	8380
传统无源分布系统	2	1	4					334	173	3802			400	—
移频 MIMO 分布系统	2	1	—	6	1	6	173		—	24	—	—	100	480
漏泄电缆分布系统	2	1	2					206		411	—	3188	200	—
皮基站分布系统	4	—			2	10	65						525	4190
光纤分布系统	2	1	1	1	12	65							525	4190

对各种设计方案进行投资预算，半空旷型场景各种分布系统造价预算统计见表 6-8。

表6-8　半空旷型场景各种分布系统造价预算统计

序号	分布系统类型	设备费造价 / 万元	分布系统造价 / 万元	造价合计 / 万元	每平方米造价 / 元
1	PRRU 分布系统（放装型）	66.08	—	66.08	29.90
2	PRRU 分布系统（室内分布型）	68.67	7.04	75.71	34.26
3	传统无源分布系统	16.01	25.89	41.90	18.96
4	移频 MIMO 分布系统	55.94	—	55.94	25.31
5	漏泄电缆分布系统	8.10	15.55	23.65	10.70
6	皮基站分布系统	31.37	—	31.37	14.19
7	光纤分布系统	31.45	—	31.45	14.23

根据表 6-8 的统计，对于目前 5G 网络使用的六大类分布系统，除了无源分布系统和需要外接室内分布系统天线的室内分布型远端有源分布系统，其他有源分布系统的造价均属于室内分布系统信源设备类造价，而无源分布系统则由室内分布系统信源设备类造价和室内分布系统造价两个部分组成。

半空旷型场景各类分布系统造价对比如图 6-7 所示。

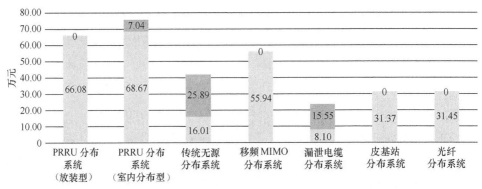

图6-7　半空旷型场景各类分布系统造价对比

结合图 6-7 与表 6-7 可知，对于半空旷型场景的各类分布系统建设，造价最高的为 PRRU 分布系统（室内分布型），造价达到 66.08 万元，对于一个 22100m² 的场景，每平方米造价高达 29.90 元，而采用漏泄电缆分布系统，其造价为 23.65 万元，每平方米造价只有 10.70 元。在不考虑容量的情况下，漏泄电缆分布系统的造价不到 PRRU 分布系统（室内分布型）的 1/3，比较大地提升了分布系统建设的性价比。

整个室内分布系统造价由信源设备费、分布系统设备费、材料费、安装工程费、工程建设其他费等组成，半空旷型场景各类分布系统造价见表 6-9。

表6-9 半空旷型场景各类分布系统造价

序号	分布系统类型	信源设备费/万元	分布系统设备费/万元	材料费/万元	安装工程费/万元	工程建设其他费/万元	合计/万元
1	PRRU 分布系统（放装型）	59.55	—	0.87	2.31	3.36	66.09
2	PRRU 分布系统（室内分布型）	60.42	0.72	2.90	7.52	4.15	75.71
3	传统无源分布系统	14.35	16.00	3.03	5.87	2.66	41.91
4	移频 MIMO 分布系统	46.17	—	4.88	2.14	2.75	55.94
5	漏泄电缆分布系统	7.17	0.38	9.00	5.32	1.79	23.66
6	皮基站分布系统	26.71	—	0.64	2.11	1.91	31.37
7	光纤分布系统	26.96	—	0.64	2.17	1.68	31.45

由表 6-9 可知，室内分布系统的造价主要由信源设备费组成，半空旷型场景各类分布系统造价信源设备费占比如图 6-8 所示。

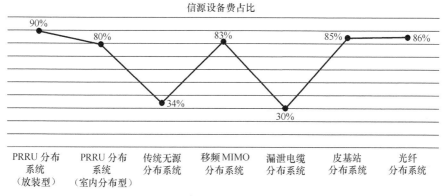

图6-8 半空旷型场景各类分布系统造价信源设备费占比

由图 6-8 可知，信源设备费占比最高的仍然为 PRRU 分布系统（放装型），高达 90%，分布系统设备费、材料费、安装工程费及工程建设其他费占比只有 10%；信源设备费占比最低的为漏泄电缆分布系统，只有 30%，其次信源设备费占比低的为传统无源分布系统，占比为 34%。

6.3.4 空旷型场景造价分析

空旷型场景内部基本没有隔断，无线传播环境非常好，本小节选择一个具有代表性的建筑物作为试点。该试点面积为 25984m²，是一个大型的商场与超市，根据覆盖场景的内部结构特点，设计各类分布系统，空旷型场景各种分布系统主要工程统计见表 6-10。

表6-10　空旷型场景各种分布系统主要工程统计

分布系统种类	通道数/个	BBU/台	RRU/个	分布式第一级/个	分布式第二级/个	分布式第三级/个	移频覆盖单元/个	器件/个	室内分布天线/副	1/2英寸馈线/m	7/8英寸馈线/m	7/8英寸漏泄电缆/m	光缆/m	光电复合缆/m
PRRU 分布系统（放装型）	4	2	—	—	9	55	—	—	—	—	—	—	615	2950
PRRU 分布系统（室内分布型）	2	1	—	—	6	46	—	—	92	2760	—	—	600	4600
传统无源分布系统	2	1	4	—	—	—	—	336	173	4970	60	—	400	—
移频 MIMO 分布系统	2	1	—	6	1	6	173	—	—	24	—	—	150	720
漏泄电缆分布系统	2	1	2	—	—	—	—	92	—	40	—	3200	200	—
皮基站分布系统	4	—	—	1	8	55	—	—	—	—	—	—	420	2950
光纤分布系统	2	1	1	1	8	55	—	—	—	—	—	—	420	2950

对各种设计方案进行投资预算，空旷型场景各种分布系统造价预算统计见表 6-11。

表6-11　空旷型场景各种分布系统造价预算统计

序号	分布系统类型	设备费造价/万元	分布系统造价/万元	造价合计/万元	每平方米造价/元
1	PRRU 分布系统（放装型）	55.65	—	55.65	21.42
2	PRRU 分布系统（室内分布型）	36.18	4.48	40.66	15.65
3	传统无源分布系统	16.01	27.11	43.12	16.59
4	移频 MIMO 分布系统	59.69	—	59.69	22.97
5	漏泄电缆分布系统	8.10	12.24	20.34	7.83
6	皮基站分布系统	26.10	—	26.10	10.04
7	光纤分布系统	26.95	—	26.95	10.37

　　根据表 6-11 可知，对于目前 5G 网络使用的六大类分布系统，除了无源分布系统和需要外接室内分布系统天线的室内分布型远端的有源分布系统，其他有源分布系统的造价均属于室内分布系统信源设备类造价，而无源分布系统则由室内分布系统信源设备类造价和室内分布系统造价两个部分组成。

　　半空旷型场景各类分布系统造价对比如图 6-9 所示。

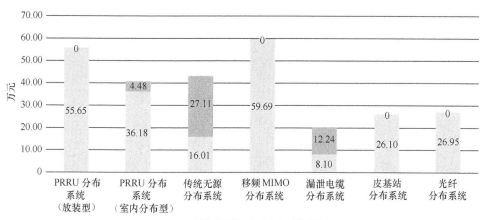

图6-9　半空旷型场景各类分布系统造价对比

结合图 6-9 与表 6-11 可知，对于空旷型场景的各类分布系统建设，造价最高的变成移频 MIMO 分布系统，造价达到 59.69 万元，对于一个 25984m² 的场景，每平方米造价高达 22.97 元，而采用漏泄电缆分布系统，其造价为 20.34 万元，每平方米造价只有 7.83 元。在不考虑容量的情况下，漏泄电缆分布系统的造价不到 PRRU 移频 MIMO 分布系统的 1/3，较大地提升了分布系统建设的性价比。

整个室内分布系统造价由信源设备费、分布系统设备费、材料费、安装工程费、工程建设其他费等组成，半空旷型场景各类分布系统造价见表 6-12。

表6-12　半空旷型场景各类分布系统造价

序号	分布系统类型	信源设备费/万元	分布系统设备费/万元	材料费/万元	安装工程费/万元	工程建设其他费/万元	合计/万元
1	PRRU 分布系统（放装型）	50.38	—	0.64	1.74	2.89	55.65
2	PRRU 分布系统（室内分布型）	31.58	0.38	2.16	4.30	2.24	40.66
3	传统无源分布系统	14.35	16.00	3.75	6.27	2.75	43.12
4	移频 MIMO 分布系统	46.17	—	7.89	2.61	3.02	59.69
5	漏泄电缆分布系统	7.17	0.17	8.09	3.39	1.51	20.33
6	皮基站分布系统	22.60	—	0.50	1.58	1.42	26.10
7	光纤分布系统	23.36	—	0.50	1.63	1.46	26.95

由表 6-12 可知，室内分布系统的造价主要由信源设备费组成，空旷型场景各类分布系统造价信源设备费占比如图 6-10 所示。

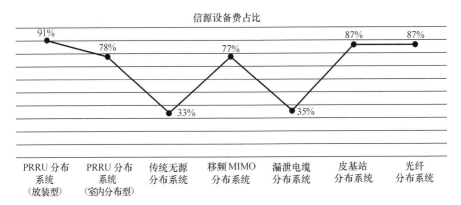

图6-10 空旷型场景各类分布系统造价信源设备费占比

由图 6-10 可知，信源设备费占比最高的仍然为 PRRU 分布系统（放装型），高达 91%，分布系统设备费、材料费、安装工程费及工程建设其他费占比只有 9%；信源设备费占比最低的为传统无源分布系统，只有 33%，其次信源设备费较低的为漏泄电缆分布系统，占比为 35%。

6.3.5 分场景造价分析小结

在 4 个场景中分别建设各类分布系统，各类分布系统单位造价变化如图 6-11 所示。

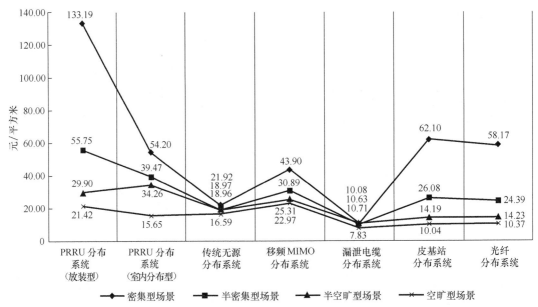

图6-11 各类分布系统单位造价变化

由图 6-11 可知，各类分布系统在空旷型场景中造价最低，而在密集型场景中造价最高。在空旷型场景中，无论采用何种室内分布系统覆盖手段，其造价变化的幅度最小，在密集型场景中，各类室内分布系统覆盖手段的造价变化幅度最大。

●●6.4 分布系统类型造价分析

本书 6.3 节的造价分析是根据同一场景内建设各种分布系统的造价进行对比后所得，那么同一类型分布系统在不同场景内的造价又是如何变化的，本节将分析同一类型分布系统从密集型场景到空旷型场景的造价变化。

6.4.1 PRRU 分布系统（放装型）造价分析

PRRU 分布系统（放装型）造价是由信源设备费、材料费、安装工程费和工程建设其他费组成的。信源设备费包括 PRRU 分布系统的 BBU、汇聚单元和放装型远端单元 PRRU 的费用；材料费包括 BBU 到汇聚单元的光纤费，汇聚单元到放装型远端单元 PRRU 的光电复合缆费，BBU 和汇聚单元的电源线、接地线、光纤分线盒、电表箱，铜鼻子（一般指线鼻子，常用于电缆末端连接和续接），室内接地排等主要材料及其他辅材涉及的费用；安装工程费主要包括上述设备材料的安装费及调测费；工程建设其他费包括安全生产费、勘察设计费、监理费及综合赔补费等。

根据 6.3 节选择的场景及编制的 PRRU 分布系统（放装型），PRRU 分布系统（放装型）在不同场景的主要工程统计见表 6-13。

表6-13　PRRU分布系统（放装型）在不同场景的主要工程统计

场景类型	覆盖面积 /m²	BBU/ 台	汇聚单元 / 个	PRRU/ 个	光缆 /m	光电复合缆 /m
密集型场景	20100	6	34	270	1785	5500
半密集型场景	25000	4	20	140	1000	3840
半空旷型场景	22100	2	12	65	630	4190
空旷型场景	25984	2	9	55	615	2950

由表 6-13 内的数据可知，密集型场景的 PRRU 需求最多，随着隔断的减少，PRRU 也开始减少，通过概预算计算 4 个场景的 PRRU 分布系统（放装型）造价，PRRU 分布系统（放装型）造价预算统计见表 6-14。

表6-14　PRRU分布系统（放装型）造价预算统计

场景类型	覆盖面积 /m²	信源设备费 / 万元	材料费 / 万元	安装工程费 / 万元	工程建设 其他费 / 万元	合计 / 万元	每平方米 造价 / 元
密集型场景	20100	247.34	2.44	5.09	12.82	267.69	133.18
半密集型场景	25000	128.25	1.42	3.03	6.67	139.37	55.75
半空旷型场景	22100	59.55	0.87	2.31	3.36	66.09	29.90
空旷型场景	25984	50.38	0.64	1.74	2.89	55.65	21.42

由表 6-14 可知，采用 PRRU 分布系统（放装型）时，密集型场景的造价最高，达到 267.69 万元，单位造价高达每平方米 133.18 元；在半密集型场景，总造价为 139.37 万元，单位造价为每平方米 55.75 元，与密集型场景相比，费用降低了一半以上；在半空旷型场景，造价只有 66.09 万元，单位造价为每平方米 29.90 元，与半密集型场景相比，费用降低了大约一半；在空旷型场景，造价仅为 56.65 万元，单位造价只有每平方米 21.42 元，与半空旷型场景相比，进一步减少了单位造价。PRRU 分布系统（放装型）单位造价变化如图 6-12 所示。

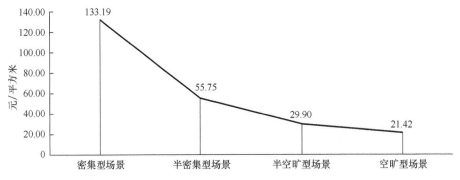

图6-12 PRRU分布系统（放装型）单位造价变化

从图 6-12 的 PRRU 分布系统（放装型）单位造价变化曲线可知，PRRU 分布系统（放装型）的造价对室内场景中隔断的多少有非常大的影响，隔断越多，造价越高，隔断越少，造价越低。因此，选择此类分布系统覆盖目标区域时，需要重点关注目标场景隔断的情况。

6.4.2 PRRU 分布系统（室内分布型）造价分析

考虑到 PRRU 分布系统（放装型）在部分场景的造价过高，为了降低 PRRU 分布系统的造价，从而引入 PRRU 分布系统（室内分布型）。PRRU 分布系统（室内分布型）造价由信源设备费、分布系统设备费、材料费、安装工程费和工程建设其他费组成。信源设备费包括 PRRU 分布系统的 BBU、汇聚单元、室内分布型远端单元 PRRU 的费用；分布系统设备费主要包括室内分布系统天线费；材料费包括 BBU 到汇聚单元的光纤费，汇聚单元到远端单元的光电复合缆费，BBU 和汇聚单元的电源线、接地线，连接天线的馈线，光纤分线盒，电表箱，铜鼻子，室内接地排等主要材料以及其他辅材涉及的费用；安装工程费主要包括上述设备材料的安装费及调测费；工程建设其他费包括安全生产费、勘察设计费、监理费及综合赔补费等。

根据选择的场景，PRRU 分布系统（室内分布型）在不同场景的主要工程统计见表 6-15。

表6-15　PRRU分布系统（室内分布型）在不同场景的主要工程统计

场景类型	覆盖面积 /m²	BBU/ 个	汇聚单元 / 个	PRRU/ 个	室内分布天线 / 个	1/2 英寸馈线 /m	光缆 /m	光电复合缆 /m
密集型场景	20100	4	24	132	272	480	1260	5000
半密集型场景	25000	4	20	120	240	2570	1000	2760
半空旷型场景	22100	2	12	88	157	3520	630	8380
空旷型场景	25984	1	6	46	92	2760	600	4600

由表 6-15 可知，密集型场景的 PRRU 需求最多，随着隔断的减少，PRRU 也开始减少，通过概预算计算 4 个场景的 PRRU 分布系统（室内分布型）造价，PRRU 分布系统（室内分布型）造价预算统计见表 6-16。

表6-16　PRRU分布系统（室内分布型）造价预算统计

场景类型	覆盖面积 /m²	信源设备费 /万元	分布系统设备费 /万元	材料费 /万元	安装工程费 /万元	工程建设其他费 /万元	合计 /万元	每平方米造价 /元
密集型场景	20100	90.63	1.11	3.15	8.25	5.82	108.96	54.20
半密集型场景	25000	82.39	0.98	3.04	6.96	5.31	98.68	39.47
半空旷型场景	22100	60.42	0.72	2.90	7.52	4.15	75.71	34.26
空旷型场景	25984	31.58	0.38	2.16	4.30	2.24	40.66	15.65

由表 6-16 可知，采用 PRRU 分布系统（室内分布型）时，密集型场景的造价最高，达到 108.96 万元，单位造价高达每平方米 54.20 元，与 PRRU 分布系统（放装型）在此场景相比，单位造价减少了一半以上；在半密集型场景，总造价为 98.68 万元，单位造价为每平方米 39.47 元，与 PRRU 分布系统（放装型）在此场景相比，单位造价同样降低了 25% 左右；在半空旷型场景，造价为 75.71 万元，单位造价为每平方米 34.26 元；在空旷型场景，造价仅有 40.66 万元，单位造价只有每平方米 15.65 元，与 PRRU 分布系统（放装型）在此场景相比，造价进一步降低。

根据 PRRU 分布系统（放装型）和 PRRU 分布系统（室内分布型）单位面积造价的变化，PRRU 分布系统单位造价变化如图 6-13 所示。

由图 6-13 可知，PRRU 分布系统（室内分布型）的造价对室内场景中的隔断多少的敏感性大大降低，采用 PRRU 分布系统（室内分布型）可以保证覆盖目标优质覆盖服务的同时，又大大降低了室内分布系统的造价，提升了性价比，因此，这是一种比较好的改进。但总体而言，PRRU 分布系统（室内分布型）的造价还是随着隔断的增加而增加。

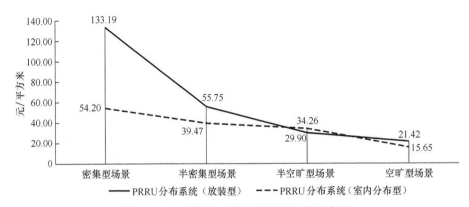

图6-13 PRRU分布系统单位造价变化

在图 6-13 中，半空旷型场景的造价，PRRU 分布系统（室内分布型）比 PRRU 分布系统（放装型）高，其主要原因是，部分采用需要拉远端过去覆盖的区域，本可以采用 1 个 PRRU 分布系统（放装型）就可以满足覆盖需求，但是采用了 PRRU 分布系统（室内分布型）的远端时，根据不浪费的原则，同样外接了室内分布系统天线，从而导致单位造价略有上升，但是从覆盖电平的角度分析，其覆盖效果远远好于放装型远端。

在空旷型场景中，PRRU 分布系统（室内分布型）和 PRRU 分布系统（放装型）的造价相差不大，单位造价下降幅度较小。其主要原因是，此类场景内基本没有隔断，而且楼层也不是很低，使 PRRU 分布系统（放装型）远端的天线覆盖能力得到充分发挥，而且每个远端的覆盖面积相对较大，同样覆盖半径也较大；在使用室内分布型远端时，为了减少馈线的损耗，一般情况下，远端外接的 1/2 英寸馈线不超过 15m，因此，空旷型场景采用 PRRU 分布系统（室内分布型）的造价并没有下降。另外，在 5G 网络中 PRRU 分布系统（放装型）远端一般采用 4T4R，而 PRRU 分布系统（室内分布型）远端采用的是 2T2R，从用户体验而言，PRRU 分布系统（室内分布型）的效果要比 PRRU 分布系统（放装型）差，因此，在空旷型场景中，PRRU 分布系统建议采用 PRRU 分布系统（放装型）的远端。

6.4.3 传统无源分布系统造价分析

传统无源分布系统可以在绝大部分场景中使用，它的造价由信源设备费、分布系统设备费、材料费、安装工程费和工程建设其他费组成。信源设备费包括 BBU 和 RRU 的费用；分布系统设备费主要包括合路器、功分器、耦合器、室内分布系统天线等费用；材料费包括 BBU 到 RRU 的光纤，BBU 和 RRU 电源线、接地线，馈线，光纤分线盒，电表箱，铜鼻子，室内接地排等主要材料以及其他辅材涉及的费用；安装工程费主要包括上述设备材料的安装费及调测费；工程建设其他费包括安全生产费、勘察设计费、监理费及综合赔补费等。

根据选择的场景，传统无源分布系统在不同场景的主要工程统计见表 6-17。

表6-17　传统无源分布系统在不同场景的主要工程统计

场景类型	覆盖面积 /m²	BBU/ 个	RRU/ 个	器件 / 个	室内分布天线 / 副	1/2 英寸馈线 /m	7/8 英寸馈线 /m	光缆 /m
密集型场景	20100	1	4	534	285	3010	—	400
半密集型场景	25000	1	4	472	240	6100	298	400
半空旷型场景	22100	1	4	334	173	3802	—	400
空旷型场景	25984	1	4	336	173	4970	60	400

由表 6-17 可知，密集型场景的室内分布天线的需求最多，随着隔断的减少，室内分布天线也开始减少，而半空旷型场景和空旷型场景的室内分布天线基本相同，通过概预算计算 4 个场景的无源分布系统造价，传统无源分布系统投资预算统计见表 6-18。

表6-18　传统无源分布系统投资预算统计

场景类型	覆盖面积 /m²	信源设备费 / 万元	分布设备费 / 万元	材料费 / 万元	安装工程费 / 万元	工程建设其他费 / 万元	合计 / 万元	每平方米造价 / 元
密集型场景	20100	14.35	17.10	2.42	7.37	2.83	44.07	21.93
半密集型场景	25000	14.35	16.59	4.45	8.89	3.16	47.44	18.98
半空旷型场景	22100	14.35	16.00	3.03	5.87	2.66	41.91	18.96
空旷型场景	25984	14.35	16.00	3.75	6.27	2.75	43.12	16.59

由表 6-18 可知，采用传统无源分布系统时，4 种场景的单位造价相差不大，密集型场景的造价最高，为 44.07 万元，单位造价为每平方米 21.93 元；在半密集型场景，总造价为 47.41 万元，单位造价为每平方米 18.98 元；在半空旷型场景，单位造价为 40.91 万元，单位造价为每平方米 18.96 元；在空旷型场景，总造价仅为 43.12 万元，单位造价只有每平方米 16.59 元。从表 6-18 中分析可知，4 种场景的单位造价呈逐步下降趋势。根据传统无源分布系统和 PRRU 分布系统（放装型）单位面积造价的变化，传统无源分布系统单位造价变化如图 6-14 所示。

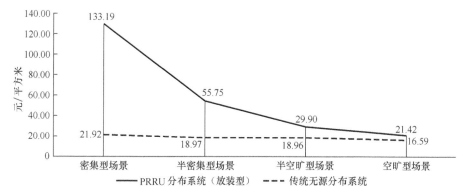

图6-14　传统无源分布系统单位造价变化

由图 6-14 可知，其下降趋势非常平缓，从而可以体现传统无源分布系统的造价对室内场景中的隔断多少的敏感性很小，也就是说，无论覆盖场景内的隔断有多少，其造价变化也不会很大，这就说明传统无源分布系统适应绝大部分场景。

由图 6-14 可知，传统无源分布系统和 PRRU 分布系统（放装型）的造价对比，从密集型场景造价到空旷型场景的造价，二者的差距逐步减小。在空旷型场景中，PRRU 分布系统（放装型）的造价是传统无源分布系统的 1.3 倍，但是 PRRU 分布系统（放装型）远端一般采用 4T4R，而传统无源分布系统是双路分布系统，从用户体验而言，传统无源分布系统的效果要比 PRRU 分布系统（放装型）差，因此，在空旷型场景中，不建议使用传统无源分布系统；而在密集型场景中，在满足业务需求的情况下，建议使用传统无源分布系统。

6.4.4　移频 MIMO 分布系统造价分析

移频 MIMO 分布系统需要在原有室内分布系统的基础上进行改造，同时它需要信源主设备的信号接入，才能实现分布系统的建设，它的造价由信源设备费、材料费、安装工程费和工程建设其他费组成。信源设备费包括移频 MIMO 分布系统需要信源设备接入的BBU、汇聚单元、PRRU 分布系统（室内分布型）远端单元，移频 MIMO 分布系统的移频管理单元、移频覆盖单元和供电单元涉及的费用；材料费包括 BBU 到汇聚单元的光纤，汇聚单元到远端单元的光电复合缆，远端单元到移频管理单元的馈线，BBU、汇聚单元、移频管理单元、供电单元的电源线、接地线，供电单元到移频覆盖单元的电源线，光纤分线盒，电表箱，铜鼻子，室内接地排等主要材料以及其他辅材涉及的费用；安装工程费主要包括上述设备材料的安装费及调测费；工程建设其他费包括安全生产费、勘察设计费、监理费及综合赔补费等。

根据选择的场景，编制的移频 MIMO 分布系统（假设原场景中已经有 LTE 传统无源分布系统），移频 MIMO 分布系统在不同场景的主要工程统计见表 6-19。

表6-19　移频MIMO分布系统在不同场景的主要工程统计

场景类型	覆盖面积 /m²	BBU/ 个	汇聚单元 / 个	PRRU/ 个	移频管理单元 / 个	移频覆盖单元 / 个	1/2英寸馈线 /m	光缆 /m	光电复合缆 /m
密集型场景	20100	1	2	9	9	285	36	100	450
半密集型场景	25000	1	1	8	8	240	32	100	480
半空旷型场景	22100	1	1	6	6	173	24	100	480
空旷型场景	25984	1	1	6	6	173	24	150	720

由表 6-19 可知，密集型场景的移频覆盖单元的需求最多，随着隔断的减少，移频覆盖单元也开始减少，而半空旷型场景和空旷型场景的移频覆盖单元基本相同，主要原因是移频覆盖单元是替换原分布系统的天线，因此，它的数量是随原室内分布系统天线的变化而变化，通过概预算计算 4 个场景的无源分布系统造价，移频 MIMO 分布系统投资预算统计见表 6-20。

表6-20　移频MIMO分布系统投资预算统计

场景类型	覆盖面积 /m²	信源设备费 /万元	材料费 /万元	安装工程费 /万元	工程建设其他费 /万元	合计 /万元	每平方米造价 /元
密集型场景	20100	75.45	5.53	3.05	4.21	88.24	43.90
半密集型场景	25000	63.83	6.73	2.87	3.78	77.21	30.89
半空旷型场景	22100	46.17	4.88	2.14	2.75	55.94	25.31
空旷型场景	25984	46.17	7.89	2.61	3.02	59.69	22.97

由表 6-20 可知，采用移频 MIMO 分布系统时，4 种场景的单位造价有一定的区别，但是相差不大，密集型场景的造价最高，总造价为 88.24 万元，单位造价为每平方米 43.90 元；在半密集型场景，总造价为 77.21 万元，单位造价为每平方米 30.89 元；在半空旷型场景，总造价为 55.94 万元，单位造价为每平方米 25.31 元；在空旷型场景，总造价仅为 59.69 万元，单价造价只有每平方米 22.97 元。移频 MIMO 分布系统单位造价变化如图 6-15 所示。

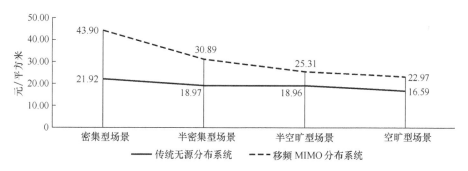

图6-15　移频MIMO分布系统单位造价变化

由图 6-15 可知，其下降趋势比较平缓，从而可以体现移频 MIMO 分布系统的造价对室内场景中隔断多少的敏感性很小，也就是说，随着覆盖目标场景隔断的减少，其造价变化也不会很大。

在图 6-15 中，移频 MIMO 分布系统和传统无源分布系统的造价对比，二者从密集型场景造价到空旷型场景的造价都呈下降趋势，移频 MIMO 分布系统的下降趋势比传统无源分布系统要大一些，二者的差距逐步减小。但是无论单位面积造价如何变化，移频 MIMO 分布系统都会比传统无源分布系统造价要高，因此，在部分能够额外新建传统室内分布系统的场景中，在 5G 网络频段允许的情况下，可以选择新建传统无源分布系统，而不是对原有分布系统进行改造建设为移频 MIMO 分布系统。

6.4.5 漏泄电缆分布系统造价分析

漏泄电缆分布系统是无源室内分布系统的一种，采用漏泄电缆替代了原来的馈线和天线，对目标区域进行覆盖，它的造价由信源设备费、分布系统设备费、材料费、安装工程费和工程建设其他费组成。信源设备费包括 BBU 和 RRU 涉及的费用；分布系统设备费主要包括合路器、功分器、耦合器、室内分布系统天线等涉及的费用；材料费包括 BBU 到 RRU 的光纤，BBU 和 RRU 电源线、接地线，漏泄电缆，馈线，光纤分线盒，电表箱，铜鼻子，室内接地排等主要材料以及其他辅材涉及的费用；安装工程费主要包括上述设备材料的安装费及调测费；工程建设其他费包括安全生产费、勘察设计费、监理费及综合赔补费等。

根据选择的场景，漏泄电缆分布系统在不同场景的主要工程统计见表 6-21。

表6-21 漏泄电缆分布系统在不同场景的主要工程统计

场景类型	覆盖面积 /m²	BBU/ 个	RRU/ 个	器件 / 个	1/2 英寸馈线 /m	7/8 英寸漏泄电缆 /m	光缆 /m
密集型场景	20100	1	2	138	816	3036	200
半密集型场景	25000	1	2	158	480	4000	200
半空旷型场景	22100	1	2	206	411	3188	200
空旷型场景	25984	1	2	92	40	3200	200

由表 6-21 可知，4 种场景漏泄电缆的用量变化不大，通过概预算计算 4 个场景的漏泄电缆分布系统造价，漏泄电缆分布系统投资预算统计见表 6-22。

表6-22 漏泄电缆分布系统投资预算统计

场景类型	覆盖面积 /m²	信源设备费 /万元	分布设备费 /万元	材料费 /万元	安装工程费 /万元	工程建设其他费 /万元	合计 /万元	每平方米造价 /元
密集型场景	20100	7.17	0.22	8.40	3.98	1.59	21.36	10.63
半密集型场景	25000	7.17	0.26	10.66	5.20	1.89	25.18	10.07
半空旷型场景	22100	7.17	0.38	9.00	5.32	1.79	23.66	10.71
空旷型场景	25984	7.17	0.17	8.09	3.39	1.51	20.33	7.82

由表 6-22 可知，采用漏泄电缆分布系统时，4 种场景的单位造价相差不大，密集型场景的总造价为 21.36 万元，单位造价为每平方米 10.63 元；在半密集型场景，总造价为 25.18 万元，单位造价为每平方米 10.07 元；在半空旷型场景，总造价为 23.66 万元，单位造价为每平方米 10.71 元；在空旷型场景，总造价仅有 20.33 万元，单位造价只有每平方米

7.82 元。由表 6-22 分析可知，单位造价基本相同。漏泄电缆分布系统单位造价变化如图 6-16 所示。

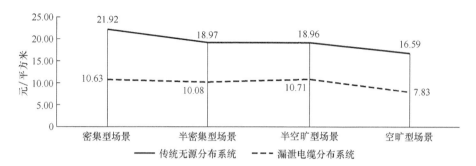

图6-16　漏泄电缆分布系统单位造价变化

由图 6-16 可知，除了空旷型场景，其他 3 种场景的单位面积造价基本相同，单位面积造价为每平方米 10 元左右；而空旷型场景的单位造价直接降低到每平方米 7.83 元，进一步分析表 6-21 中漏泄电缆的数据，我们可以发现，其漏泄电缆的用量基本一样，再深入结合全部工程量就会发现，漏泄电缆的段数不同导致安装工程费不同，因此，漏泄电缆分布系统的造价对室内场景中的隔断多少的敏感性几乎没有，影响其造价的主要原因和漏泄电缆的段数有关。

在图 6-16 中，分析对比漏泄电缆分布系统和传统无源分布系统的造价，传统无源分布系统从密集型场景造价到空旷型场景的造价逐步减小，但是漏泄电缆的造价基本没有变化。而且无论单位面积造价如何变化，传统无源分布系统都会比漏泄电缆分布系统造价要高，因此，在网络容量及业务需求不是很大的场景，可以选择漏泄电缆分布系统覆盖目标场景。

6.4.6　皮基站分布系统造价分析

皮基站分布系统的分布系统架构和 PRRU 分布系统基本一样，二者的区别在于，PRRU 分布系统主设备厂商提供的分布系统架构和主设备自身的架构一样，在同一主设备厂商的情况下，可以接入主设备厂商的 OMC-R 上，对其进行监控，而皮基站分布系统是非主设备厂商提供的设备，无法直接接入主设备厂商的 OMC-R，需要额外新建网关进行管理。其造价由信源设备费、材料费、安装工程费和工程建设其他费组成。信源设备费包括皮基站分布系统的接入单元、中继单元、PRRU 分布系统（放装型）远端单元涉及的费用；材料费包括接入单元到中继单元的光纤，中继单元到远端单元的光电复合缆，接入单元和中继单元的电源线、接地线，光纤分线盒，电表箱，铜鼻子，室内接地排等主要材料以及其他辅材涉及的费用；安装工程费主要包括上述设备材料的安装费及调测费；工程建设其他费包括安全生产费、勘察设计费、监理费及综合赔补费等。

根据选择的场景，皮基站分布系统在不同场景的主要工程统计见表 6-23。

表6-23　皮基站分布系统在不同场景的主要工程统计

场景类型	覆盖面积/m²	接入单元/台	中继单元/个	远端单元/个	光缆/m	光电复合缆/m
密集型场景	20100	5	38	270	1995	5500
半密集型场景	25000	3	20	140	1010	3840
半空旷型场景	22100	2	10	65	525	4190
空旷型场景	25984	1	8	55	420	2950

由表 6-23 可知，密集型场景的远端需求最多，随着隔断的减少，远端单元也开始减少，通过概预算计算 4 个场景的皮基站分布系统造价，皮基站分布系统投资预算统计见表 6-24。

表6-24　皮基站分布系统投资预算统计

场景类型	覆盖面积/m²	信源设备费/万元	材料费/万元	安装工程费/万元	工程建设其他费/万元	合计/万元	每平方米造价/元
密集型场景	20100	110.95	2.40	4.80	6.68	124.83	62.10
半密集型场景	25000	57.53	1.25	2.82	3.60	65.20	26.08
半空旷型场景	22100	26.71	0.64	2.11	1.91	31.37	14.19
空旷型场景	25984	22.60	0.50	1.58	1.42	26.10	10.04

由表 6-24 可知，采用皮基站分布系统时，密集型场景的造价最高，总造价达到 124.83 万元，单位造价高达每平方米 62.10 元；在半密集型场景，总造价为 65.20 万元，单位造价为每平方米 26.08 元，与密集型场景的每平方米 62.10 元相比，减少了一半以上；在半空旷型场景，总造价只有 31.37 万元，单位造价为每平方米 14.19 元，与半密集型场景的每平方米 26.08 元相比，减少了接近一半；在空旷型场景，总造价仅有 26.10 万元，单位造价每平方米只有 10.04 元，与半空旷场景的每平方米 14.19 元相比，进一步减少了单位造价。皮基站分布系统单位造价变化如图 6-17 所示。

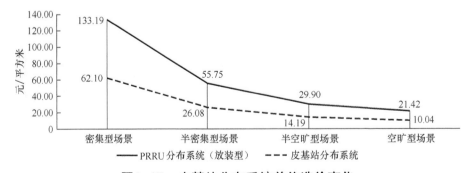

图6-17　皮基站分布系统单位造价变化

由图 6-17 可知，皮基站分布系统的造价对室内场景中隔断的多少有较强的敏感性，隔断越多，造价越高，隔断越少，造价越低。因此，选择此类分布系统覆盖目标区域时，需要重点关注目标场景隔断的情况。

在图 6-17 中，分析对比皮基站分布系统和 PRRU 分布系统（放装型）的造价，从密集型场景造价到空旷型场景的造价，二者的差距逐步减小。二者各自的下降幅度基本一致，其主要原因是皮基站的远端天线口输出功率和 PRRU 分布系统的远端是一样的，基本为每通道 250mW，因此，二者布放的点位也是一样的。PRRU 分布系统（放装型）的造价约为皮基站分布系统的 2.1 倍，二者造价不同的主要原因是二者存在产品价格的差异。

6.4.7 光纤分布系统造价分析

光纤分布系统可以认为是一种分布式的光纤直放站，它需要信源主设备的信号接入，才能实现分布系统的建设。它的造价由信源设备费、材料费、安装工程费和工程建设其他费组成。信源设备费包括光纤分布系统需要信源设备接入的 BBU、RRU，光纤分布系统的主单元、扩展单元、远端单元涉及的费用；材料费包括 BBU 到 RRU 的光纤，RRU 到主单元的馈线，BBU、RRU、主单元、扩展单元的电源线、接地线，扩展单元到远端单元的电源线，光纤分线盒，电表箱，铜鼻子，室内接地排等主要材料以及其他辅材涉及的费用；安装工程费主要包括上述设备材料的安装费及调测费；工程建设其他费包括安全生产费、勘察设计费、监理费及综合赔补费等。

根据选择的场景，光纤分布系统在不同场景的主要工程统计见表 6-25。

表6-25 光纤分布系统在不同场景的主要工程统计

场景类型	覆盖面积 / m²	BBU/个	RRU/个	主单元 / 台	扩展单元 / 个	远端单元 / 个	光缆 /m	光电复合缆 / m
密集型场景	20100	1	2	4	38	270	1995	5500
半密集型场景	25000	1	1	2	20	140	1010	3840
半空旷型场景	22100	1	1	1	12	65	525	4190
空旷型场景	25984	1	1	1	8	55	420	2950

由表 6-25 可知，密集型场景的远端需求最多，随着隔断的减少，远端单元也开始减少，通过概预算计算 4 个场景的光纤分布系统造价，光纤分布系统投资预算统计见表 6-26。

表6-26 光纤分布系统投资预算统计

场景类型	覆盖面积 /m²	信源设备费 / 万元	材料费 / 万元	安装工程费 / 万元	工程建设其他费 / 万元	合计 / 万元	每平方米造价 / 元
密集型场景	20100	104.25	2.38	4.87	5.42	116.92	58.17
半密集型场景	25000	53.92	1.23	2.87	2.96	60.98	24.39
半空旷型场景	22100	26.96	0.64	2.17	1.68	31.45	14.23
空旷型场景	25984	23.36	0.50	1.63	1.46	26.95	10.37

由表 6-26 可知，采用光纤分布系统时，密集型场景的造价最高，达到 116.92 万元，单位造价高达每平方米 58.17 元；在半密集型场景，总造价为 60.98 万元，单位造价为每平方米 24.39 元，与密集型场景的每平方米 58.17 元相比，减少了一半以上；在半空旷型场景，总造价只有 31.45 万元，单位造价为每平方米 14.23 元，与半密集型场景的每平方米 24.39 元相比，大约减少了一半；在空旷型场景，总造价仅有 26.95 万元，单位造价每平方米只有 10.37 元，与半空旷型场景的每平方米 14.23 元相比，进一步减少了单位造价。光纤分布系统单位造价变化如图 6-18 所示。

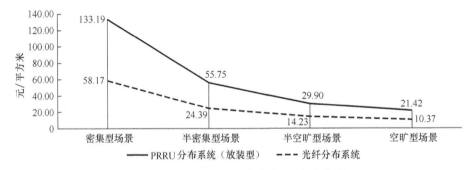

图6-18 光纤分布系统单位造价变化

由图 6-18 可知，光纤分布系统的造价对室内场景中隔断的多少有较强的敏感性，隔断越多，造价越高，隔断越少，造价越低。因此，选择此类分布系统覆盖目标区域时，需要重点关注目标场景隔断的情况。

在图 6-18 中，分析对比光纤分布系统和 PRRU 分布系统（放装型）的造价，从密集型场景造价到空旷型场景的造价，二者的差距逐步减小。二者各自的下降幅度基本一致，其主要原因是光纤分布系统的远端天线口输出功率和 PRRU 分布系统的远端是一样的，基本为每通道 250mW，因此，二者布放的点位也是一样的。PRRU 分布系统（放装型）的造价是光纤分布系统的 2.2 倍左右，二者造价不同的主要原因是二者存在产品价格的差异。

6.4.8 各分布系统造价分析小结

各类分布系统单位造价变化如图 6-19 所示。

由图 6-19 可知，传统无源分布系统和漏泄电缆分布系统与其他分布系统不同，其造价的变化不会随着覆盖目标隔断的多少而发生比较大的变化，相对平稳；而其他的分布系统，其造价基本是随着覆盖目标隔断的减少而减少。在密集型场景中，各类室内分布系统的造价相差最大，而在空旷型场景中，各类室内分布系统的造价相差不大，基本趋于一致。

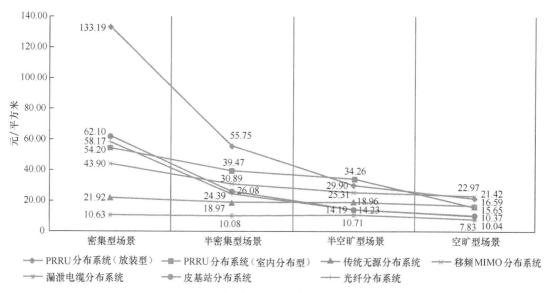

图6-19　各类分布系统单位造价变化

••6.5　能效分析

"碳达峰、碳中和"是贯彻新发展理念、构建新发展格局、推动高质量发展的新要求，5G 网络作为重要的数字信息基础设施，目前正处于规模建设及高速发展期，能耗与碳排放将持续快速增长，5G 网络实现绿色低碳高质量发展至关重要。

对电信运营商来说，通常情况下，无线网络、数据中心和基础通信网络能耗比约为7 : 2 : 1，而 5G 无线网络能耗主要是基站能耗。

结合室内分布系统，各类有源设备就是室内分布系统产生能耗的来源，因此，选择合适的室内分布系统同样可以减少能耗。在分布系统中，主要可以从两个方面考虑能耗的大小：一是单位速率的能耗；二是单位覆盖面积的能耗。

单位速率的能耗在同一个场景中，和小区数量有直接关系，小区数量越多，单位速率的能耗就会越低，而小区数的增加会直接导致分布系统造价的提升，因此，单位速率的能耗不能直接体现 5G 室内分布系统能耗的高低，这个指标主要用于与 4G 的室内分布系统对比。

单位覆盖面积的能耗在 5G 室内分布系统可以作为主要的能耗指标，作为选择室内分布系统建设手段的参考。

在各种场景中，选择室内分布系统建设方案时，需要了解各类分布系统中设备的性能，而各类设备的能耗也是其中一个重要内容。对于上述的室内分布系统，涉及的有源设备包括 BBU、RRU；PRRU 分布系统的汇聚单元、远端单元；皮基站分布系统的接入单元、中

295

继单元、远端单元；移频 MIMO 分布系统的移频管理单元、移频覆盖单元、供电单元；光纤分布系统的主单元、扩展单元、远端单元。每个有源设备都有相对应的功耗，每家厂商的设备功耗不同，本节参考了各厂商的功耗后，取一个中间值作为参考。各类分布系统有源设备功耗见表 6-27。

表6-27　各类分布系统有源设备功耗

分布系统名称	有源设备名称	功耗 /W	有源设备名称	功耗 /W	有源设备名称	功耗 /W
无源分布系统	BBU	215	RRU	800	—	—
PRRU 分布系统	BBU	215	汇聚单元	90	远端单元	45
皮基站分布系统	接入单元	600	中继单元	55	远端单元	45
移频 MIMO 分布系统	移频管理单元	25	移频覆盖单元	15	供电单元	3.75
光纤分布系统	主单元	70	扩展单元	45	远端单元	65

注：移频 MIMO 分布系统供电单元的能耗，它的电能转换效率为 80%，也就是说，每次给一个移频覆盖单元供电，其能耗为 3.75W。

根据各个场景中的工程量统计，计算每种分布系统的能耗，各类分布系统在各个场景中的能耗统计见表 6-28。

表6-28　各类分布系统在各个场景中的能耗统计

场景类型	分布系统类别	覆盖面积 /m²	BBU/个	RRU/个	分布式第一级[1] /个	分布式第二级[2] /个	分布式第三级[3] /个	移频覆盖单元 /个	总能耗 /W	单位面积能耗 /（W/m²）
密集型场景	PRRU 分布系统（放装型）	20100	6	—	—	34	270	—	17647	0.88
	PRRU 分布系统（室内分布型）	20100	4	—	—	24	132	—	9820	0.49
	传统无源分布系统	20100	1	4	—	—	—	—	3487	0.17
	移频 MIMO 分布系统	20100	1	—	9	2	9	285	6297	0.31
	漏泄电缆分布系统	20100	1	2	—	—	—	—	1743	0.09
	皮基站分布系统	20100	—	—	5	38	270	—	17240	0.86
	光纤分布系统	20100	1	2	4	38	270	—	21283	1.06
半密集型场景	PRRU 分布系统（放装型）	25000	4	—	—	20	140	—	9533	0.38
	PRRU 分布系统（室内分布型）	25000	4	—	—	20	120	—	8633	0.35

续表

场景类型	分布系统类别	覆盖面积 /m²	BBU/个	RRU/个	分布式第一级[1] /个	分布式第二级[2] /个	分布式第三级[3] /个	移频覆盖单元/个	总能耗 /W	单位面积能耗 / (W/m²)
半密集型场景	传统无源分布系统	25000	1	4	—	—	—		3487	0.14
	移频 MIMO 分布系统	25000	1	—	8	1	8	240	5222	0.21
	漏泄电缆分布系统	25000	1	2	—	—	—		1743	0.07
	皮基站分布系统	25000	—		3	20	140	—	9200	0.37
	光纤分布系统	25000	1	1	2	20	140	—	11012	0.44
半空旷型场景	PRRU 分布系统（放装型）	22100	2			12	65	—	4865	0.22
	PRRU 分布系统（室内分布型）	22100	2			12	88	—	5900	0.27
	传统无源分布系统	22100	1	4	—	—	—		3487	0.16
	移频 MIMO 分布系统	22100	1	—	6	1	6	173	3825	0.17
	漏泄电缆分布系统	22100	1	2	—	—	—		1743	0.08
	皮基站分布系统	22100	—		2	10	65	—	4675	0.21
	光纤分布系统	22100	1	1	1	12	65	—	5707	0.26
空旷型场景	PRRU 分布系统（放装型）	25984	2			9	55	—	3930	0.15
	PRRU 分布系统（室内分布型）	25984	1			6	46	—	3040	0.12
	传统无源分布系统	25984	1	4	—	—	—		3487	0.13
	移频 MIMO 分布系统	25984	1		6	1	6	173	3825	0.15
	漏泄电缆分布系统	25984	1	2	—	—	—		1743	0.07
	皮基站分布系统	25984	—		1	8	55	—	3515	0.14
	光纤分布系统	25984	1	1	1	8	55	—	4877	0.19

注：1. 分布式第一级表示移频 MIMO 分布系统的移频管理单元，或者皮基站分布系统的接入单元，或者光纤分布系统的主单元。

2. 分布式第二级表示 PRRU 分布系统的汇聚单元，或者皮基站分布系统的中继单元，或者光纤分布系统的扩展单元。

3. 分布式第三级表示 PRRU 分布系统的远端单元，或者皮基站分布系统的远端单元，或者光纤分布系统的远端单元。

由表 6-28 可知，漏泄电缆分布系统的能耗在所有分布系统的类型中最低，而光纤分布系统的能耗在所有分布系统的类型中最高。各种分布系统在各个场景中的单位面积能耗如图 6-20 所示。

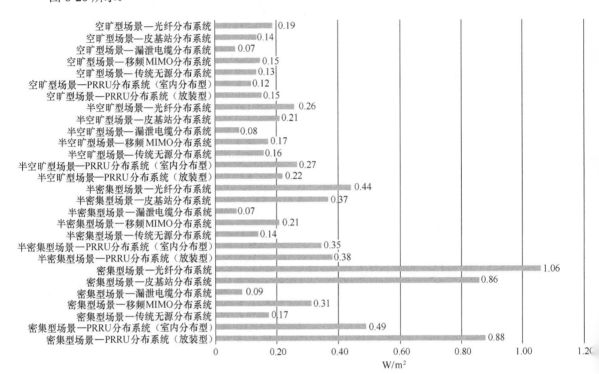

图6-20　各种分布系统在各个场景中的单位面积能耗

5G 室内分布系统典型场景的实施案例

Chapter 7

第7章

　　从5G网络的试验网到5G网络的商用，5G网络经过了4期工程的建设，国内几大电信运营商的5G网络也从"孤岛覆盖"达到"连续覆盖"，城区室外也得到比较完善的覆盖，然而室内深度覆盖远远不能满足网络的覆盖。前几期工程，电信运营商只是覆盖了部分点位，主要覆盖方式相对比较单一，造价控制也比较粗犷，为了验证各类室内分布系统，本章将对各类分布系统进行试点，统一采用 TDD NR 3.5GHz 的5G网络，分析其覆盖效果，为新建各类5G室内分布系统提供一定参考。

●●7.1 PRRU分布系统（放装型）实际案例

PRRU分布系统是有源分布系统的一种，自4G网络建设后期出现，到5G网络成为除了传统无源分布系统最主流的分布系统，它是一种容量型的分布系统，适用于高数据流量需求的场景，以远端的类型又可以分为PRRU分布系统（放装型）和PRRU分布系统（室内分布型）两种，本节介绍的为PRRU分布系统（放装型）实际案例。

7.1.1 点位说明

点位一场景照片示例如图7-1所示。点位一是一座大型购物商场，分为A区、B区、C区、D区、E区共5个区域。其中，A区、B区、C区用地面积约为2.09万平方米，总建筑面积为9.8万平方米，通过地下室及空中连廊形成一个整体商业休闲中心，业态定位为引领时尚潮流的购物中心，以国际二线品牌、快时尚、潮牌等为主，打造青年文化集散地。本点位作为半空旷型场景，可以验证PRRU分布系统（放装型）有源室内分布在半空旷型场景的覆盖能力及效果。

点位一入口处

内部照片一

内部照片二

内部照片三

图7-1　点位一场景照片示例

7.1.2 设计方案说明

点位一采用TDD NR 3.5GHz的5G网络进行覆盖，目标区域的A区、B区、C区、D区、E区共5个区域采用PRRU分布系统（放装型）进行5G覆盖，覆盖信号为4流，总覆盖目标面积大约为113100平方米，共需要31台RHUB，199台PRRU。本小节以C区为例进行说明，C 区共有 4 层，B1 ~ 3F 楼层均为商业层，采用 1 台 BBU，4 台 RHUB，25 台 PRRU，覆盖目标的面积为 28600 平方米。点位一 C 区设计方案系统图示例如图 7-2 所示。

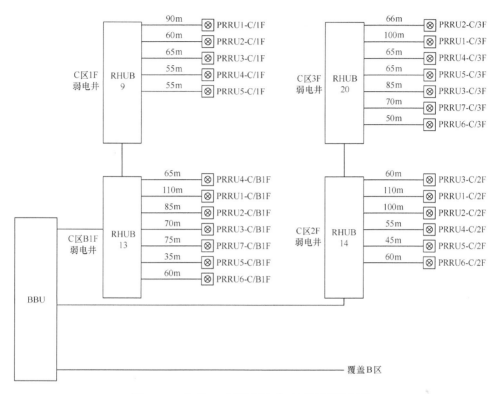

图7-2　点位一C区设计方案系统图示例

C 区共有 4 层，本节以 2F 为例，点位一 C 区 2F 天馈线平面布置图示例如图 7-3 所示。

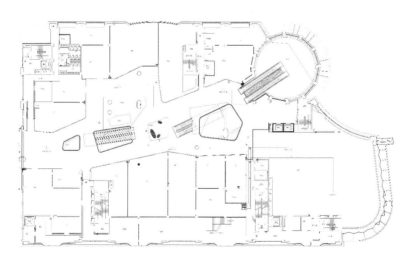

图7-3　点位一C区2F天馈线平面布置图示例

7.1.3 设计方案仿真

根据设计方案，在仿真软件中建模，设置各类墙体及隔断的穿透损耗，再将 PRRU 分布系统导入建筑物模型中，设置 PRRU 远端的类型及输出功率进行仿真，点位一 A 区、B 区、C 区建模图示例如图 7-4 所示。点位一 A 区、B 区、C 区仿真如图 7-5 所示。

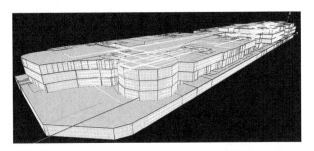

图7-4 点位一A区、B区、C区建模图示例

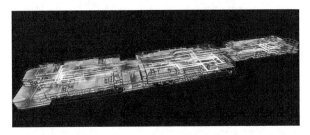

图7-5 点位一A区、B区、C区仿真

通过仿真，能够输出每个楼层的结果和相关覆盖的统计表格，本小节以 A 区、B 区、C 区 2F 为例进行说明，具体分析如下。

1. 点位一 A 区、B 区、C 区 –2F SS–RSRP 仿真

点位一 A 区、B 区、C 区 –2F SS-RSRP 仿真如图 7-6 所示，点位一 A 区、B 区、C 区 –2F SS-RSRP 仿真统计如图 7-7 所示。

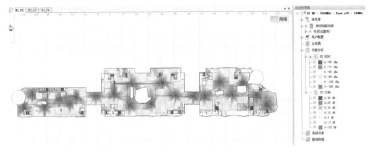

图7-6 点位一A区、B区、C区–2F SS-RSRP仿真

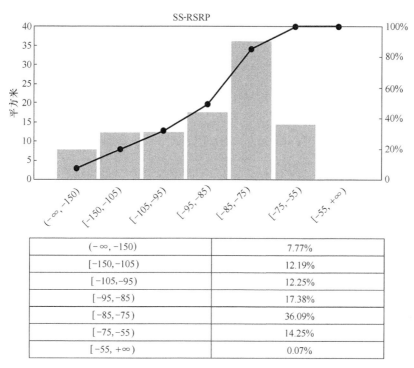

$(-\infty, -150)$	7.77%
$[-150, -105)$	12.19%
$[-105, -95)$	12.25%
$[-95, -85)$	17.38%
$[-85, -75)$	36.09%
$[-75, -55)$	14.25%
$[-55, +\infty)$	0.07%

图7-7　点位一A区、B区、C区–2F SS–RSRP仿真统计

由图 7-6、图 7-7 可知，分析仿真结果，C1-2F 的 SS-RSRP 大于 –105dBm 的占比只达到 80.04%，19.96% 区域的覆盖水平 SS-RSRP 不能满足要求，弱覆盖区域主要位于电梯及楼梯间区域。

2. 点位一 A 区、B 区、C 区 –2F 的 SS–SINR

点位一 A 区、B 区、C 区 -2F SS-SINR 仿真如图 7-8 所示，点位一 A 区、B 区、C 区 -2F SS-SINR 仿真统计如图 7-9 所示。

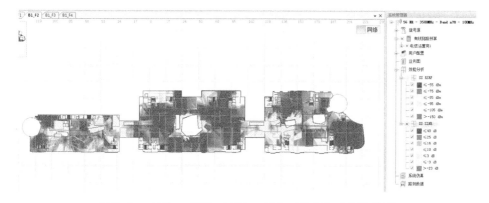

图7-8　点位一A区、B区、C区–2F SS–SINR仿真

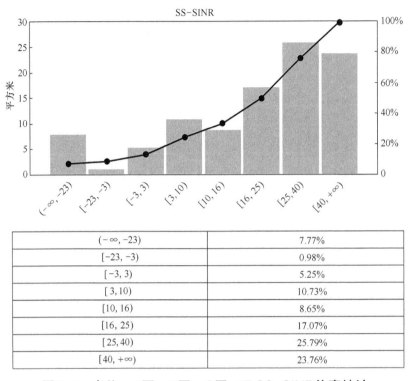

(−∞, −23)	7.77%
[−23, −3)	0.98%
[−3, 3)	5.25%
[3, 10)	10.73%
[10, 16)	8.65%
[16, 25)	17.07%
[25, 40)	25.79%
[40, +∞)	23.76%

图7-9　点位一A区、B区、C区-2F SS-SINR仿真统计

由图 7-8 与图 7-9 可知，分析仿真结果，点位一 A 区、B 区、C 区 -2F 的 SS-SINR 值大于等于 3dB 的占比只达到 86%，14% 区域的 SS-SINR 值不能满足要求，不能达到 95% 区域 SS-SINR 大于等于 3dB 的覆盖指标。

7.1.4　站点测试及分析

本次测试软件使用的是鼎利专用路测软件，测试终端为华为 P40，用户标志模块（Subscriber Identify Module，SIM）为专用测试卡。测试人员对点位一 C 区共 4 层楼进行了测量。以 C 区 -2F 为例阐述具体测试情况，其余测试楼层数据以表格形式罗列。

1. 点位一 C 区 -2F SS-RSRP

点位一 C 区 -2F SS-RSRP 测试如图 7-10 所示，点位一 C 区 -2F SS-RSRP 测试统计如图 7-11 所示。

由图 7-10 与图 7-11 可知，点位一 C 区 -2F 的边缘覆盖率为 –106.06dBm（95% 概率），图 7-10 中东南角商铺内部的测试数据拉低了整体覆盖效果。结合现场实际情况，由于商铺对内部格局进行了二次装修，内部隔断较多，与初期站址建设预想不一致，导致了覆盖效果欠佳，而该层其余覆盖效果均表现良好。

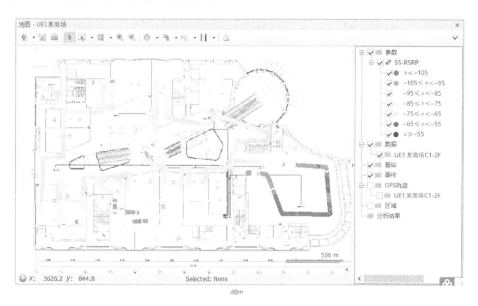

图7-10　点位一C区-2F SS-RSRP测试

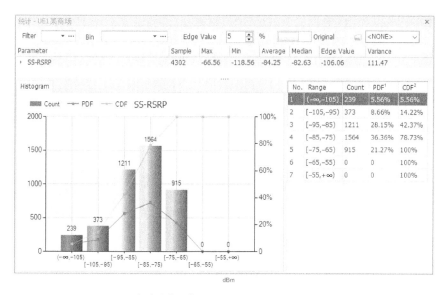

1. PDF（Probability Distributed Function，概率分布函数）。

2. CDF（Cumulative Distributed Function，累计分布函数）。

图7-11　点位一C区-2F SS-RSRP测试统计

2. 点位一 C 区 -2F SS-SINR

点位一 C 区 -2F SS-SINR 测试如图 7-12 所示，点位一 C 区 -2F SS-SINR 测试统计如

图 7-13 所示。

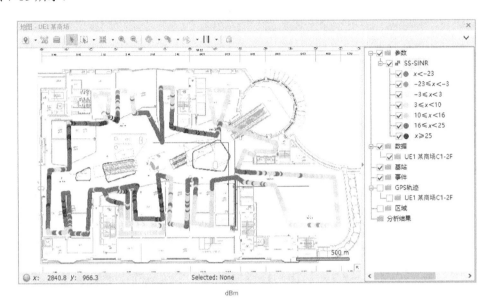

图7-12　点位一C区-2F SS-SINR测试

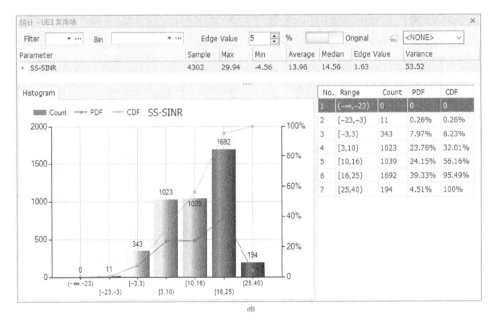

图7-13　点位一C区-2F SS-SINR测试统计

由图 7-12 与图 7-13 可知，根据点位一 C 区 -2F 的 SS-SINR 测试结果，SS-SINR 的最小值为 -4.56dB，最大值为 29.94dB，均值为 13.96dB，87.26% 的点位 SS-SINR 值处于 3 ～ 25dB。

3. 点位一 C 区 –2F FTP[1] 下载速率

点位一 C 区 –2F FTP 下载速率测试如图 7-14 所示。点位一 C 区 –2F FTP 下载速率测试统计如图 7-15 所示。

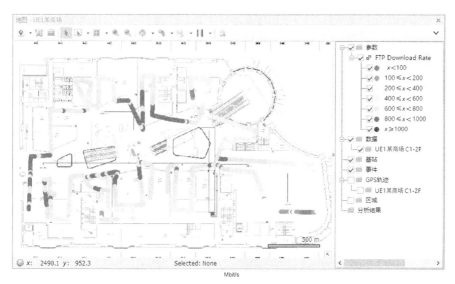

图7-14　点位一C区-2F FTP下载速率测试

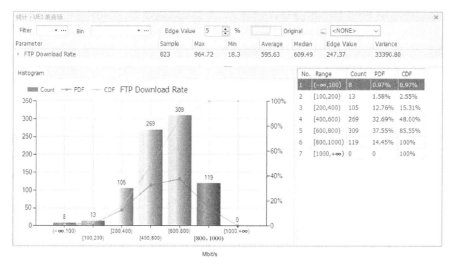

图7-15　点位一C区-2F FTP下载速率测试统计

由图 7-14 与图 7-15 可知，点位一 C 区 –2F 中存在 0.97% 测试点的下行速率低于 100Mbit/s，1.58% 测试点的下行速率为 100 ～ 200Mbit/s，12.76% 测试点的下行速率处于 200 ～ 400Mbit/s，32.69% 测试点的下行速率为 400 ～ 600Mbit/s，37.55% 测试点的下行速

---

1. FTP 是英文 File Transfer Protocol 的缩写，中文意思为文件传送协议。

率为 600 ～ 800Mbit/s，14.45% 测试点的下行速率为 800 ～ 1000Mbit/s。边缘下行速率为 247.37Mbit/s，最高下行速率可达 964.72Mbit/s。

4. 点位一 C 区 -2F FTP 上传速率

点位一 C 区 -2F FTP 上传速率测试如图 7-16 所示。点位一 C 区 -2F FTP 上传速率测试统计如图 7-17 所示。

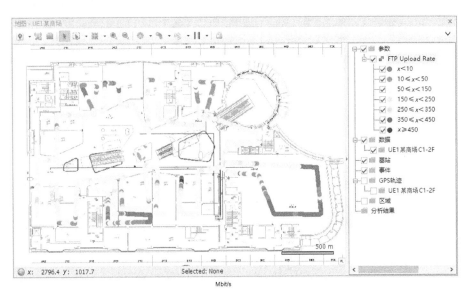

图7-16　点位一C区-2F FTP上传速率测试

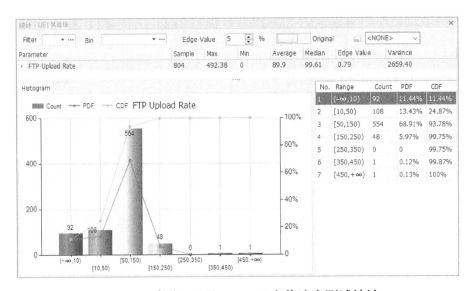

图7-17　点位一C区-2F FTP上传速率测试统计

由图 7-16 与图 7-17 可知，点位一 C 区 -2F 中 11.44% 测试点的上行速率低于 10Mbit/s，这些测试点多位于南北商铺的内部。另外，13.43% 测试点的上行速率为 10 ～ 50Mbit/s，68.91% 测试点的上行速率为 50 ～ 150Mbit/s，5.97% 测试点的上行速率为 150 ～ 250Mbit/s，0.12% 测试点的上行速率为 350 ～ 450Mbit/s，0.13 % 测试点的上行速率大于 450Mbit/s。

5. 点位一 C 区 –2F Rank Indicator(通道数指标)

点位一 C 区 -2F Rank Indicator 测试如图 7-18 所示，点位一 C 区 -2F Rank Indicator 测试统计如图 7-19 所示。

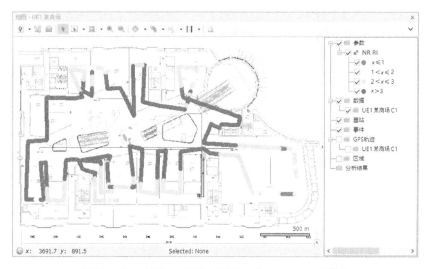

图7-18　点位一C区-2F Rank Indicator测试

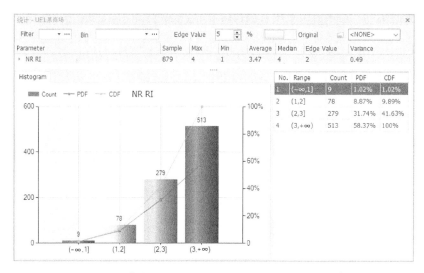

图7-19　点位一C区-2F Rank Indicator测试统计

由图 7-18 与图 7-19 可知，点位一 C 区 -2F 的测试点有 90% 的点位处于 4 通道及伪 4 通道的状态。

点位一 C 区下行速率见表 7-1，点位一 C 区上行速率见表 7-2，点位一 C 区 SS-RSRP 见表 7-3，点位一 C 区 SS-SINR 见表 7-4。

表7-1　点位一C区下行速率

楼层	样本数量 / 个	最大值 / (Mbit/s)	最小值 / (Mbit/s)	平均值 / (Mbit/s)	中间值 / (Mbit/s)	边缘值（95%）/ (Mbit/s)
B1F	599	981.4	161.35	680.37	817.28	304.97
1F	711	1025.05	155.62	597.05	583.91	363.9
2F	823	964.72	18.3	595.63	509.04	247.37
3F	599	921.25	0	558.32	613.96	8.05

表7-2　点位一C区上行速率

楼层	样本数量 / 个	最大值 / (Mbit/s)	最小值 / (Mbit/s)	平均值 / (Mbit/s)	中间值 / (Mbit/s)	边缘值（95%）/ (Mbit/s)
B1F	599	494.94	0	108.9	124.77	10.99
1F	693	358.43	11.78	119.38	124.13	53.56
2F	804	492.38	0	89.9	99.61	0.79
3F	600	547.22	0	93.24	118.56	0.13

表7-3　点位一C区SS-RSRP

楼层	样本数量 / 个	最大值 /dBm	最小值 /dBm	平均值 /dBm	中间值 /dBm	边缘值（95%）/ dBm
B1F	3181	−60.38	−107.44	−80.77	−79.56	−99.13
1F	3743	−62.13	−107.88	−76.09	−75.63	−86.19
2F	4302	−66.56	−118.56	−84.25	−82.63	−106.06
3F	2923	−67.13	−118.88	−81.9	−78.19	−99.13

表7-4　点位一C区SS-SINR

楼层	样本数量 / 个	最大值 /dB	最小值 /dB	平均值 /dB	中间值 /dB	边缘值（95%）/ dB
B1F	3181	34.5	−4.25	20.25	27.44	2.88
1F	3743	31.75	−5.5	13	13.06	2.69
2F	4302	29.94	−4.56	13.96	14.56	1.63
3F	2923	29.94	−6.44	16.28	17.94	2.44

7.1.5 造价分析

点位一分为 A 区、B 区、C 区、D 区、E 区 5 个区域，这 5 个区域采用 PRRU 分布方式进行 5G 覆盖，总覆盖面积大约为 113100 平方米，根据大于 -105dBm 的占比只达到 80.11%，有效覆盖面积为 90604 平方米，共有 5 台 BBU、31 台 RHUB 和 199 台 PRRU。

本点位主设备厂商为华为，采用 BBU5900、RHUB5961、PRRU5935。

对本点位进行投资估算，点位投资估算见表 7-5。

表7-5 点位投资估算

	原始信息	分摊比例	设备费用[2]/元	建安费/元	其他费[3]/元	预备费[4]/元	合计/元
1	BBU 造价[1]	100%	92141.7	2996.6	17286.55	1124.25	113549.10
2	PRRU 造价	100%	1565121.82	200827.67	84668.85	18506.18	1869124.52
	合计/元		1657263.52	203824.27	101955.4	19630.43	1982673.62

注：1. BBU 和 PRRU 按电信运营商的集采价格估计列出。

2. 设备材料运保仓储费、施工费、建设其他费相关费率按照电信运营商招标框架列出。

3. 分布系统天线及馈线按电信运营商招标结果估计列出。

4. 预备费按 1% 估计列出。

本点位投资总额为 1982673.62 元，覆盖面积为 90604 平方米，每平方米造价约为 21.88 元。

7.1.6 能效分析

本点位的主设备厂商为华为，采用 BBU5900、RHUB5961 和 PRRU5935。

BBU 配置"1 块主控板 +1 块基带板"，其功耗在 145 ~ 160W，本点位按 160W 估算功耗；RHUB 功耗为 90W，PRRU 功耗为 45W。

本点位使用 5 台 BBU、31 台 RHUB 和 199 台 PRRU，据此比例进行信源功耗估算，每小时功耗为 12545W，年功耗约为 109894kW。

7.1.7 结论

通过遍历测试对比仿真结果，从覆盖的整体情况分析，本点位仿真结果比测试结果差，主要原因是仿真结果对整个建筑平面的所有区域进行统计，无论对公共区域，还是商家内部区域都进行了统计。测试只能对部分区域进行测试，商家内部区域一般情况下难以入内测试，而这些区域往往是信号较差的区域。

分析测试区域的测试结果和仿真结果，测试结果比仿真结果差，主要原因是测试区域存在二次装修的情况，这些情况导致穿透损耗增加，影响网络的覆盖效果。

测试结果显示，测试区域的覆盖指标 $SS\text{-}RSRP \geqslant -105\text{dBm}$ 达到 94.44%，边缘覆盖率为 -106.06dBm（95% 概率），$SINR \geqslant 3\text{dB}$ 的区域达到 91.51%，从设计目标分析，本点位未达到设计要求，其主要原因是网络建设前期对重要区域进行覆盖，而对一些边缘区域，例如，上下楼梯区域，则适当地降低覆盖要求。测试结果表明，重要区域的覆盖效果也未达到设计要求，其主要原因包括两个方面：一是商铺对内部格局进行了二次装修，内部隔断较多，与初期勘察设计时的内部结构不一致，导致信号覆盖变差；二是一些开阔商铺内无法安装 PRRU 分布系统导致商铺内信号覆盖较差。

下行速率低于 400Mbit/s 的区域达到 18.83%，大于 600Mbit/s 的区域达到 52.01%，测试过程中本层没有大于 1000Mbit/s 的区域；上行速率低于 10Mbit/s 的区域达到 11.11%，只有 75.12% 的区域达到了 50Mbit/s 以上。

本点位投资总额为 1982673.62 元，覆盖面积为 90604 平方米，每平方米造价约为 21.88 元（4 通道），属于半空旷型场景，投资较低。

本点位每小时功耗为 12545W，年功耗约为 109894kW，功耗较低。

●●7.2 PRRU 分布系统（室内分布型）实际案例

7.2.1 点位说明

点位二是一个医院，采用 TDD NR 3.5GHz 的 5G 网络对医院 1F ～ 12F 进行覆盖。医院的覆盖面积为 33500 平方米，该点位的结构布局 1F 为大厅、商业、办公室，JF 为办公室，2F ～ 3F 为门诊，4F 为办公室，5F ～ 8F 和 10F ～ 11F 为病房，9F 为康复区，12F 为手术室、办公室；1F ～ 4F、12F 总体属于办公楼型场景，5F ～ 11F 为酒店与宾馆型场景，可以验证"有源室内分布 + 双极化室内分布系统"天线的覆盖能力及效果。

7.2.2 设计方案说明

该点位室内分布所采取的建设模式为 PRRU 分布系统（室内分布型）外接室内分布天线进行覆盖，共有 2 台 BBU、13 台汇聚单元和 73 台（室内分布型），该点位室内分布建设主要是以覆盖为主，室内分布天线采用双极化天线进行覆盖，室内信号为双通道。

点位二网络拓扑示意如图 7-20 所示，点位二 8F 天馈线平面布置如图 7-21 所示。

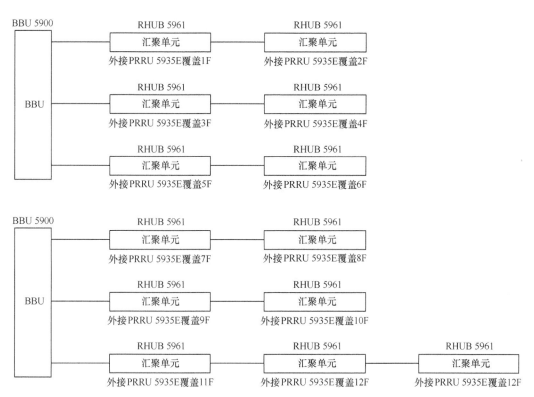

图7-20 点位二网络拓扑示意

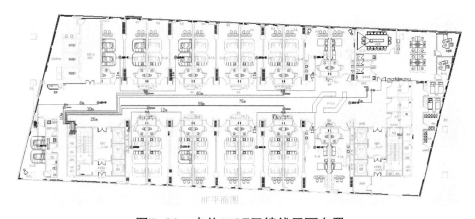

图7-21 点位二8F天馈线平面布置

7.2.3 设计方案仿真

根据设计方案，在仿真软件内建模，设置各类墙体及隔断的穿透损耗，再将 PRRU 分布系统（室内分布型）导入建筑物模型中，设置 PRRU 远端的类型及天线口输入功率进行仿真，点位二照片及仿真效果如图 7-22 所示。

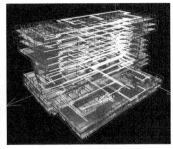

图7-22　点位二照片及仿真效果

通过仿真，能够输出每个楼层的结果和相关覆盖的统计表格。

8F 使用 6 台 PRRU 外接天线双通道覆盖，其 $SS\text{-}RSRP$ > –105dBm 的占比达到 94.98%，有 5.02% 区域的覆盖水平 SS-RSRP 不能满足要求，弱覆盖区域主要位于电梯及楼梯间区域，从覆盖电平总体效果来看，勉强达到覆盖需求。8F 的 $SINR$ > 3dB 的占比达到 99.81%，只有 0.19% 区域的 SINR 值不能满足要求，达到 95% 区域的 $SINR \geqslant$ 3dB 的覆盖指标要求。

7.2.4　点位测试及分析

本次主要测试楼层为 1F、2F、8F 和 9F，测试软件为鼎利专用路测软件，测试终端为华为 P40，SIM 卡为中国电信专用测试卡。以 8F 为例阐述具体测试情况，点位二 8F 内部照片如图 7-23 所示。

8F病房走廊照片

8F病房内部照片　　　　　　　　　　　PRRU安装示例

图7-23　点位二8F内部照片

8F 主要是病房区域，由 6 台 PRRU 分布系统（室内分布型）进行覆盖，从测试结果来看，病房由于隔断较多，且大部分隔断材料为厚的钢筋水泥墙，对整个 5G 信号覆盖造成很大的影响。首先是 SS-RSRP，测试结果表明，边缘覆盖为 −105.13dBm（概率为 95%）。现场的天线分布情况是一个 PRRU 分布系统（室内分布型）天线覆盖 3 个房间，中间的走廊一方面由房间里面的天线进行覆盖，另一方面由走廊两端的天线进行辅助覆盖。从 SS-RSRP 的分布图和现场的天线点位来看，如果房间内有室内分布天线，则整个房间内的 SS-RSPR 可以达到 −70dBm，但如果相邻房间需要本天线覆盖的房间，则 SS-RSPR 稍差，其值一般在 −110 ～ −100dBm，主要原因在于天线安装在进入房间区域的吊顶上，覆盖相邻房间需要穿透多面实体钢筋水泥墙，对覆盖会造成较大影响。从测试结果的总体而言，覆盖效果尚可，$SS\text{-}RSRP > -110dBm$ 的区域占比达到 99.57%。

从 SS-SINR 的测试结果表明，SS-SINR 最小值为 −4.63dB，最大值为 37.25dB，均值为 24.96dB，95.64% 的点位 SS-SINR 值在 3dB 以上。

从 FTP 下载速率的测试结果表明，由于大部分情况终端在下载过程中为双通道，所以其下载速率为 200 ～ 400Mbit/s，极个别情况会出现超过 400Mbit/s，达到 500Mbit/s 的下载速率，出现这种情况的原因可能是终端处于多流临界点；同时，也会有部分点位处于 100 ～ 200Mbit/s 的下载速度，这可能是由于弱覆盖造成的。

点位二下行速率见表 7-6，点位二 SS-RSRP 测试见表 7-7，点位二 SS-SINR 测试见表 7-8。

表7-6　点位二下行速率

序号	楼层	样本数量 / 个	最大值 /（Mbit/s）	最小值 /（Mbit/s）	平均值 /（Mbit/s）	中间值 /（Mbit/s）	边缘值（95%）/（Mbit/s）
1	1F	460	460.84	37.02	290.73	291.75	265.99
2	2F	1117	446.35	129.63	291.71	291.82	279.33
3	8F	2823	568.73	0.24	277.58	291.27	160.35
4	9F	601	413.3	57.81	290.46	291.92	275.03

表7-7　点位二SS-RSRP测试

序号	楼层	样本数量 / 个	最大值 /dBm	最小值 /dBm	平均值 /dBm	中间值 /dBm
1	1F	2359	−51.38	−91.56	−76.36	−76.5
2	2F	5690	−59	−106.5	−79.45	−79.81
3	8F	14332	−56.63	−114.25	−84.43	−83
4	9F	3017	−59.25	−100.69	−79.56	−79.06

表7-8　点位二SS-SINR测试

序号	楼层	样本数量 / 个	最大值 /dB	最小值 /dB	平均值 /dB	中间值 /dB
1	1F	2359	33.75	-2.31	17.83	17.63
2	2F	5690	35.81	2.94	22.21	22.19
3	8F	14332	37.25	-4.63	24.96	29.06
4	9F	3017	35.38	2.44	27	58.56

7.2.5 造价分析

点位二共有 2 台 BBU，13 台汇聚单元，73 台 PRRU 分布系统（室内分布型），PRRU 外接双极化室内分布系统天线以双通道的方式进行覆盖。

本点位的主设备厂商为华为，采用 BBU5900、RHUB5961、PRRU5935E。

对本点位进行投资估算，点位二投资估算见表 7-9。

表7-9 点位二投资估算

	原始信息	分摊比例	设备费用 [3]/元	建安费 /元	其他费 /元	预备费 [4]/元	合计 /元
1	BBU[1] 造价	100%	36856.68	1198.64	6914.62	449.70	45419.64
2	PRRU 造价	100%	581942.13	30003.9	28177.67	6401.24	646524.94
3	其他设备材料 [2]	—	6451.44	345463.69	25977.67	3778.93	381671.73
	合计 / 元	—	625250.25	376666.23	61069.96	10629.87	1073616.31

注：1. BBU 和 PRRU 按电信运营商的集采价格估计列出。

2. 分布系统天线及馈线按电信运营商的招标结果估计列出。

3. 设备材料运保仓储费、施工费、建设其他费相关费率按照电信运营商的招标框架估计列出。

4. 预备费按 1% 估计。

本点位投资总额为 1073616.31 元，覆盖面积为 33500 平方米，每平方米造价约为 32.05 元。

7.2.6 能效分析

本点位的主设备厂商为华为，采用 BBU5900、RHUB5961、PRRU5935E。

BBU 配置"1 块主控板 +1 块基带板"，其功耗在 145 ～ 160W，本点位按 160W 估计列出功耗；HUB 功耗为 90W，PRRU 功耗为 35W。

本点位共有 2 台 BBU，13 台汇聚单元，73 台室内分布型 PRRU，根据此比例进行信源功耗估算，每小时功耗为 4045W，年功耗约为 35434kW。每平方米的功耗约为 0.12W/h，每平方米年功耗约为 1.06kW。

7.2.7 结论

通过遍历测试对比仿真结果，仿真结果基本一致，主要原因是本点位不存在二次装修的情况；从仿真结果分析，本点位基本达到覆盖要求。

根据测试结果，本点位覆盖指标 *SS-RSRP* ≥ −105dBm 的测试区域达到 94.44%，边缘覆盖率为 −106.06dBm（概率为 95%），*SINR* ≥ 3dB 的区域达到 95.69%，从设计目标分析，本点位达到设计要求。下行速率低于 200Mbit/s 的区域达到 8.32%。

本点位投资总额为 1073616.31 元，覆盖面积为 33500 平方米，每平方米造价约为 32.05 元（双通道），投资较低。

本点位每小时功耗为 4045W，年功耗为 35434kW。每平方米的功耗约为 0.12W/h，每平方米年功耗约为 1.06kW，功耗较低。

7.3 传统无源分布系统实际案例

7.3.1 点位说明

点位三是一家医院，共有 1 幢楼宇，总建筑面积约为 52000 平方米。地上有 13 层，地下有 3 层。其中，B2F 为车库，B1F 为车库及餐厅、办公室，JF 为自行车库，1F 为大厅及办公室，2F ～ 13F 为病房及办公室，共有 12 部电梯。点位三总体属于办公楼型场景和酒店与宾馆型场景，可以验证传统无源室内分布系统天线的覆盖能力及效果。

7.3.2 设计方案说明

该点位采用 RRU 加传统分布系统以双通道的方式对 B1F 及 1F ～ 13F 进行覆盖，覆盖面积为 42383 平方米，共设计 7 台 5G RRU，5G 网络采用 TDD NR 3.5GHz，RRU 设备安装在弱电井道。

点位三网络拓扑示意如图 7-24 所示。

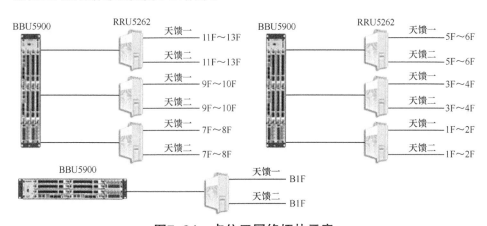

图7-24 点位三网络拓扑示意

室内分布系统设计方案以 11F 为例，点位三 11F 天馈线平面布置如图 7-25 所示。

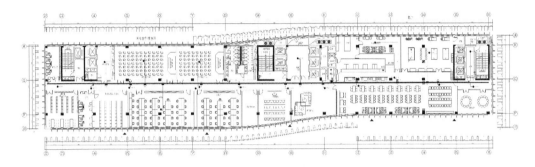

图7-25　点位三11F天馈线平面布置

7.3.3　设计方案仿真

根据设计方案和点位三的建筑结构，在仿真软件内建模，设置各类墙体及隔断的穿透损耗，再将传统无源分布系统导入建筑物模型中，设置室内分布系统的天线口输入功率进行仿真，点位三照片及整体仿真效果如图 7-26 所示。

图7-26　点位三照片及整体仿真效果

从仿真结果表明，11F 的 SS-RSRP > -105dBm 占比达到 98.33%，有 1.67% 区域的覆盖水平 SS-RSRP 不能满足要求，从整体覆盖电平分析，本点位完全满足覆盖需求。11F 的 SINR > 3 的占比达到 99.98%，有 0.02% 区域的 SINR 值不能满足要求，从总体覆盖情况分析，本点位的 SINR 完全满足覆盖需求。

7.3.4　点位测试及分析

本次主要测试楼层为 11F，测试软件为鼎利专用路测软件，测试终端为华为 P40，SIM

卡为中国电信专用测试卡。点位三 11F 现场照片如图 7-27 所示。

11F现场照片1

11F现场照片2

PRRU远端安装位置示例

天花板吊顶示例

图7-27　点位三11F现场照片

点位三 11F 的 SS-RSRP 测试结果表明，11F 的 SS-RSRP 概率统计值接近正态分布，中心点落在 -85 ～ -75dBm，高于 -105dBm 的点达到 98.14%，边缘覆盖为 -91.13dBm，满足边缘覆盖 -105dBm（概率为 95%）的指标要求。

11F 的 SS-SINR 值最小值为 -7.06dB，最大值为 37.06dB，均值为 26.45dB，99.19% 的点位 SS-SINR 值在 3dB 以上，总体覆盖效果较好。

从 FTP 下载速率测试结果表明，82.97% 点位的下载速率可保证在 200 ～ 400Mbit/s，建筑南北两侧边缘处存在少量下载速率低于 100Mbit/s 的点位。绝大部分点位维持在 300 ～ 400Mbit/s 的下行速率。

从 FTP 上传速率测试结果表明，86.8% 点位的上传速率可保证在 50 ～ 150Mbit/s，建筑南北两侧边缘处存在部分上传速率低于 50Mbit/s 的点位。

从 Rank Indicator 测试结果表明，绝大多数测试点处于双通道状态，这种情况的下载速率维持在 300Mbit/s 左右，有个别点位会处于单流状态，此时，下载速率会在 200Mbit/s 以下，会影响用户体验。

点位三从整体测试结果来看情况较好，由于采用的是"传统 RRU+ 分布式天线系统（Distributed Antenna System，DAS）"的方案，所以整个楼层信号覆盖比较均匀，从 SS-RSRP 来看，整个过程基本呈现正态分布，中心点落在 −80 ～ −70dBm，不存在低于 −110dBm 的点，因此，满足 5G 覆盖要求，从下载速率来看，整个下载过程基本呈现双通道状态，与实际预期相符，双通道下载速度为 200 ～ 400Mbit/s，上行情况也较好。

7.3.5　造价分析

点位三采用传统分布系统覆盖，信源采用 3.5GHz 2×100W 的 2T2R RRU 作为信源，每层采用双通道的方式进行覆盖。

本点位主设备厂商为华为，采用 BBU5900、RRU5262。

主设备信源按"1BBU+3RRU"的形式估计列出投资，本点位占用的信源包括 3 个 BBU 和 7 个 RRU，据此比例进行信源投资估算，点位三投资估算见表 7-10。

表7-10　点位三投资估算

	原始信息	分摊比例	设备费用[3]/元	建安费/元	其他费/元	预备费[4]/元	合计/元
1	BBU 造价[1]	233.34%	43000.69	1398.45	8067.29	524.66	52991.09
2	PRRU 造价	100%	199295.25	4767.35	9059.61	2131.22	215253.43
3	其他设备材料[2]	—	30354.25	239876.3	24173.67	2944.04	297348.26
	合计/元	—	272650.19	246042.1	41300.57	5599.92	565592.78

注：1. BBU 和 RRU 按电信运营商的集采价格估计列出。

　　2. 分布系统天线及馈线按电信运营的招标结果估计列出。

　　3. 设备材料运保仓储费、施工费、建设其他费相关费按照电信运营商的招标框架估计列出。

　　4. 预备费按 1% 估计列出。

本点位投资总额为 565592.78 元，覆盖面积为 42383 平方米，每平方米造价为 13.34 元。

7.3.6　能效分析

本点位主设备厂商为华为，采用 BBU5900 和 RRU5262。

BBU 配置"1 块主控板 +1 块基带板"，其功耗在 145 ～ 160W，本点位按 160W 估计列出功耗；RRU 50%PRB 利用率功耗在 400W，本点位按 400W 估计列出功耗。

主设备信源按 "1BBU+3RRU" 的形式配置，本点位占用的信源包括 3 个 BBU 和 7 个 RRU，据此比例进行信源功耗估算，每小时功耗仅为 3173W，年功耗约为 27795kW。由此计算每平方米的功耗为 0.075W/h，每平方米年功耗约为 0.66kW。

7.3.7 结论

通过遍历测试对比仿真结果，本点位仿真结果与测试结果基本一致。

根据测试结果，本点位覆盖指标 $SS\text{-}RSRP \geqslant -105\text{dBm}$ 的测试区域达到 98.14%；$SINR \geqslant 3\text{dB}$ 的区域达到 99.26%，本点位达到设计要求。82.97% 点位的下行速率可保证在 $200 \sim 400\text{Mbit/s}$，86.8% 点位的上行速率可保证在 $50 \sim 150\text{Mbit/s}$。

本点位投资总额为 565592.78 元，覆盖面积为 42383 平方米，每平方米造价为 13.34 元（双通道），网络建设性价比较高。

本点位每小时功耗仅为 3173W，年功耗为 27795kW。由此计算，每平方米的功耗为 0.075W/h，每平方米年功耗为 0.66kW，能耗较低。

7.4 移频 MIMO 分布系统实际案例

7.4.1 点位说明

点位四是由 A、B 两幢楼组成的写字楼，其中，A 座楼有 21 层，2 层以上每层面积为 1100 平方米，底层面积为 2000 平方米。B 座楼有 9 层，每层面积为 800 平方米，总体属于半空旷型场景。本点位原来已经部署了 LTE 的单路室内分布系统，本次 5G 网络建设，改造原有室内分布系统建设移频 MIMO 分布系统，可以验证移频 MIMO 室内分布系统在半空旷型场景的覆盖能力及效果。

7.4.2 设计方案说明

本点位以 A 座楼为例，采用 3 台 5G 移频管理单元，6 台电源供电模块，替换原有共计 220 个室内分布系统天线的移频覆盖单元，5G 信源方面采用外接天线型 PRRU，共采用了 1 台汇聚单元 PBridge 和 3 个 PRRU，5G 网络采用 TDD NR 3.5GHz，覆盖面积为 24000 平方米，移频管理单元、电源供电模块、汇聚单元和 PRRU 均安装在弱电井内。

点位四 A 座楼网络拓扑示意如图 7-28 所示。

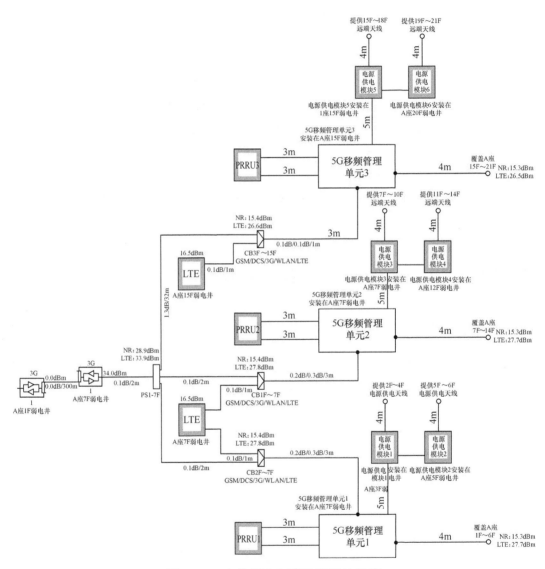

图7-28 点位四A座楼网络拓扑示意

移频MIMO分布系统设计方案，以A座楼的7F为例，点位四A座楼的7F天馈线平面布置如图7-29所示。

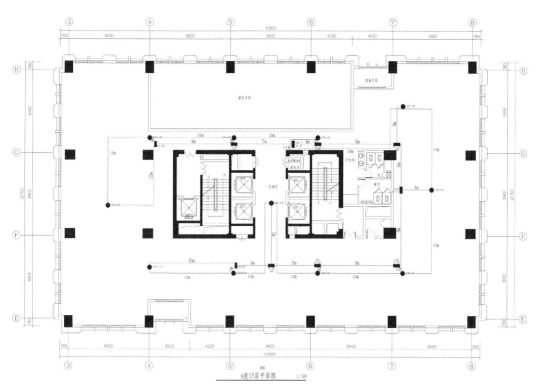

图7-29 点位四A座楼的7F天馈线平面布置

7.4.3 设计方案仿真

根据移频 MIMO 室内分布系统的设计方案,结合点位四的建筑结构在仿真软件内建模,设置各类墙体及隔断的穿透损耗,再将移频 MIMO 室内分布系统导入建筑物模型,设置移频 MIMO 室内分布系统的天线口输入功率,然后进行仿真。通过仿真,能够输出每个楼层的结果和相关覆盖的统计表格。

A 座楼的 7F 的仿真结果表明,其 SS-RSRP 值均大于 -105dBm,SINR 值均大于 16dB,本点位完全满足覆盖需求。

7.4.4 点位测试及分析

本次主要测试楼层为 A 座楼的 7F,点位四 7F 现场照片如图 7-30 所示,测试软件为鼎利专用路测软件,测试终端为华为 P40,SIM 卡为中国电信专用测试卡。

从 SS-RSRP 测试结果表明,7F 的 SS-RSRP 值最低为 -88.88dBm,最高为 -50.69dBm,不存在 SS-RSRP 值低于 -95dBm 的测试点,边缘覆盖为 -82.06dBm(概率为 95%),从测试结果而言,覆盖效果优异。

图7-30　点位四7F现场照片

从 SS-SINR 测试结果表明，7F 的 100% 测试点位的 SS-SINR 值大于 10dB，其中，68.67% 的测试点位 SS-SINR 值大于 25dB，完全满足要求。

从 FTP 下载速率测试结果表明，7F 中 0.94% 测试点的下行速率为 100 ～ 200Mbit/s，48.11% 测试点的下行速率为 200 ～ 400Mbit/s，47.17% 点位的下行速率可保证为 400 ～ 600Mbit/s，3.78% 点位的下行速率为 600 ～ 800Mbit/s。

从 FTP 上传速率测试结果表明，7F 中 94.67% 点位的上传速率可保证为 50 ～ 150Mbit/s，5.33% 测试点的上传速率低于 50Mbit/s。

从 Rank Indicator 测试结果表明，7F 的测试点有 1.32% 处于单流状态，98.68% 均处于双通道状态。有极个别点位会处于单流状态，此时下载速率会在 200Mbit/s 以下，这个速率会影响用户体验。

7.4.5　造价分析

本点位采用移频 MIMO 分布系统，A、B 两座楼共采用 4 台移频管理单元，9 台电源供电模块，替换原有共计 274 个室内分布系统天线的移频覆盖单元。5G 信源方面采用外接天线型 PRRU，共采用了 2 台汇聚单元 PBridge 和 4 个 PRRU，5G 网络采用 TDD NR 3.5GHz，覆盖面积为 31200 平方米，移频管理单元、电源供电模块、汇聚单元和 PRRU 均安装在弱电井内。

本点位主设备厂商为中兴，采用 BBU V9200、PB1125F、PRRU R8149，据此进行投资估算，点位三投资估算见表 7-11。

表7-11　点位三投资估算

	原始信息	分摊比例	设备费[3]/元	建安费[4]/元	其他费/元	预备费[5]/元	合计/元
1	BBU 造价[1]	66.67%	12286.17	399.57	2304.99	149.91	15140.64
2	PRRU 造价	100%	31887.24	1644.05	1543.98	350.75	35426.02

	原始信息	分摊比例	设备费 [3]/元	建安费 [4]/元	其他费 / 元	预备费 [5]/元	合计 / 元
3	移频 MIMO 造价 [2]	—	665982.16	21276.00	31082.42	7183.41	725523.99
	合计 / 元	—	710155.57	23319.62	34931.39	7684.07	776090.65

注：1. BBU 和 PRRU 按电信运营商的集采价格估计列出。

2. 移频 MIMO 设备按当期价格估计列出。

3. 设备材料运保仓储费、施工费、建设其他费相关费按照电信运营商的招标框架估计列出。

4. 分布系统天线及馈线按电信运营商的招标结果估计列出。

5. 预备费按 1% 估计列出。

本点位投资总额为 776090.65 元，覆盖面积为 31200 平方米，每平方米造价约为 24.87 元。

7.4.6　能效分析

本点位主设备厂商为中兴，采用 BBU V9200、PB1125F、PRRU R8149。

BBU 配置 "1 块主控板 +1 块基带板"，其功耗为 270 ～ 285W，本点位按 285W 估计列出功耗；PBridge 功耗为 90W，PRRU 功耗为 35W。

主设备信源按 "1BBU+3PBridge" 的形式配置，本点位占用信源为 1 个 BBU 和 2 个 PBridge，4 个 PRRU，据此比例进行信源功耗估算，每小时功耗为 550W，年功耗为 4818kW。

移频 MIMO 分布系统的移频管理单元的功耗为 25W，移频覆盖单元的功耗为 15W，供电单元的功耗和移频覆盖单元有关，每增加一个供电单元，功耗增加 3.75W，本点位共使用 4 台移频管理单元，9 台电源供电模块和 274 个移频覆盖单元，据此进行功耗估算，每小时功耗为 5237.5W，年功耗为 45880.5kW。

结合主设备信源，本点位每小时功耗为 5787.5W，年功耗为 50698.5kW。由此计算每平方米的功耗为 0.19W/h，每平方米年功耗为 1.62kW。

7.4.7　结论

通过遍历测试对比仿真结果，本点位仿真结果与测试结果基本一致。

根据测试结果，本点位覆盖指标 *SS-RSRP* ≥ –95dBm 的测试区域达到 100%；*SINR* ≥ 10dB 的区域达到 100%；99.06% 点位的下行速率可保证在 200Mbit/s 以上；94.67% 点位的上行速率可保证为 50 ～ 150Mbit/s，98.68% 测试点位处于双通道状态，有 1.32% 点位处于单流状态影响用户体验。

本点位投资总额为 776090.65 元，覆盖面积为 31200 平方米，每平方米造价为 24.87 元（双通道），网络建设性价比高。

本点位每小时功耗为 5787.5W，年功耗为 50698.5kW。由此计算每平方米的功耗为

0.19W/h，每平方米年功耗为 1.62kW，能耗一般。

●● 7.5 漏泄电缆分布系统实际案例

7.5.1 点位说明

点位五是一个企业宿舍，该宿舍楼共有南北两栋楼，层高为 6 层，总面积约为 15800 平方米。该楼宇房间的隔断较多，但结构单一，空间宽度小，卫生间位于门口，穿透损耗较大，属于酒店与宾馆型场景。本站点可以验证 3.5GHz 频段的 5G 网络，使用广角漏泄电缆测试在酒店与宾馆型场景的覆盖能力及效果。

7.5.2 设计方案说明

本次覆盖范围为其中一幢的 2F ～ 5F，使用一个 3.5GHz 8×50W 的 8T8R RRU 作为漏泄电缆信源，每层采用双通道的方式进行覆盖，漏泄电缆安装在宿舍楼中间的走廊处。单层面积为 1280 平方米，总体的覆盖面积为 5120 平方米。点位五漏泄电缆分布系统如图 7-31 所示。

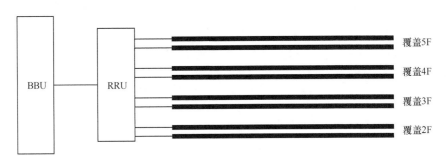

图7-31 点位五漏泄电缆分布系统

点位五 2F 天馈线平面布置如图 7-32 所示。

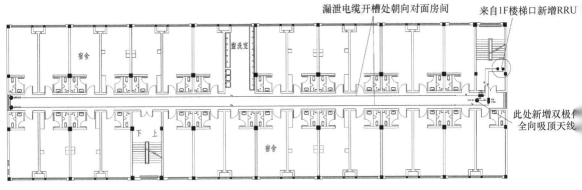

图7-32 点位五2F天馈线平面布置

7.5.3　设计方案仿真

根据设计方案和点位五的建筑结构，在仿真软件内建模，设置各类墙体及隔断的穿透损耗，再将漏泄电缆分布系统导入建筑物模型，设置漏泄电缆信号输入强度及漏泄电缆的百米损耗进行仿真，以 2F 为例，仿真结果如下。

点位五 2F SS-RSRP 仿真如图 7-33 所示。

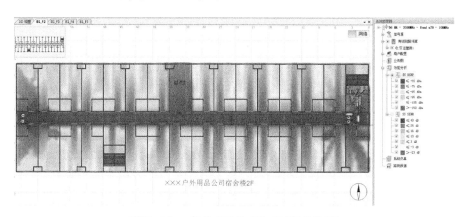

图7-33　点位五2F SS-RSRP仿真

由图 7-33 可知，从仿真结果分析，2F 的 SS-RSRP 大于 −105dBm 的占比只达到 88.32%，有 11.68% 区域的覆盖水平 SS-RSRP 不能满足要求。

由 SINR 仿真结果可知，2F 的 SINR 值大于 3dB 的占比达到 99.96%，只有 0.04% 的区域 SINR 值不能满足要求。

7.5.4　点位测试及分析

本次对宿舍楼 2F ～ 5F 进行测试，以 2F 为例。

从 2F SS-RSRP 测试结果表明，测试区域没有点位的 SS-RSRP 值小于 −95dBm，SS-SINR 值均大于 10dB，覆盖效果优异。

从下载速率测试结果表明，测试区域点位的下载速率在 200Mbit/s 以上占比达到 99.93%，在 400Mbit/s 以上的占比达到 82.92%。从上传速率测试结果表明，测试区域点位的上传速率在 25Mbit/s 以上的占比达到 97.65%，在 100Mbit/s 以上的占比达到 54.53%，用户感知优异。

从测试数据的总体分析，员工宿舍楼 2F 的 SS-RSRP 均值为 −65.51dBm，SINR 均值为 30.42dB，整体覆盖率为 100%，下载速率均值为 487.46Mbit/s，上传速率均值为 86.76Mbit/s。完全满足覆盖要求。

7.5.5 造价分析

点位五采用漏泄电缆分布系统,覆盖范围为 2F ～ 5F,使用一个 3.5GHz 8×50W 的 8T8R RRU 作为漏泄电缆信源,每层采用双通道的方式进行覆盖。

主设备信源按"1BBU+3RRU"的形式配置,本点位占用信源为 1 个 BBU 和 1 个 RRU,据此比例进行信源投资估算,点位五投资估算见表 7-12。

表7-12 点位五投资估算

序号	原始信息	分摊比例	设备费用 / 元	建安费 / 元	其他费 / 元	预备费 / 元	合计 / 元
1	BBU 分摊造价[1]	33.34%	6144	199.82	1152.66	74.96	7571.44
2	RRU 分摊造价	100.00%	28470.76	681.06	1294.24	304.46	30750.52
3	其他设备材料[2]	—	330.64	21422.72	1882.62	236.36	23872.34
	合计 / 元	—	34945.4	22303.6	4329.52	615.78	62194.3

注:1. BBU 和 RRU 按电信运营商的集采价格估计列出。

2. 7/8 英寸广角漏泄电缆按厂商参考价估计列出。分布系统天线及馈线按电信运营商招标结果估计列出。设备材料运保仓储费、施工费、建设其他费等相关费按照电信运营商的招标框架估计列出。预备费按 1% 估计列出。

本点位投资总额为 62194.3 元,覆盖面积为 5120 平方米,每平方米造价为 12.15 元。

7.5.6 能效分析

本点位主设备厂商为华为,采用 BBU5900 和 RRU5818。

BBU 配置"1 块主控板 +1 块基带板",其功耗在 145 ～ 160W,本点位按 160W 估计列出功耗;RRU 空载功耗为 170W,50%PRB 利用率功耗在 660W,100%PRB 利用率功耗在 1090W,本点位按 660W 估计列出功耗。

主设备信源按"1BBU+3RRU"的形式配置,本点位占用信源为 1/3 个 BBU 和 1 个 RRU,据此比例进行信源功耗估算,每小时功耗仅为 713W,年功耗为 6246kW。由此计算每平方米的功耗为 0.14W/h,每平方米的年功耗约为 1.22kW。

7.5.7 结论

通过遍历测试对比仿真结果,本点位仿真结果比测试结果略差,主要原因是本点位的结构稳定,无二次装修的情况,穿透损耗估算比较严格。

根据测试结果,本点位覆盖指标 $SS\text{-}RSRP \geqslant -95\text{dBm}$ 的测试区域达到 100%;$SINR \geqslant 10\text{dB}$ 的区域达到 100%;下行速率在 200Mbit/s 以上的达到 99.3%,下行速率大于 400Mbit/s 的达到 82.93%;上行速率全部达到 10Mbit/s 以上,上行速率为 25Mbit/s 的达到 97.65%,有 54.53% 的区域达到了 100Mbit/s 以上。

本点位每小时功耗仅为 713W，年功耗为 6246kW。由此计算每平方米的功耗为 0.14W/h，每平方米年功耗为 1.22kW，能耗一般。

根据网络特性，在信号降低 5dBm 也能够满足要求，即将 5G 信号进行三功分，相当于从覆盖 4 层变成覆盖 12 层。在原有网络结构的情况下，双通道覆盖造价为每平方米 12.15 元，如果使用三功分后，主设备部分投资不变，则只增加平层覆盖的设备材料费用。点位五信号功分后投资估算见表 7-13。

表7-13 点位五信号功分后投资估算

	原始信息	分摊比例	设备费 / 元	建安费 / 元	其他费 / 元	预备费 / 元	合计 / 元
1	BBU 分摊造价	33.34%	6144	199.82	1152.66	74.96	7571.44
2	RRU 分摊造价	100.00%	28470.76	681.06	1294.24	304.46	30750.52
3	其他设备材料	—	991.92	64268.16	5647.86	709.08	71617.02
	合计 / 元	—	35606.68	65149.04	8094.76	1088.5	109938.98

信号下降 5dBm 后，本点位投资总额为 109938.98 元，覆盖面积为 15360 平方米，每平方米造价约为 7.16 元（双通道），极大地降低了网络的造价，提升了效益。其总功耗并未发生变化，但是其单位功耗降到每平方米功耗为 0.05W/h，每平方米年功耗仅为 0.41kW。

●● 7.6 皮基站分布系统实际案例

7.6.1 点位说明

点位六是 1 幢写字楼，共有 1 幢楼，总建筑面积约为 52600 平方米，其入驻企业是一家专注于提供自主研发的城市燃气设备及智慧燃气解决方案的高科技企业，同时也是中国燃气计量行业的先锋企业。地上 24 层，地下 2 层；其中，B1F ～ B2F 为车库；1F 为大厅及办公室；2F ～ 24F 为办公室及餐厅，共有 8 部电梯。

7.6.2 设计方案说明

本方案采用 5G 皮基站设备，对 17F ～ 24F 进行全覆盖，覆盖面积为 10000 平方米，共有 1 台基带处理单元、4 台汇聚单元和 32 台远端单元（放装型）。其中，远端单元安装在走廊吊顶内，通过光电复合缆连接到汇聚单元，汇聚单元安装在弱电井道，通过光缆连接到基带处理单元，基带处理单元安装在地下一层电信机房壁挂处，GNSS 通过弱电井拉到楼顶出口处安装天线。点位六皮基站系统如图 7-34 所示。

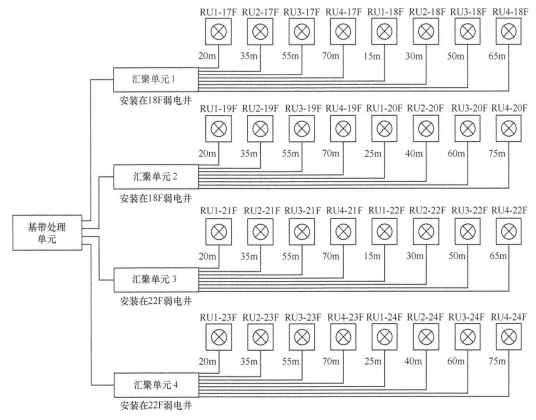

图7-34　点位六皮基站系统

7.6.3　设计方案仿真

根据设计方案和点位六的建筑结构在仿真软件内建模，设置各类墙体及隔断的穿透损耗，再将皮基站分布系统导入建筑物模型，设置室内分布系统的天线口输入功率进行仿真。

20F 通过 4 台皮基站进行覆盖，从 SS-RSRP 仿真结果显示，$SS\text{-}RSRP > -105\text{dBm}$ 的占比达到 98.15%，有 1.85% 区域的覆盖水平 SS-RSRP 不能满足要求，主要分布在电梯、楼梯间等区域。

从 SINR 仿真结果显示，20F 的 $SINR > 3\text{dB}$ 的占比达到 99.69%，有 0.31% 区域的 SINR 值不能满足要求，主要分布在电梯、楼梯间等区域。

7.6.4　点位测试及分析

测试软件为鼎利专用路测软件，测试终端为华为 P40，SIM 卡为中国电信专用测试卡。测试人员对点位六 17F、19F、20F、23F、24F 共 5 层楼进行了测量。以 20F 为例阐述具体测试情况，其余测试楼层数据以表格形式说明。

从 20F SS-RSRP 测试的结果表明，存在 0.42% 测试点的 *SS-RSRP* < −105dBm，边缘覆盖为 −96.25dBm（概率为 95%）。20F 南北边缘处 SS-RSRP 值相对较低，中间位置的 SS-RSRP 值较高。

从 20F SS-SINR 测试的结果表明，100% 的测试点位的 *SS-SINR* > 3dB，满足覆盖要求。

从 20F FTP 下载速率测试结果表明，1.01% 的测试点位的下行速率为 100 ～ 200Mbit/s，3.79% 点位的下行速率为 400 ～ 600Mbit/s，33.59% 点位的下行速率为 600 ～ 800Mbit/s，61.36% 点位的下行速率为 800 ～ 1000Mbit/s，0.25% 点位的下行速率大于 1000Mbit/s。

从 20F FTP 上传速率测试结果表明，94.09% 点位的上传速率可保证在 50 ～ 150Mbit/s，候梯厅存在部分点位的上行速率低于 50Mbit/s。

从 20F Rank Indicator 测试结果表明，有 52.48% 的情况下处于 4 通道状态，其他点位基本处于 2 ～ 3 流的状态。

对于测试的 5 个楼层，点位六 5 个楼层下行速率见表 7-14，点位六 5 个楼层上行速率见表 7-15，点位六 5 个楼层 SS-RSRP 测试见表 7-16，点位六 5 个楼层 SS-SINR 测试见表 7-17。

表7–14　点位六5个楼层下行速率

序号	楼层	样本数量 / 个	最大值 / (Mbit/s)	最小值 / (Mbit/s)	平均值 / (Mbit/s)	中间值 / (Mbit/s)	边缘值（90%）/ (Mbit/s)
1	17F	888	1036.64	406.13	809.08	830.61	531.7
2	19F	889	1289.96	250.6	779.48	784	486.6
3	20F	396	1141.67	280.66	813.77	822.47	612.77
4	23F	300	1006.57	552.67	836.56	848.51	638.33
5	24F	621	1067.69	14.9	664.19	770.29	71.98

表7–15　点位六5个楼层上行速率

序号	楼层	样本数量 / 个	最大值 / (Mbit/s)	最小值 / (Mbit/s)	平均值 / (Mbit/s)	中间值 / (Mbit/s)	边缘值（95%）/ (Mbit/s)
1	17F	880	161.65	4.2	100.76	107.78	51.06
2	19F	874	150.19	0.92	87.48	92.61	31.44
3	20F	389	153.11	1.7	95.26	102.08	48.87
4	23F	300	153.51	29.29	104.57	108.24	68.31
5	24F	603	161.22	0	75.37	92.91	0.26

表7-16 点位六5个楼层SS-RSRP测试

序号	楼层	样本数量 /个	最大值 /dBm	最小值 /dBm	平均值 /dBm	中间值 /dBm
1	17F	4722	−54.19	−105.88	−78.93	−78.38
2	19F	4728	−54.44	−108.63	−81.84	−83.5
3	20F	2153	−56.69	−106.75	−81.56	−83.44
4	23F	1635	−58.13	−103.19	−79.64	−79.63
5	24F	3359	−55.75	−123.81	−84.71	−85.31

表7-17 点位六5个楼层SS-SINR测试

序号	楼层	样本数量	最大值 /dB	最小值 /dB	平均值 /dB	中间值 /dB
1	17F	4722	36.69	14.88	30.65	31.44
2	19F	4728	38.94	10.75	29.56	30.38
3	20F	2153	36.25	13.44	30.12	30.81
4	23F	1635	35	16.69	30.63	31.31
5	24F	3359	37.44	−3.31	26.27	29.56

7.6.5 造价分析

点位六作为本次5G皮基站的测试点位，覆盖范围为17F～24F，共有1台基带处理单元、4台汇聚单元和32台远端单元（放装型）。据此进行投资估算，点位六17F～24F投资估算见表7-18。

表7-18 点位六17F～24F投资估算

	原始信息	分摊比例	设备费用 /元	建安费 /元	其他费 /元	预备费 /元	合计 /元
1	皮基站造价	—	131494.4	17192.99	9753.89	1584.41	160025.69
	合计 /元	—	131494.4	17192.99	9753.89	1584.41	160025.69

注：1. 5G 皮基站按厂商参考价格估计列出。

2. 设备材料运保仓储费、施工费、建设其他费相关费按照电信运营商的招标框架估计列出。

3. 预备费按1%估计列出。

本点位投资总额约为160026元，覆盖面积为10000平方米，每平方米造价约为16元。

7.6.6 能效分析

该试点设备采用皮基站设备，具体包括1台基带处理单元，4台汇聚单元，32台远端单元（放装型）。

对于皮基站设备，本点位采用电表计量实际功耗进行测试皮基站分布系统的能耗。根据现场连续 5 日的能耗统计，本点位的 1 台基带处理单元，日均能耗为 3.4kW；4 台汇聚单元，32 台远端单元（放装型），日均能耗为 26.8kW，总计日均能耗为 30.2kW，即本点位每小时实际功耗为 1258W，年功耗约为 11020kW。由此计算每平方米的功耗为 0.13W/h，每平方米年功耗为 1.1kW。

7.6.7　结论

通过遍历测试对比仿真结果，本点位仿真结果与测试结果基本一致。从测试及仿真结果分析，远端单元安装在办公室区域，导致楼梯及电梯覆盖不足。

根据测试结果，本点位覆盖指标 *SS-RSRP* ⩾ −105dBm 的测试区域达到 99.58%；*SINR* ⩾ 10dB 的区域达到 100%；下行速率在 600Mbit/s 以上的达到 95.2%，大于 1000Mbit/s 的达到 0.25%；有 94.09% 的区域达到了 50Mbit/s 以上，满足覆盖设计指标。

本点位投资总额约为 160026 元，覆盖面积为 10000 平方米，每平方米造价约为 16 元（4 通道）。

本点位每小时实际功耗为 1258W，年功耗约为 11020kW。由此计算每平方米的功耗约为 0.13W/h，每平方米年功耗约为 1.1kW，功耗较低。

●●7.7　光纤分布系统实际案例

7.7.1　点位说明

点位七是 1 幢写字楼，共有 1 幢楼，总建筑面积约为 42810 平方米，地上 22 层，地下 3 层；B3F ～ B1F 为车库；1F ～ 4F 为商场及餐厅、会议室；5F ～ 22F 为办公室，共有 7 部电梯。

B3F ～ B1F 为车库，属于空旷型场景；1F ～ 4F 为商场及餐厅、会议室，属于半空旷型场景；5F ～ 22F 为办公室，属于办公楼型场景。本点位可以验证 5G 光纤分布系统在办公楼型场景的覆盖能力及效果。

7.7.2　设计方案说明

本次 5G 光纤分布系统覆盖范围为 8F ～ 12F，8F ～ 12F 为办公室，属于办公楼型场景。主设备使用一个 3.5GHz 2×100W 的 2T2R RRU 作为信源，每层采用双通道的方式进行覆盖，共设计 2 台 AU、4 台 EU 和 48 台 RU（放装型）。其中，RU（放装型）安装在走廊吊顶内，通过光电复合缆连接到 EU，办公室内部吊顶为铝扣板吊顶，EU 和 AU 安装在弱电井道，EU 通过光缆连接到 AU，单台光分设备发射功率为 2×100mW，覆盖面积为 2500 平方米。点位七光纤分布系统网络拓扑如图 7-35 所示。

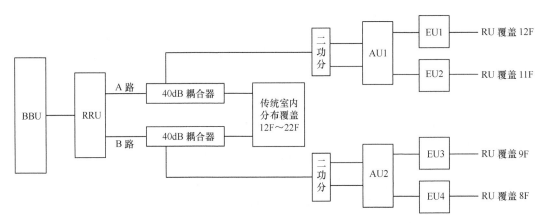

图7-35　点位七光纤分布系统网络拓扑

7.7.3　设计方案仿真

根据设计方案和点位七的建筑结构在仿真软件内建模，设置各类墙体及隔断的穿透损耗，再将光纤分布系统导入建筑物模型，设置室内分布系统的天线口输入功率进行仿真。

点位七 11F 通过 6 台光纤分布系统进行覆盖，从 SS-RSRP 仿真结果表明，$SS\text{-}RSRP > -105\text{dBm}$ 的占比达到 95.73%，有 4.26% 区域的覆盖水平 SS-RSRP 不能满足要求，从总体的覆盖电平分析，其覆盖能够满足要求。

从 11F 的 SS-RSRP 仿真结果表明，$SINR > 3\text{dB}$ 的占比达到 98.59%，有 1.41% 区域的 SINR 值不能满足要求。

7.7.4　测试情况及说明

对本点位进行遍历测试，以 11F 为例，采用鼎利专用路测软件，测试终端为华为 P40，SIM 卡为中国电信专用测试卡。

从 SS-RSRP 测试结果表明，11F 的 SS-RSRP 不存在低于 −105dBm 的点，边缘覆盖为 −89.81dBm（概率为 95%），满足覆盖要求。由于办公室内部和过道之间存在水泥墙体，而且设备安装在办公室侧，所以候梯厅及过道存在部分点位 SS-RSRP 值相对较低，在 −95 ～ −85dBm，办公室内部 SS-RSRP 在 −85 ～ −65dBm，覆盖效果良好。

从 SS-SINR 测试结果表明，11F 的 SINR 值大于 3dB 的占比达 100%，满足覆盖要求。11F 东西向过道存在部分点位 SS-SINR 值相对较低，SS-SINR 最低值为 14，仍能满足覆盖要求，办公室区域信号良好，SS-SINR 值均大于 25。

从 FTP 下载速率测试结果表明，11F 中 52.91% 点位的下载速率可保证在 400 ～ 600Mbit/s，

45.22% 点位的下载速率为 600 ～ 800Mbit/s。电梯厅与办公室之间的过道处存在少量下载速率低于 200Mbit/s 的点位。从整体来看，办公室内区域整体下载速率较过道和电梯厅区域下载速率高。

从 FTP 上传速率测试结果表明，11F 中 70.71% 点位的上传速率可保证在 50 ～ 150Mbit/s，建筑过道处存在部分上传速率低于 50Mbit/s 的点位。从整体来看，办公室内区域整体上传速率较过道和电梯厅区域下载速率高。

从 Rank Indicator 测试结果表明，11F 中全部点位均处于双通道状态：一方面远端 PRRU 设备为 2T2R；另一方面终端的无线接收指标良好，因此，整个测试过程全部点位为双通道状态。

7.7.5 造价分析

点位七作为本次 5G 光纤分布系统的试点，覆盖范围为 8F ～ 11F，主设备使用一个 3.5GHz 2×100W 的 2T2R RRU 作为信源，每层采用双通道的方式进行覆盖，共采用 2 台 AU、4 台 EU 和 24 台 RU（放装型）。

主设备信源按照"1BBU+3RRU"的形式配置，本点位所用的 RRU 覆盖 8F ～ 22F，共有 13 层，光纤分布系统覆盖 4 层，其他楼层由此 RRU 建设的传统分布系统覆盖，因此，光纤分布系统占用信源为 4/39 个 BBU 和 4/13 个 RRU，据此比例进行信源投资估算，点位七 11F 和 12F（两层）投资估算见表 7-19。

表7-19 点位七11F和12F（两层）投资估算

	原始信息	分摊比例	设备费用 / 元	建安费 / 元	其他费 / 元	预备费 / 元	合计 / 元
1	BBU 分摊造价 [1]	10.26%	1890.08	61.46	354.6	23.06	2329.2
2	RRU 分摊造价	30.76%	8760.24	209.56	401.9	93.72	9465.42
3	其他设备材料	—	86418.94	16709.9	5172.62	1083.02	109384.48
	合计 / 元	—	97069.26	16980.92	5929.12	1199.8	121179.1

注：1. BBU 和 RRU 按电信运营商的集采价格估计列出。5G 光纤分布系统按厂商参考价估计列出。设备材料运保仓储费、施工费、建设其他费相关费按照电信运营商的招标框架估计列出。预备费按 1% 估列。

本点位投资总额（两层）为 121179.1 元，覆盖面积为 5000 平方米，每平方米造价约为 24.24 元。

7.7.6 能效分析

该试点主设备厂商为中兴，采用 BBU V9200 和 RRU R9606A。

BBU 配置"1 块主控板 +1 块基带板"，其功耗在 270 ～ 285W，本点位按 285W 估计列出功耗；RRU 典型功耗为 350W，峰值功耗为 520W，本点位按 350W 估计列出功耗。

主设备信源按照 "1BBU+3RRU" 的形式配置，本点位占用信源为 4/39 个 BBU 和 4/13 个 RRU，据此比例进行信源功耗估算，每小时功耗为 136W，年功耗为 1191kW。

5G 光纤分布系统主机 AU 功耗为 70W，共有 8 个端口，扩展单元 EU 功耗为 45W，共有 6 个光口，远端单元 RU 功耗为 65W，本点位占用设备为：4/8AU+4EU+24RU。据此比例进行信源功耗估算，每小时功耗约为 1774W，年功耗约为 15540kW。

为了进一步明确光纤分布系统的能耗，本点位采用电表计量实际功耗，根据现场连续 5 日的能耗统计，本点位 2 台 AU、4 台 EU、24 台 RU 及供电模块 2 台，日均能耗为 40.4kW，即每小时功耗为 1683W，年功耗约为 14746kW，低于理论计算值。

结合主设备信源，本点位每小时实际功耗为 1820W，年功耗约为 15943kW。由此计算每平方米的功耗约为 0.36W/h，每平方米年功耗为 3.19kW，功耗较大。

7.7.7　结论

通过遍历测试对比仿真结果，本点位仿真结果与测试结果基本一致。从测试及仿真结果分析，RU 安装在办公室区域，导致楼梯及电梯覆盖不足。

根据测试结果，本点位覆盖指标 $SS\text{-}RSRP \geqslant -105\text{dBm}$ 的测试区域达到 100%；$SINR \geqslant 10\text{dB}$ 的测试区域达到 100%；下载速率在 200Mbit/s 以上的测试区域达到 99.07%，大于 400Mbit/s 的测试区域达到 98.37%；上传速率达到 10Mbit/s 以上的测试区域达到 98.81%，有 70.71% 的测试区域达到了 50Mbit/s 以上，满足覆盖设计指标。

本点位投资总额（单层）为 60589 元，覆盖面积为 2500 平方米，每平方米造价为 24.24 元（双通道），相对较高。

本点位每小时实际功耗为 910W，年功耗约为 7969kW。由此计算每平方米的功耗约为 0.36W/h，每平方米年功耗约为 3.19kW，功耗相对较高。

●●7.8　既有地铁 5G 网络隧道内覆盖实际案例

7.8.1　既有地铁 5G 网络隧道内建设方式

既有地铁的覆盖一般是 2G/3G/4G 网络，无论是站台 / 站厅的传统分布系统，还是隧道内的漏泄电缆，都不支持 3.5GHz 频段的 5G 网络，如果要改造，则需要更换 POI、室内分布器件、室内分布天线、漏泄电缆等，而已建成地铁的民用通信改造可能性非常小。

站台 / 站厅属于空旷型场景，其 5G 网络覆盖可以采用 PRRU 分布系统（放装型）叠加覆盖办公室区和设备区，也可以采用 PRRU 分布系统（室内分布型）外接室内分布系统天线覆盖。

隧道覆盖在不更换原有漏泄电缆的情况下有两种覆盖方式:一种是新增漏泄电缆覆盖;另一种是使用特型天线覆盖。

隧道内 5G RRU 连接示意如图 7-36 所示。考虑到隧道内部的漏泄电缆安装空间资源状况,在条件满足的情况下,可以新增 2 条 5/4 英寸漏泄电缆,信源建议采用 4T4R 的 5G RRU,每通道功率不小于 60W/100Mbit/s 带宽,在空间资源有限的情况下,在 2 条漏泄电缆之间新增 1 条漏泄电缆,信源建议采用 2T2R 的 5G RRU,每通道功率不小于 60W/100Mbit/s 带宽。

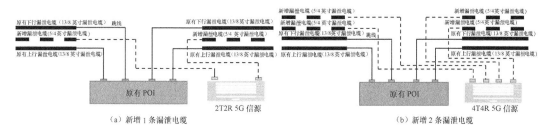

（a）新增 1 条漏泄电缆　　　　　　　　　　　（b）新增 2 条漏泄电缆

图7-36　隧道内5G RRU连接示意

在无法新增漏泄电缆的情况下,可以考虑一种简便的方式,在每个节点处安装贴壁天线,从节点处向两侧覆盖,每个节点需安装 2 面贴壁天线,安装高度在 2 条漏泄电缆中间最佳,信源建议采用 8T8R 的 RRU,每 4T4R 接 1 面贴壁天线,贴壁天线隧道内安装位置示意如图 7-37 所示。

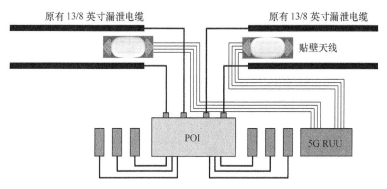

图7-37　贴壁天线隧道内安装位置示意

7.8.2　既有地铁的贴壁天线仿真

根据《5G 网络深度覆盖技术基础解析》中的"漏泄电缆输入功率设置"的相关说明,结合采用的信源,隧道内贴壁天线链路预算的取值见表 7-20。

表7-20　隧道内贴壁天线链路预算的取值

参数	单位	信源（3.5GHz）	注释
基站单通道发射功率	W	30	P_t^1
基站 RS 信道发射功率	dBm	9.6	P_{in}^2
天线增益	dBi	14	G_{ain}^3
跳线和接头损耗	dB	0.5	f_a
天线口输出功率	W	23.1	L_1^4
衰减常量	dB	32.4	—
1m 处的自由空间衰减值	dB	43.28	$P_L^5(d_0)$
车体穿透损耗	dB	24	f_b
路径损耗因子	dB/m	0.2	β

注：1. P_t：机顶输出功率，采用 8×30W 的 5G RRU。

2. P_{in}：漏泄电缆输入端注入功率。

3. G_{ain}：贴壁天线增益。

4. $L_1 = P_{in} + G_{ain} - f_a$。

5. $P_L(d_0) = 32.4 + 20\lg(d_0 \times 0.001) + 20\lg f$。

根据隧道贴壁天线覆盖的方案进行链路预算，列车车厢的边缘场强如图 7-38 所示，列车在隧道内运行时，第 1～4 节车厢的覆盖电平 SS RSRP 均在 -110dBm 以上，基本能够满足覆盖要求，第 5～6 节车厢则由反方向的贴壁天线覆盖，同样能满足覆盖要求。

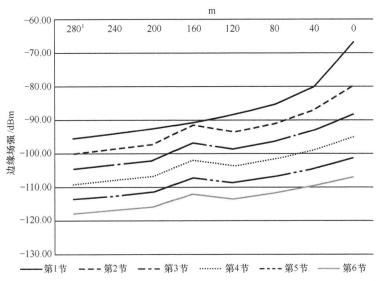

1. 图片上方 280～0 的刻度为天线与列车头之间的距离，单位为 m。地铁列车一般情况下为 6 节编组，列车长度为 114m。

图7-38　列车车厢的边缘场强

结合链路预算，对地铁隧道和地铁列车进行建模，进行 5G 网络的覆盖仿真，隧道贴壁覆盖仿真如图 7-39 所示，同样验证了贴壁天线在地铁隧道内的覆盖能力。

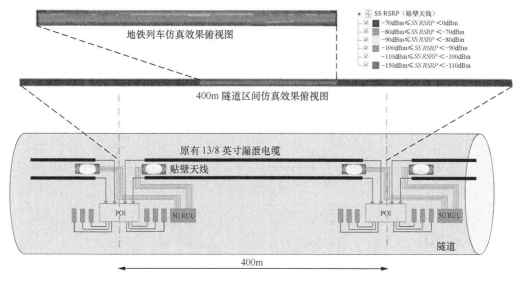

图7-39　隧道贴壁覆盖仿真

考虑到地铁的实际情况，当列车内的乘客增加时，人体损耗会提升，贴壁天线的覆盖效果会相应下降。但是在隧道内无法增加漏泄电缆的情况下，使用贴壁天线，基本可以满足覆盖要求。

7.8.3　地铁内贴壁天线测试及分析

对于既有地铁采用贴壁天线进行 TDD NR 3.5GHz 的 5G 网络覆盖，地铁隧道内贴壁天线安装实例示意如图 7-40 所示。

图7-40　地铁隧道内贴壁天线安装实例示意

地铁隧道一般有上行下行两个隧道，对某地铁 11 个地下车站区间的两个隧道进行遍历测试，采用鼎利专用路测软件，测试终端为华为 Mate30，SIM 卡为中国电信专用测试卡，用 FTP 进行大数据的下载或上传测试。某地铁 SS-RSRP 覆盖路测示例如图 7-41 所示。

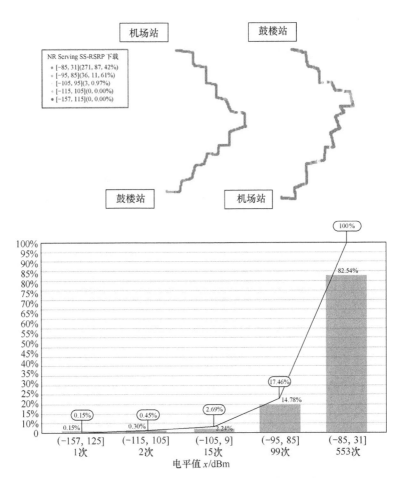

图7-41 某地铁SS-RSRP覆盖路测示例

在图 7-41 中，定义地铁机场站到鼓楼站为下行线路，鼓楼站到机场站为上行线路（下同）。从图 7-39 某地铁 SS-RSRP 覆盖路测图可知，下行线路其 5G 网络的覆盖电平 SS-RSRP 值均在 −105dBm 以上，而上行线路的 5G 网络的覆盖电平 SS-RSRP 值在 −105dBm 以上的路段达到 99.4%。SS-RSRP 指标大于 −95dBm 区域的占比达 97% 以上，完全达到 5G 网络覆盖的需求。

从 SS-SINR 覆盖路测图分析，无论上行线路，还是下行线路，其 5G 网络的 SS-SINR 值均在 −3dB 以上，SS-SINR 值大于 0dB 的路段均达到 99.85%。SS-SINR 指标大于 5dB 的区域占比达 98% 以上，完全满足 5G 网络的覆盖需求。

从下行线路 PDCP 路测图分析，下行线路 PDCP 速率指标在 600 ～ 1000Mbit/s 占比为 27%，在 400 ～ 600Mbit/s 占比为 55%，在 200 ～ 400Mbit/s 占比为 17%，平均速率为 539.38Mbit/s，满足网络覆盖的需求。

从上行线路 PDCP 路测图分析，上行线路 PDCP 速率指标在大于等于 100Mbit/s 的占比达到 60%，在 75 ～ 100Mbit/s 的占比为 18%，25 ～ 75Mbit/s 的占比为 17%，平均速率为 126.50Mbit/s，满足网络覆盖需求，贴壁天线地铁隧道覆盖路测统计见表 7-21。

表7-21　贴壁天线地铁隧道覆盖路测统计

统计指标	峰值	平均值
无线覆盖率（$RSRP \geq -105dBm$，$SINR \geq -3dB$）	—	100%
平均 $RSRP$/dBm	−49.92	−78.81
平均 $SINR$/dB	35.45	18.78
平均下行吞吐率（PDCP 层）	938.10	539.38
平均上行吞吐率（PDCP 层）	231.54	126.50

从实际测试结果表明，既有地铁 5G 网络覆盖采用贴壁天线，能够满足 5G 网络的覆盖要求。

●●7.9　新建高铁 5G 网络隧道内覆盖实际案例

高铁作为我国经济运行的大动脉，是国民经济快速发展的催化剂，同时也是人们日常出行最常用的交通工具之一。高铁无线通信系统是国家重要的基础产业和关键的基础设施，对国家安全、经济社会发展和民生改善起着全局性支撑作用。

5G 通信处于科技领先地位，也是我国"新基建"战略的一个要点所在。当前，5G 网络覆盖的主流频段为中国电信、中国联通的 3.5GHz 和中国移动的 2.6GHz 等，这两种频段的覆盖能力和穿透能力相比前几代移动通信有大幅减弱，尤其是 3.5GHz 给 5G 网络的建设带来较大挑战。

7.9.1　5G 网络高铁覆盖的挑战

1. 多普勒频偏带来的接收机解调性能恶化

多普勒频偏也称为多普勒频移，是指当移动台以恒定的速率沿某一方向移动时，由于传播路程之间存在差额，造成相位和频率的变化，它揭示了波的属性在运动中发生变化的规律。随着高铁建设的不断发展，高铁运行速度也从 200km/h 上升到目前主流的 350km/h，未来可能会达到 500km/h，甚至更高。

多普勒频偏主要会使接收机调制解调的性能恶化，为了接收机调制解调能够正常工作，需要对多普勒频偏进行矫正。目前，无论是基站还是终端，已经能够解决基站或终端在高速运动下的多普勒频偏问题，完成矫正工作，本文不再进行阐述。

2. 超高速移动导致切换区不足及频繁切换

在无线通信系统中，当移动台从一个小区（基站或者基站的覆盖范围）移动到另一个小区时，为了保持移动用户的不中断通信，需要进行信道切换，我们称其为"小区切换"。如何成功并快捷地完成"小区切换"，是无线通信系统中蜂窝小区系统设计的重点。

为了能够快捷地完成"小区切换"，需要设置一定的小区覆盖重叠区，使移动台在经过重叠区的时间内完成切换。高铁内移动台的高速移动使所需要的重叠覆盖距离已经高于普通场景站间距要求，导致切换失败的概率大大增加。为了提升切换的成功率，需要合理设置重叠区，而重叠区的长度则需要根据 5G 切换的时间设置和信号切换的门限进行计算并设置。

当高铁的运行速度达到 350km/h，即 97.2m/s，在一个 RRU 小区覆盖 500m 的情况下，列车不到 7 秒就会进行一次 RRU 小区间切换，因此，高铁存在频繁的"小区切换"现象，极大地降低了用户感知。为了提高用户感知，需要合理进行小区配置，设置超级小区，使"小区切换"的频率降低。

3. 新型全封闭高铁带来的高穿透损耗

在移动通信中，随着频率的提升，其穿透损耗随之增加；而新型全封闭高铁比其他列车的穿透损耗有较大增加。5G 主流频道对各类列车的穿透损耗见表 7-22。

表7-22 5G主流频道对各类列车的穿透损耗

列车类型	单位	FDD LTE 1.8GHz	FDD NR 2.1GHz	TDD LTE 2.3GHz	TDD NR 2.6GHz	TDD NR 3.5GHz
地铁列车		20	20	21	22	23
普通绿皮车	dB	17	18	18	19	20
和谐号列车		21	22	23	24	26
复兴号列车		26	27	28	29	30

由表 7-22 可知，目前，高铁使用的主流列车复兴号，TDD NR 3.5GHz 的 5G 网络的穿透损耗高达 30dB，而原来的 FDD LTE 1.8GHz 的 4G 网络在和谐号列车覆盖的穿透损耗只有 21dB，二者相差高达 9dB，严重影响了网络覆盖质量。

7.9.2 高铁覆盖的建设要点

针对 5G 网络高铁覆盖的挑战，为了进一步提升 5G 网络高铁覆盖的效果，需要在高铁建设初期进行民用通信方面的建设，特别是隧道内的建设，具体要求包括以下 3 个方面。

1. 过轨后洞室间距要求

一般情况下，高铁隧道内民用通信使用的洞室间距为 500m，民用通信的漏泄电缆在隧道一侧，但是在特殊情况下，有一段漏泄电缆需要安装在对面的隧道壁上，导致信号需要过轨。在过轨的情况下，建议过轨后的洞室和本侧的洞室间距在 250m 左右，不建议超过 300m。高铁隧道漏泄电缆过轨示意如图 7-42 所示。

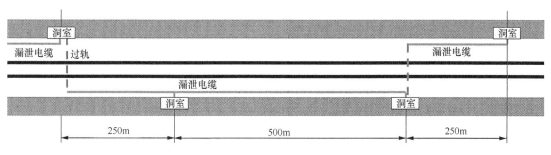

图7-42　高铁隧道漏泄电缆过轨示意

2. 隧道口洞室距离要求

在民用通信的高铁覆盖中，隧道口的覆盖一直是难点，这个区域主要考虑的问题是 5G 网络小区的切换，包括隧道口到隧道内的部分和隧道口到隧道外的部分。

隧道口到隧道内的第一个民用通信洞室的间距很重要，如果间距较大，则会导致洞室内的信号无法完全覆盖民用通信洞室到隧道口的隧道部分区域；如果间距较小，则会导致切换重叠区过小，降低切换成功率。为了进一步减少这些情况引起的问题，我们建议隧道口的洞室到隧道口的间距设为 150 ～ 200m。高铁隧道口民用通信洞室与隧道口的间距要求如图 7-43 所示。

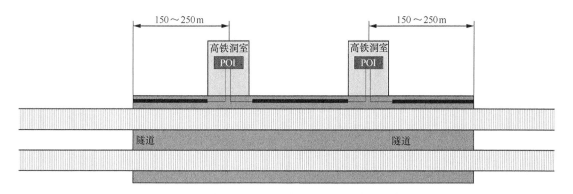

图7-43　高铁隧道口民用通信洞室与隧道口的间距要求

3. 场坪站的距离要求

隧道口到隧道外的部分，为了提升隧道内基站和隧道外基站切换的成功率，一般情况下会在隧道口设置一个场坪站，用于延续隧道内的信号在隧道外覆盖一段距离，与外部基站形成一个重叠区，场坪站一般采用天线覆盖。

场坪站的信号需要和隧道内的漏泄电缆连接，连接的路由距离也很重要，如果二者的间距较大，则会导致场坪站的信号无法输送到隧道口的漏泄电缆内。因此，我们建议隧道口到场坪站的路由距离设在150m以内，高铁隧道口场坪站与隧道口路由距离要求如图7-44所示。

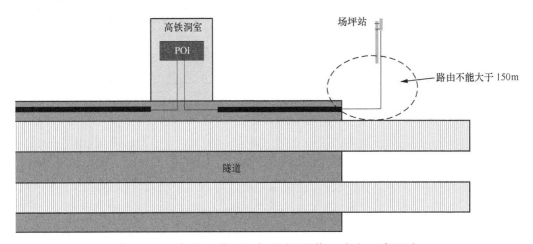

图7-44　高铁隧道口场坪站与隧道口路由距离要求

7.9.3　5G网络高铁覆盖要点

1. POI的选型

在大型的公共场景，一般情况下，移动通信覆盖会使用POI，高铁隧道也不例外。但是每条铁路对于网络覆盖的要求是不同的，因此，POI的合路系统也是不同的。例如，货运铁路，一般情况下，用户数量不多，只要保证覆盖即可，可以考虑减少容量覆盖的主流频段；而客运的高铁，则需要保证覆盖的同时还需要保证容量，因此，需要增加容量覆盖的主流频段。高铁隧道POI接口示意如图7-45所示。

2. 漏泄电缆的选型

高铁隧道内的覆盖采用漏泄电缆。漏泄电缆的线径根据网络需求进行选择，具体线径的相关说明，参考《5G网络深度覆盖技术基础解析》"3.9漏泄电缆"中的说明。漏泄电缆的线径越大，损耗越小，考虑到漏泄电缆的截止频段，在 5G 网络覆盖不需要高于 2.8GHz 频段的 5G 网络时，采用 13/8 英寸的漏泄电缆；如果需要 3.5GHz 频段的 5G 网络覆盖时，则需要选择 5/4 英寸的漏泄电缆。

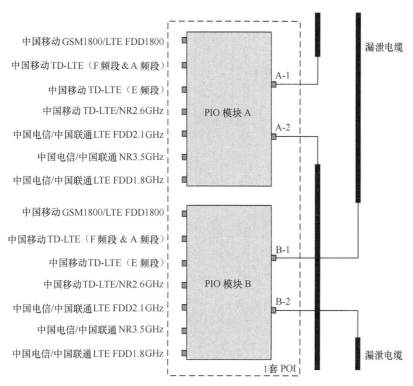

图7-45 高铁隧道POI接口示意

由于高铁内的洞室间距为 500m，导致信号覆盖的距离需要增加，一般的 5/4 英寸漏泄电缆无法满足 5G 网络覆盖的边缘场强要求，所以需要选择 5/4 英寸非线性损耗的漏泄电缆，具体非线性损耗的漏泄电缆的相关说明参考《5G 网络深度覆盖技术基础解析》"3.9 漏泄电缆"中的说明，漏泄电缆的相关链路预算参考《5G 网络深度覆盖技术基础解析》"4.9.4 漏泄电缆输入功率设置"中的说明。

3. 链路预算

《5G 网络深度覆盖技术基础解析》"4.9.4 漏泄电缆输入功率设置"中的链路预算的取值，是在通常情况下的取值，但是实际情况与通常情况有一定的区别，二者主要的区别在于跳线的长短。实际情况下，高铁隧道为了保证内部设备的安全性，需要非常规范地设计及布线，导致 5G 信源 RRU 经 POI 到漏泄电缆输入端的距离长达 13m，因此，将 13m 跳线的损耗输入链路预算中计算边缘场强，实际情况下高铁隧道链路预算见表 7-23。

表7-23　实际情况下高铁隧道链路预算

项目		代号及公式	单位	网络频段				
				FDD LTE 1.8GHz	FDD NR 2.1GHz	TDD LTE 2.3GHz	TDD NR 2.6GHz	TDD NR 3.5GHz
带宽		—	MHz	40	40	40	100	100
通道数		—	个	2	2	2	2	2
设备功率		P_t	W	160	160	160	100	160
		P_{in}	dBm	18.24	18.24	18.24	16.20	16.89
POI 插入损耗		f_a	dB	5	5.5	5.5	5.5	5.5
功分器损耗		f_b	dB	0	0	0	0	0
跳线及接头损耗		f_c	dB	1.81	1.96	2.03	2.14	2.44
基站发射端口至漏泄电缆处总损耗		$L_1=f_a+f_b+f_c$	dBm	6.81	7.46	7.53	7.64	7.94
阴影衰落余量		L_2	dB	0	0	0	0	0
车体损耗		L_3	dB	26	27	28	29	30
2m 处耦合损耗		L_4	dB	包含在综合损耗				
4m 处宽度因子		L_5	dB	6.02	6.02	6.02	6.02	6.02
人体损耗		L_6	dB	3	0	3	0	0
5/4 英寸漏泄电缆综合损耗（MAX）	200m 综合损耗	L_7	dB	79	79	80	79	80
	250m 综合损耗		dB	82	83	83	82	83
	300m 综合损耗		dB	84	85	86	85	86
	350m 综合损耗		dB	87	87	89	89	88
覆盖边缘场强	200m 覆盖边缘场强	P_r（200）	dBm	−102.59	−101.24	−106.31	−105.46	−107.07
	250m 覆盖边缘场强	P_r（250）	dBm	−105.59	−105.24	−109.31	−108.46	−110.07
	300m 覆盖边缘场强	P_r（300）	dBm	−107.59	−107.24	−112.31	−111.46	−113.07
	350m 覆盖边缘场强	P_r（350）	dBm	−110.59	−109.24	−115.31	−115.46	−115.07

由表 7-23 可知，目前，采用 5/4 英寸非线性损耗的漏泄电缆，在 250m 处的边缘场强也只是满足覆盖要求，而这个方式是目前高铁隧道内 5G 网络覆盖的最好情况。因此，5G 网络在高铁隧道内的覆盖，需要全方位考虑，多因素并举，例如，尽可能地减少跳线的长度、降低非线性漏泄电缆前面段落的损耗、提升信源的功率等。

7.9.4　5G 网络高铁覆盖的实例

某高铁采用上述的技术手段进行覆盖，开通后进行测试，测试的网络为 FDD NR 2.1GHz，信源采用 2×80W，某高铁 5G 网络测试数据统计见表 7-24。

表7-24　某高铁5G网络测试数据统计

测试区间	平均 RSRP/dBm	平均 SINR/dB	平均 DL/ （Mbit/s）	平均 UL/ （Mbit/s）	$RSRP \geqslant$ −105dBm 采样 点占比	$SINR \geqslant$ −3dB 采样点 占比
某高铁	−97.06	19.09	25.01	11.32	95.43%	94.86%

某高铁 5G 网络覆盖 SS-RSRP 测试如图 7-46 所示，某高铁 5G 网络覆盖 SS-SINR 测试如图 7-47 所示。

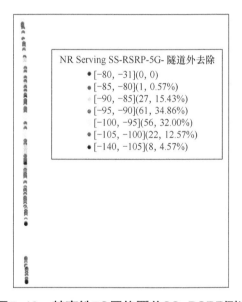

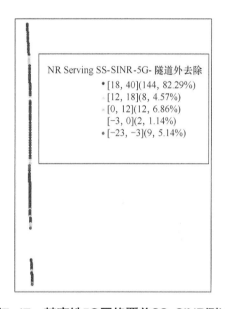

图7-46　某高铁5G网络覆盖SS–RSRP测试　图7-47　某高铁5G网络覆盖SS–SINR测试

由图 7-46 与图 7-47 可知，覆盖电平 *SS-RSRP* $\geqslant$ −105dBm 的测试点位达到 95.43%，*SS-SINR* $\geqslant$ −3dB 的测试点位达到 94.86%。总体而言，其覆盖效果比设计预想好，能够覆盖高铁隧道，但是要达到良好的覆盖，还需要从各个方面着手，提升网络覆盖效果。

缩略语

英文缩写	英文全称	中文全称
1G	1th Generation Mobile Communication System	第一代移动通信系统
2G	2th Generation Mobile Communication System	第二代移动通信系统
3G	3th Generation Mobile Communication System	第三代移动通信系统
3GPP	3rd Generation Partnership Project	第三代合作伙伴计划
4G	4th Generation Mobile Communication System	第四代移动通信系统
5G	5th Generation Mobile Communication System	第五代移动通信系统
AAU	Active Antenna Unit	有源天线单元
ALC	Automatic Load Control	自动负荷控制
AR	Augmented Reality	增强现实
BBU	Base Band Unit	基带处理单元
BHCA	Busy Hour Call Attempts	忙时试呼
BLER	BLock Error Rate	误块率
BSC	Base Station Controller	基站控制器
BSS	Base Station Subsystem	基站子系统
BTS	Base Transceiver Station	基站收发信机
CA	Carrier Aggregation	载波聚合
CDMA	Code Division Multiple Access	码分多路访问
CDMA2000	Code Division Multiple Access 2000	码分多路访问（美国标准）
CPRI	Common Public Radio Interface	通用公共无线电接口
CPU	Central Processing Unit	中央处理器
CSI	Channel State Information	信道状态信息
CU	Centralized Unit	集中式单元
DC	Direct Current	直流成分
DL	Down Link	下行
DU	Distributed Unit	分布式单元
eCPRI	enhanced Common Public Radio Interface	增强型通用公共无线电接口
EDGE	Enhanced Data Rate for GSM Evolution	GSM 演进的增强型数据速率
eMBB	enhanced Mobile Broad Band	增强型移动宽带

续表

英文缩写	英文全称	中文全称
eMTC	enhanced Machine Type Communication	增强型机器类通信
ESB	Enterprise Service Bus	企业服务总线
EU	Extend Unit	扩展单元
EVM	Error Vector Magnitude	误差矢量幅度
FDD	Frequency Division Duplex	频分双工
FDMA	Frequency Division Multiple Access	频分多路访问
GNSS	Global Navigation Satellite System	全球导航卫星系统
GPS	Global Positioning System	全球定位系统
GSM	Global System for Mobile communications	全球移动通信系统
IE	Information Element	信息单元
IMT-2000	International Mobile Telecommunications 2000	国际移动通信 -2000
IMT-2020	International Mobile Telecommunications 2020	国际移动通信 -2020
IMT-Advanced	International Mobile Telecommunications Advanced	国际移动通信系统 - 演进
IP RAN	IP Radio Access Network	无线接入网 IP 化
ITU	International Telecommunications Union	国际电信联盟
ITU-R	International Telecommunications Union-Radio Communications Sector	ITU 无线电通信组
LTE	Long Term Evolution	长期演进
Massive MIMO	Massive Multiple Input Multiple Output	大规模多输入多输出
MEC	Mobile Edge Computing	移动边缘计算
MIMO	Multiple Input Multiple Output	多输入多输出
MMS	Multimedia Messaging Service	多媒体消息业务
mMTC	massive Machine-Type Communication	海量机器类通信
MU	Main Unit	主单元
NR	New Radio	新空口
NSA	Non-Stand Alone	非独立组网
O2O	Online To Offline	线上到线下
OFDM	Orthogonal Frequency Division Multiplexing	正交频分复用
OFDMA	Orthogonal Frequency Division Multiple Access	正交频分多址

英文缩写	英文全称	中文全称
OMC	Operating Maintenance Center	操作维护中心
OTT	Over The Top	过顶传球（社交网络消息）
PC	Personal Computer	个人计算机
PCI	Physical Cell Identifier	物理小区标识
POE	Power Over Ethernet	有源以太网
POI	Point Of Interface	多系统合路平台
PON	Passive Optical Network	无源光纤网络
PRB	Physical Resource Block	物理资源块
PRRU	Pico Remote Radio Unit	微型射频拉远单元
QAM	Quadrature Amplitude Modulation	正交振幅调制
QoS	Quality of Service	服务质量
QPSK	Quadrature Phase Shift Keying	四相移相键控
RB	Resource Block	资源块
RLC	Radio Link Control	无线链路控制
RRC	Radio Resource Control	无线资源控制
RRU	Remote Radio Unit	射频拉远单元
RSRP	Reference Signal Receiving Power	参考信号接收功率
RSU	Road Side Unit	路侧单元
RU	Remote Unit	远端单元
SA	Stand Alone	独立组网
SB	SubBand	子带
SINR	Signal-to-Interference and Noise Ration	信号干扰噪声比
SMS	Short Message Service	短消息业务
SOA	Service Oriented Architecture	面向服务的体系结构
SS	Synchronization Signal	同步信号
SSB	Synchronization Signal Block	同步信号块
SS-RSRP	Synchronization Signal Reference Signal Received Power	同步信号参考信号接收功率
TACS	Total Access Communication System	全接入通信系统

英文缩写	英文全称	中文全称
TDD	Time Division Duplex	时分双工
TDMA	Time Division Multiple Access	时分多路访问
TD-SCDMA	Time Division-Synchronous Code Division Multiple Access	时分同步码分多址（中国标准）
TRxP	Transmission Reception Point	收发点
TTI	Transmission Time Interval	传输时间间隔
uRLLC	ultra-Reliable & Low-Latency Communications	低时延高可靠通信
V2X	Vehicle to X	车对外界的信息交换
VR	Virtual Reality	虚拟现实
WAP	Wireless Application Protocol	无线应用协议
WCDMA	Wideband Code Division Multiple Access	宽带码分多路访问（欧洲标准）

参考文献

[1] 吴为.无线室内分布系统实战必读[M].北京：机械工业出版社，2012.

[2] 高泽华，高峰，林海涛，等.室内分布系统规划与设计[M].北京：人民邮电出版社，2013.

[3] 广州杰赛通信规划设计院.室内分布系统规划设计手册[M].北京：人民邮电出版社，2016.

[4] 汪丁鼎，许光斌，丁巍，等.5G无线网络技术与规划设计[M].北京：人民邮电出版社，2019.

[5] 张建国，杨东来，徐恩，等.5G NR物理层规划与设计[M].北京：人民邮电出版社，2020.

[6] 李江，罗宏，冯炜，等.5G网络建设实践与模式创新[M].北京：人民邮电出版社，2021.

[7] 周亮，金明阳，万俊青，等.基于广角漏泄电缆的5G室内低成本覆盖分析[J].移动通信，2022（2）.

[8] 陶昕，万俊青，李益锋，等.基于射线追踪传播模型实现5G室内分布系统仿真的研究[J].电信科学，2022（2）.

[9] 徐辉，万俊青，于江涛，等.5G频段材质穿透损耗模型及其应用研究[J].电信工程技术与标准化，2022（8）.

[10] 贾帆，徐羲晟，李益锋，等.白盒化基站设备在5G网络室内覆盖的研究[J].信息通信技术，2022（4）.

[11] 李益锋，金超，陶昕.5G网络在地铁民用通信覆盖中的实现[J].电子技术应用，2020（8）.